Karl-August Blendermann
Atlantikflug D 1167
Mit der „Bremen" über den Ozean

Karl-August Blendermann

Atlantikflug D 1167

Mit der „Bremen" über den Ozean

Dies ist die erregende Geschichte
des ersten deutsch-irischen
Atlantikfluges

Verlag H. M. Hauschild GmbH · Bremen

© 1995 beim Autor und beim Verlag H. M. Hauschild GmbH, Bremen
Buchgestaltung: Gernot Braatz, Bremen
Gesamtherstellung: H. M. Hauschild GmbH, Bremen

ISBN: 3-929 902-71-0

Die Schwächen, die Hilflosigkeit,
das Versagen des Menschen
sind uns genügsam bekannt,
und die Literatur von heute
versteht sich nur allzu gut darauf,
sie bloßzulegen;
aber die Selbstüberwindung
kraft eigener Willensanspannung,
die tut uns besonders not,
die soll man uns schildern.

André Gide, 1931

Inhalt

Charles A. Lindbergh mit seinem Ozeanflugzeug Ryan „NYP"
„Spirit of St. Louis"

1927

Der Lindbergh-Flug

Irgendwann würde er an den toten Punkt kommen, das wußte Charles A. Lindbergh. Und jetzt schien es so weit zu sein.

Ungestraft kann man sich eben nicht in einen viel zu engen Pilotenraum einsperren, um in einem Rutsch den Ozean zu überfliegen. Der Motor machte keine Sorgen, der dröhnte seit fast vierundzwanzig Stunden sein eintöniges Lied. Über dreieinhalbtausend Kilometer mochte Lindbergh mit seinem Flugzeug „Spirit of St. Louis" bereits zurückgelegt haben. Aber das schien im Augenblick gar nicht so wesentlich. Viel wichtiger war es, daß er sich wach hielt.

Unten rollte die lange Dünung des Atlantiks. Der steife Wind riß den Gischt von den schaumgekrönten Wellen. Vom Himmel strahlte die Sonne. Es wurde ungemütlich warm in der Kabine. Lindbergh rutschte auf seinem Sitz hin und her. Wenn man sich doch nur etwas mehr Bewegung verschaffen könnte. Die Glieder schmerzten unerträglich. Es war unmöglich, die Beine auszustrecken. Und wenn er die Arme recken wollte, dann mußte er sie schon zu den Fenstern hinaushalten. Der Fahrtwind brachte ein wenig erfrischende Kühlung. Aber dennoch: Es war eine Martertour. Vierundzwanzig Stunden schon in einem engen Gefängnis!

Lindbergh will sich zusammenreißen, er weiß, daß der berüchtigte tote Punkt immer näher kommt. Er darf sich jetzt nicht gehenlassen. Er muß den Kurs mit Karte und Kompaß verfolgen. Er hat den Wind zu beobachten und seine Stärke zu schätzen. Die Tanks müssen rechtzeitig umgeschaltet werden. Es hat keinen Zweck, frei nach Schnauze zu fliegen. Das würde die nächtelangen Berechnungen über den Haufen werfen und den Flug aufs ärgste gefährden. Lindbergh muß seine ganze Energie aufwenden, wenn er wach bleiben will. Von New York ist er gestern in den frühen Morgenstunden des 20. Mai 1927 gestartet, genau vor vierundzwanzig Stunden.

Mit allen möglichen Schwierigkeiten hat er gerechnet, aber daß ihm, dem Fünfundzwanzigjährigen, die Müdigkeit derart zu schaffen machen würde, das war nicht einkalkuliert. Er hatte sich vorgenommen, in Paris zu landen, aber es kommen Augenblicke, in denen er zweifelt, ob er noch länger durchhalten kann. Wie weit mag er sich der europäischen Küste schon genähert haben? Sind es noch tausend Kilometer? Oder etwa schon weniger? Während der ganzen Zeit hatte er Rückenwind, Westwind.

Offenbar geht es gar nicht mehr darum, Paris zu erreichen. Am wichtigsten scheint es, das Wagnis überhaupt zu überleben. Stickig heiß wird es in der Kabine. Lindbergh sieht die Instrumente nur noch verschwommen wie durch einen Schleier. Sollte das etwa eine beginnende Kohlenmonoxydvergiftung sein? Dringen die Abgase des Motors zu ihm hinein in den engen Pilotenraum? Es ist mehr Instinkt als kühle Überlegung, als er den Kopf durch das niedrige Seitenfenster in den freien Luftstrom hält. Die Augen tränen ihm. Das Flugzeug schwankt bedenklich. Der Horizont beginnt zu drehen. Heiß fährt es ihm in die Glieder. Das kann doch nicht das Ende sein!

Plötzlich ist er hellwach. Der Fahrtwind hat ihn ernüchtert. Unheimlich niedrig jagt das Flugzeug über die Wogen dahin. Lindbergh hat es wieder in der Gewalt. Seine Lungen pumpt er voll Luft. Jetzt, endlich kann er wieder klar denken. Die Krise scheint überwunden. Das, was der Sportler den toten Punkt nennt, liegt hinter ihm.

Einsam flog die „Spirit of St. Louis" weiter gen Osten. Nach der Staudruckanzeige legte sie etwa 145 Kilometer je Stunde zurück. Eigentlich müßte es klappen. Irgendwo würde die europäische Küste auftauchen. Lindberghs Gedanken gingen zurück zu den Flugpionieren, die gleich ihm versucht hatten, den Nordatlantik zu bezwingen. Er erinnerte sich noch der beiden Engländer John Alcock und Arthur Whitten-Brown, die bereits im Sommer 1919 in einem zweimotorigen, ehemaligen Bomber von Neufundland aus die irische Insel mit knapper Not erreicht hatten. Auch sie hatten wie er die vorherrschenden Westwinde genutzt.

Aber Lindbergh flog einen einmotorigen Typ, einfach deshalb, weil eine Motorenstörung so oder so das Ende bedeuten würde. Und wenn man zwei Motoren hätte, dann würden sich damit nur die Fehlerquellen verdoppeln.

Er dachte an das Schicksal der beiden französischen Piloten, die seit dem 8. Mai überfällig waren. Sie hatten versucht, von Frankreich aus den Atlantik zu überfliegen, also gegen den vorherrschenden Wind. Man hatte nichts wieder von ihnen gehört. Was mochte ihnen zugestoßen sein? Woran waren sie gescheitert?

Die ganze Welt trauerte um diesen beiden tapferen Flieger. Die Hoffnung, sie noch aufzufinden, schien gering, sie waren im Unbekannten verschollen. Und die Weltpresse begann schon hier und da vor derartigen Ozeanflügen zu warnen, zuweilen in einer Sprache, die an Deutlichkeit nichts zu wünschen übrig ließ. Erst vor wenigen Tagen hatte Lindbergh einen durchaus eindeutigen Artikel zu lesen bekommen:

„Nungesser und Coli haben sich um Landstützpunkte nicht gekümmert. In gerader Linie wollten sie die 5700 Kilometer lange Strecke Paris – New York überbrücken, wie es der 25 000-Dollar-Preis verlangt. Ist diese Bedingung, die Rettung aus höchster Not bewußt ausschließt, schon ein Beweis des Leichtsinns, mit dem an ein solches Unternehmen herangegangen wird, so schließen sich die Vorbereitungen des Fluges dieser Parole der Leichtfertigkeit nur allzusehr an. Nungessers Flugzeug ist für eine Höchstleistung, wie sie verlangt wurde, durchaus ungenügend. Mit einem *ein*motorigen Flugzeug den Ozean überqueren zu wollen, ist wirklich verbrecherischer Leichtsinn, der das Unternehmen selbst und zwei Menschenleben von den Launen einer Zündkerze und eines Vergasers abhängig macht. Und ebenso unverantwortlich ist es, ein Flugzeug zu benutzen, das in so geringem Maße tragfähig ist, daß beim Start in Paris Nahrungsmittel, Funkapparat und andere wichtige Einrichtungen über Bord geworfen werden mußten."

Aber wie man auch über diesen Artikel denken mochte, einer würde der Erste sein, dem der Sprung von einem Kontinent zum anderen, von Hauptstadt zu Hauptstadt, gelang. Dabei ging es um mehr als einen Preis, der übrigens kaum die entstandenen Unkosten decken konnte. Es ging einfach darum, die Wege für den Weltluftverkehr zu ebnen.

Einsamer als auf diesem Fluge war Lindbergh nie gewesen. Von Zeit zu Zeit holte er seine Karten und Tabellen hervor, notierte den Treibstoffverbrauch und rechnete. Dann wieder schweiften seine Gedanken ab. Mechanisch glitten seine Blicke über das Wasser. Kein Schiff, kein Dampfer war auszumachen. Doch was tauchte da auf? Ein Stück Treibholz? Nein! Irgend etwas Lebendiges – ein Vogel! Mitten auf dem Meer? Oder sollte er sich schon so weit der Küste genähert haben? Mit den Augen folgte er der Möwe, bis sie hinter dem Flugzeugheck verschwand. Nur Augenblicke hatte das gedauert. Aber minutenlang beschäftigte ihn diese Begegnung.

Weit voraus bildete sich eine Wolkendecke. Befürchtungen tauchten auf, daß er nicht erkennen könnte, wenn er die Küste erreichte. Hatte er nicht gelesen, daß in Irland oft Nebel herrscht? Mußte er etwa mit dem Flugzeug über eine geschlossene Wolkendecke klettern? Wo mochte er dann herauskommen? Aber nach kurzer Zeit erwiesen sich diese Befürchtungen als verfrüht. Es handelte sich zum Glück nur um Kumuluswolken, die genügend Sicht zum Erdboden freigaben, selbst dann, wenn man sie überfliegen mußte. Immerhin würden sie bei hereinbrechender Nacht hinderlich sein.

Auf einmal sah Lindbergh weit voraus auf dem Wasser einen Fischkutter. Er steuerte darauf zu, konnte aber keinen Menschen an Deck ausmachen. Wenig später entdeckte er noch ein weiteres Schiff. Wie es schien, näherte er sich der Küste. Aber welcher Küste? Schottland? Irland? Oder Frankreich? Jetzt müßte man wissen, wie weit die Fischgründe vom Lande entfernt liegen. Aber nach der geringen Größe der Schiffe zu urteilen, konnte es nicht allzu weit entfernt sein. Es war doch wohl kaum denkbar, daß diese Kutter sich Hunderte von Kilometern auf den offenen Ozean hinauswagten.

Als er über dem zweiten Schiff kreiste, erschien in einem Bullauge das Gesicht eines Mannes. Lindbergh drosselte den Motor und drückte sein Flugzeug hinunter. Dann brüllte er aus dem Fenster hinaus: „Wo geht's nach Irland?" Über dem amerikanischen Festland hatte diese verrückte Art sich zu orientieren bisher immer noch geklappt. Ein Winken mit dem Arm hätte doch als Antwort genügt. Aber der Mann staunte nur unbeweglich das Flugzeug an, als ob es sich um eines der Sieben Weltwunder handelte. Oder verstand er etwa kein Englisch?

Es war müßig, sich darüber den Kopf zu zerbrechen. Am Horizont tauchten weitere Fischkutter auf – Land mußte also in der Nähe sein. Leichter Dunst lag über der See, und so kam es, daß die zerklüftete Steilküste Irlands ziemlich unvermittelt auftauchte.

Endlich wußte Lindbergh wieder seinen Standort. Dicht flog er über irische Dörfer hinweg. Menschen winkten zu ihm hinauf, und der, der einsam den Nordatlantik bezwungen hatte, schwenkte dankbar wiedergrüßend seinen Arm aus dem Kabinenfenster.

Dann blickte er auf die Karte und rechnete: noch neunhundertsechzig Kilometer bis Paris. In kurzer Zeit wurde die Südwestecke Irlands überflogen. Erneut ging es über das Meer.

Fast immer war ein Schiff in Sicht. Die Halbinsel Cornwall überquerte die „Spirit of St. Louis" westlich von Plymouth, und bei Cherbourg erreichte Lindbergh die französische Küste. Nach Sonnenuntergang wiesen die Lichtsignale der Fluglinie London - Paris den Kurs. Der Amerikaner zog sein Flugzeug bis auf etwa 1400 Meter. Nach nicht allzulanger Zeit schob sich das Lichtermeer der Seinestadt über den Horizont. Minuten später umkreiste der Ryan-Eindecker den Eiffelturm.

Lindbergh versuchte sich zurechtzufinden! Immerhin war es keine Kleinigkeit, zu nächtlicher Stunde auf einem unbekannten Flugplatz niederzugehen. Le Bourget war deutlich sichtbar, dieses dunkle, von vielen Lampen und Scheinwerfern umkränzte Feld. Aber sollte Le Bourget nicht weit draußen vor der Stadt liegen? Noch einmal steuerte der Ozeanflieger zehn Kilometer nach Nordosten. Aber es bestand kein Zweifel, der Platz, den er zuerst entdeckt hatte, war der Flughafen. So wendete er und tastete sich vorsichtig hinunter. Die langen Reihen der Flugzeughallen und -schuppen konnte er deutlich erkennen. Auf den Zufahrtsstraßen glitzerten unzählige Autoscheinwerfer. Anscheinend blockierten die vielen Fahrzeuge den ganzen Verkehr in der Umgebung. In geringer Höhe kreiste die „Spirit of St.

Louis" um das Flugfeld, drehte dann in die Windrichtung ein und landete nach einem fast vierunddreißigstündigen Flug.

Lindbergh blickte nach den erleuchteten Hallen hinüber und gab langsam wieder Gas, um sein treues Flugzeug dorthin rollen zu lassen. Doch er kam nicht weit. Vor sich bemerkte er undeutliche Bewegungen; und dann erschrak er. Tausende von Menschen kamen auf ihn zugelaufen. Er stellte die Zündung aus, damit keiner vom Propeller verletzt oder erschlagen würde.

Die ersten, die ihn erreichten, verstanden die englischen Worte nicht, die der Amerikaner ihnen zurief. In Sekundenschnelle war die „Spirit of St. Louis" von einem dichten Menschengewühl umgeben. Hier und da begann es im Rumpf zu krachen. Lindbergh versuchte aus der engen Kabine zu klettern, um die Menschenmenge vom Flugzeug abzulenken. Aber jedes Wort war zwecklos, selbst wenn man Englisch verstanden hätte, jeder Laut ging in dem allgemeinen Aufruhr unter. Wildfremde Menschen griffen nach dem Piloten, zerrten ihn aus dem Flugzeug und hoben ihn auf die Schultern. Der Amerikaner wußte nicht, was er gegen diese wilde, überschäumende Begeisterung tun sollte. Völlig übermüdet konnte er nur hoffen, daß er nicht zu Boden fiel und unter die Füße der Massen geriet.

Auch das Flugplatzpersonal war machtlos. Einige französische Piloten mischten sich unter die Menge, und ihnen gelang es, Lindberghs Fliegerkappe zu greifen. Sie setzten sie einem amerikanischen Zeitungskorrespondenten auf den Kopf und schrien: „Hier ist Lindbergh!" Inzwischen stand aber der echte Ozeanflieger schon auf der Erde, so daß man seine Pilotenkombination nicht mehr erkennen konnte. Durch den Trick gelang es, Lindbergh aus der begeisterten, jubelnden Menge unauffällig herauszulotsen. Soldaten und Polizeikräfte brachten wenig später auch das Flugzeug in Sicherheit.

Dieser Jubel war für alle Beteiligten überraschend. Mit dem einmotorigen, leinwandbespannten Flugzeug hatte ein bisher völlig unbekannter amerikanischer Postpilot den Nordatlantik im Nonstopflug bezwungen. In Windeseile ging die Nachricht von der erfolgreichen Landung um die ganze Welt. Das war nicht allein eine sportliche Tat, sondern der Beginn einer neuen Epoche in der Luftfahrt. 1927 gab es noch so etwas wie Flieger-Romantik. Außergewöhnlich großen Anteil nahm die Öffentlichkeit. Der Ozeanflug war das Gespräch des Tages. Ein vergleichbares Aufsehen erregten erst viel später die Astronauten, als Neil Armstrong 1969 den Mond betrat.

Charles A. Lingbergh leitete am 20./21. Mai 1927 das Jahr der Ozeanflüge ein.

Auch andere Piloten hatten eine Nordatlantik-Überquerung vorbereitet. Trotz Lindberghs Erfolg gaben sie ihre Pläne nicht auf. In New York standen der einmotorige Eindecker Chamberlins und der dreimotorige Fokker-Eindecker Byrds zum Start bereit. Fast täglich berichtete die Presse über deren Absichten und Aussichten. Insbesondere die deutschen Zeitungen schrieben ausführlich darüber, weil Chamberlin angekündigt hatte, daß er nach Berlin fliegen wolle.

Die Nacht in Tempelhof

„Chamberlin auf dem Wege nach Berlin!" So lautete die Schlagzeile, mit der Straßenverkäufer die Abendausgabe am 4. Juni 1927 anpriesen. Allzuviel Mühe brauchten sie sich nicht zu geben; die Menschen rissen ihnen die druckfeuchten Zeitungen aus der Hand. Obwohl am Pfingstsonnabend die Berliner Innenstadt verhältnismäßig leer war, wurde die Auflage in kürzester Zeit abgesetzt. Die Leute blieben auf der Straße stehen, um die Nachricht zu lesen, auf die sie seit Tagen warteten:
„Sonderkabeldienst. New York, 4. Juni 1927. Der amerikanische Flieger Chamberlin ist heute vormittag zu seinem Europaflug gestartet. Kurz vor dem Start bestieg Levine, der das Unternehmen finanziert, das Flugzeug. Chamberlin wird die ‚Columbia' während des ganzen Fluges allein führen, da Levine des Fliegens nicht kundig ist."
Das war eine willkommene Nachricht für jeden Berliner, einfach deshalb, weil Chamberlin die deutsche Hauptstadt ansteuern wollte. Der großartige Ozeanflug Lindberghs, der zwei Wochen zuvor die Welt in Atem gehalten hatte, sollte durch ein weiteres fliegerisches Wagnis übertrumpft werden. Ausführlich hatte die Presse in den letzten Tagen von den Vorbereitungen in New York berichtet.
Dieses Mal waren die Zeitungsleser weit besser informiert als vor dem Start der „Spirit of St. Louis". Sie wußten genau über den einmotorigen Bellanca-Schulterdecker Bescheid. Mit dieser Maschine war Mitte April ein neuer Dauerflug-Weltrekord aufgestellt worden. 51 Stunden und 11 Minuten hatte Chamberlin sie in der Luft halten können. Der 220-PS-Wright-Whirlwind-Motor war schon durch Byrds Nordpolflug bekannt. Jeder der neun Zylinder arbeitete mit zwei Zündkerzen, die von zwei getrennten Magneten versorgt wurden. In die an sich sechssitzige Kabine hatte man für den Ozeanflug einen großen Tank eingebaut, darüber befand sich eine Schlafgelegenheit.

Arrivée de Chamberlin et de Levine
de Berlin à bord du Bellanca de

au Bourget, le 30 juin 1927, venant
la traversée New York-Eisleben.

Charles Levine et Clarence Chamberlin.

*Die Bellanca „Columbia" nach der Ozeanüberquerung auf ihrem
Europarundflug in Paris (Levine links, Chamberlin rechts)*

Interessiert nahmen die Leser die Nachricht auf, daß Clarence D.
Chamberlin im Gegensatz zu Lindbergh entlang der Schiffsroute fliegen
wollte. So bestand die Aussicht, daß er von Dampfern gesichtet wurde. Man
konnte also jederzeit mit weiteren Meldungen rechnen.
„Roosevelt-Flugplatz, 4. Juni. Der Start verlief ziemlich glatt, jedoch schien
es einen Augenblick, als ob das Flugzeug Schwierigkeiten hätte, vom Boden
loszukommen. Die ‚Columbia' flog zunächst in 500 Fuß Höhe, ging dann auf
1000 Fuß hinauf, darauf wieder auf 500 herunter und stieg dann auf 4500
Fuß, um in nordöstlicher Richtung zu verschwinden. Ein Geschwader amerikanischer Flieger begleitete die ‚Columbia' bis über Massachusetts. Eine
Menge, die auf 40 000–50 000 Menschen geschätzt wird, war trotz der frühen
Zeit anwesend und brach in brausende Hurrarufe aus, als Chamberlin aufstieg."
Nachdem der glückliche Start gemeldet worden war, wurden in ganz
Deutschland die Flugaussichten der „Columbia" eifrig besprochen. Und daß
der amerikanische Pilot ausgerechnet Berlin anfliegen wollte; nun, das war
eben die Sensation.
Kaum jemand dachte ernsthaft daran, daß sich auch ein deutsches Flugzeug
an derartigen Ozeanüberquerungen beteiligen könnte; denn neun Jahre

nach dem Ersten Weltkrieg war die heimische Luftfahrtindustrie noch zahlreichen Beschränkungen unterworfen. So durfte sie größere, leistungsfähigere Typen erst seit kurzer Zeit bauen; die Produktion von Militärflugzeugen war gänzlich verboten. Das Ausland war deshalb den deutschen Fabriken in der serienmäßigen Herstellung überlegen. Daher konnte die Bevölkerung auch ohne Neid die Ozeanflüge verfolgen.

Am Pfingstmorgen wurden die Berliner zuerst arg enttäuscht. An auffälliger Stelle brachten die Zeitungen nämlich eine Meldung, nach der es noch nicht ausgemacht schien, daß der Amerikaner auch wirklich in Berlin landen würde:

„Chamberlin will bis nach Irland fliegen und dann direkt oder über Paris – die Einzelheiten sollen erst während des Fluges entschieden werden – Berlin ansteuern. Ob Chamberlin seinen Flug über Berlin hinaus nach Polen beziehungsweise nach Rußland wird ausdehnen können, erscheint zweifelhaft."

Aber ein längerer Artikel, der darunter stand, beruhigte die Gemüter. Interessiert las man die Botschaft, die Chamberlin am Vorabend seines Startes abgefaßt hatte:

„Well, endlich fliegen wir los, und ich hoffe, es heißt good bye Broadway und hallo Berlin. Die ‚Bellanca' hat schon ohne Unterbrechung mehr Luftmeilen durchflogen, als zwischen New York und Berlin liegen. Wenn wir aber mitten im Ozean niedergehen müßten? In diesem Falle haben wir eine gute ‚50 zu 50 Chance'. Wir werden auf der hauptsächlichsten Schiffahrtsverkehrslinie sein, wir werden Rettungsgürtel und Rauchbomben mit Signal bei uns haben. Der große Benzinbehälter kann dazu benutzt werden, das Flugzeug flott zu halten. Wir haben viel darüber geredet, ob wir schwimmen können; einige glauben ja, während andere der Ansicht sind, daß der Motor uns herunterziehen wird. Auf jeden Fall haben wir eine große Feile mitgenommen, im Notfall können wir den Motor loslösen.

Wir glauben aber, daß wir vor Berlin nicht niederzugehen brauchen. Wir werden versuchen, in günstiger Höhe zu fliegen. Im allgemeinen gibt es weniger Widerstände in der Nähe des Wassers; ich glaube deshalb, daß wir so niedrig fliegen werden, als das Meer uns erlaubt. Dies jedoch nicht im Falle von Nebel. Ich glaube, es muß uns möglich sein, während des ganzen Fluges in einigermaßen enger Verbindung mit Dampfern zu bleiben. Das Schlimmste, was wir mit Ausnahme von sehr schwerem Sturm zu fürchten haben, ist die Eisbildung auf den Flügeln des Flugzeuges in nördlichen Breitengraden. Innerhalb von fünf Minuten können sich genügend Eismengen angesetzt haben, um ein Flugzeug zum Niedergehen zu zwingen, deshalb ziehen wir die längere und wärmere Strecke vor."

Man diskutierte diese Botschaft, fand die Sache mit der Feile ziemlich verrückt, und im übrigen wartete man. Seit zwei Wochen glaubten alle Zeitungsleser, Ozeanflug-Experten zu sein.

Gegen Abend kamen Extrablätter heraus. Das Flugzeug hatte den größten Teil des Atlantiks bereits überquert:

„Funkspruch der ‚Mauretania': Eindecker NX 357/140 umkreiste Schiff und flog ostwärts weiter. Schiffslage 49 Grad 23 Minuten nördlicher Breite, 15 Grad 8 Minuten westlicher Länge."

Atlanten wurden hervorgeholt. Wenn das stimmte, dann war Chamberlin nur noch etwa 800 Kilometer von der englischen Küste entfernt. Am Rundfunk wartete man auf weitere Nachrichten.

„20.20 Uhr (mitteleuropäische Zeit), Funkspruch der ‚Transsylvania': Chamberlin wurde auf 51 Grad 27 Minuten nördlicher Breite und 5 Grad 28 Minuten westlicher Länge auf der Höhe von Cardiff gesichtet."

Diese Meldung versetzte die Berliner in fieberhafte Erregung. Man berechnete bereits die voraussichtliche Ankunftszeit. Eine wahre Völkerwanderung begann; alles versuchte nach Tempelhof zu kommen. Kein wunder, daß Straßenbahnen und U-Bahnen diese Menge kaum bewältigen konnten.

„21.00 Uhr, London. Chamberlin an zwei Stellen über Cornwall, dem Südzipfel Englands, in direktem Flug auf den Kanal gesichtet."

Unzählige Neugierige drängten sich am Tempelhofer Feld, das durch starke Polizeikräfte hermetisch abgeriegelt wurde. Wer gehofft hatte, in das neuerbaute Verwaltungsgebäude oder in das Restaurant zu gelangen, sah sich getäuscht. Nur Personen, die einen Polizeiausweis vorzeigen konnten, und Lufthansa-Angestellte durften die Postenkette passieren. Da halfen kein raffinierter Trick und kein Bitten. In drei Stunden war die Zuschauermenge auf schätzungsweise 60 000 Menschen angewachsen, und alle warteten mehr oder weniger geduldig außerhalb der Umzäunung. Sie harrten aus, obwohl sie wußten, daß das amerikanische Flugzeug nicht vor drei Uhr nachts landen könnte.

Die Anteilnahme an diesem Ozeanflug übertraf alle Vermutungen, die Polizei und Behörden vorher angestellt hatten.

„21.15 Uhr, London. Chamberlin über Plymouth!"

Die Berliner waren begeistert, daß der mutige Pilot den Kontinent glücklich erreicht hatte und nicht irgendwo auf dem Ozean schwamm.

„22.30 Uhr, Amsterdam. Chamberlin ist über den Normannischen Inseln südwestlich von Cherbourg gesichtet worden."

„23.00 Uhr, Paris. Chamberlins Flugzeug wurde über der französischen Stadt Caen an der Mündung der Orne im Flug in östlicher Richtung gesichtet."

Die Engländer John Alcock und Arthur Whitten-Brown hatten auf dem allerersten Ozeanflug 1919 erhebliche Schwierigkeiten. Es waren dramatische Augenblicke, als Whitten-Brown zu den Motoren hinauskletterte und mit einem Messer das Eis von den Ansaugstutzen kratzte

Im Verwaltungsgebäude des Flughafens warteten prominente Gäste und Behördenvertreter. Etwas abseits, in einer Ecke des Raumes, wo sich die Flieger zusammengesetzt hatten, wurden ohne Zweifel die aufschlußreichsten und auch sachlichsten Gespräche geführt; kein wunder, daß es die Journalisten gerade dorthin zog.

Im Mittelpunkt der Diskussion stand die Gefahr der Eisbildung, die Chamberlin in seiner Botschaft angedeutet hatte. Es gibt Regenwolken, in denen die Feuchtigkeit eine Temperatur unter null Grad hat, ohne daß die Tropfen zu Eis gefroren sind. Man spricht dann von unterkühlten Regenwolken. Wenn ein Flugzeug in solch eine Wolke hineingerät, schlagen die Wassertropfen auf Flügelvorderkante, Leitwerk und Luftschraube, wo sie sofort gefrieren. Die zuerst ganz dünne Eisschicht wächst sehr schnell zu großer Dicke heran.

Auf diese Weise nimmt einmal das Flugzeug erheblich an Gewicht zu, andererseits wird das Tragflächenprofil derart verändert, daß sich die Flugfähigkeit erheblich verschlechtert; der Auftrieb wird ständig geringer. Das Eis kann sich in so dicker Schicht am Leitwerk und an den Querrudern ansetzen, daß die Steuerung blockiert wird. Wenn die Luftdüsen, die außenbords

18

in den freien Luftstrom ragen, vereisen, fallen wichtige Flugüberwachungsinstrumente gerade zu dem Zeitpunkt aus, in dem der Pilot in der Wolke blind fliegen muß. Auch an den Blättern der Luftschraube kann sich das Eis so stark ansetzen, daß die Schraube nicht mehr genug zieht. So verliert das Flugzeug ständig an Höhe. Nun, und wie das endet, kann man sich leicht ausmalen.

Wenn das Außenthermometer unter null Grad fällt, muß der Flieger besonders aufpassen. Falls sich an der Stirnkante der Fläche ein feiner weißer Streifen bildet, bedeutet das höchste Gefahr. Da hilft schnelles Steigen, wie der Teufel heraus aus der Vereisungszone und die Wolke nach oben durchstoßen. Vielleicht trifft man auch in größerer Höhe auf eine wärmere Luftschicht.

„Aber man müßte es doch verhindern können, daß man in solch eine Vereisungszone hineingerät", meinte ein wißbegieriger Reporter.

„Sicherlich, wenn das Außenthermometer annähernd null Grad zeigt, darf man Wolken nicht durchfliegen; man sieht sie ja!"

„Und wie ist es bei ausgedehnten Nebelfeldern und bei Nacht?"

„Wetterdienst! Eine zuverlässige Wetterberatung muß vorher warnen."

„Nun gut, auf dem Festland mag das gehen. Aber wie ist das über dem Ozean?"

„Sie haben ja gelesen, südlich fliegen und während des Sommers! Übrigens, bei Ansaugvergasern tritt noch eine weitere Gefahr hinzu, auch die können vereisen, erinnern Sie sich an Alcock und Whitten-Brown? – Zum Ozeanflug gehört eben auch eine mächtige Portion Glück. Aber mit den Jahren werden sich schon Mittel gegen Vereisung finden lassen."

„Könnte es sein, daß Nungesser und Coli durch Eisansatz zum Absturz gebracht wurden?"

„Möglich ist das, aber wer kann das genau sagen. Wir haben zu wenig Erfahrung im Ozeanflug!"

Eine neue Meldung ließ das Gespräch verstummen:

„0.05 Uhr, Paris. Chamberlin hat Boulogne-sur-Mer in nordöstlicher Richtung überflogen."

Befriedigt nickte man. Als das Gespräch nicht wieder recht in Gang kommen wollte, ergriff ein Berichterstatter die günstige Gelegenheit und sagte:

„Sind wir Deutschen nicht bald so weit, daß wir auch über den Ozean fliegen können?"

Diese Frage hatte wohl kommen müssen, aber sie wurde so unvermittelt gestellt, daß plötzlich alles schwieg.

Die Anwesenden, besonders die erfahrenen Flieger, sahen auf einen untersetzten kräftigen Mann, der bequem zurückgelehnt in einem Sessel saß.

Hermann Köhl

Hermann Köhl, so hieß er, hätte eingehend und sachlich antworten können, doch er wartete und überlegte. Konnte man sich unter diesem Bayern mit dem etwas lichten Haarwuchs einen bewährten Piloten vorstellen? Doch die Blicke, mit denen er den Fragenden musterte, zeigten etwas von der Energie, die in ihm steckte. Während sich fast jeder mit Zigarren oder ungezählten Zigaretten die Zeit vertrieb, verschmähte er den Tabak. Das Gespräch am Tisch war verstummt, man wartete auf Köhls Antwort. Als er immer noch kein Wort sagte, nahm ein anderer die Frage auf:

„Ich glaube nicht, daß wir konkurrenzfähig sind. Sehen Sie, das ist doch klar. Andere Nationen haben eine Militärluftflotte. Sie bauen Militärmaschinen mit besonders starken Motoren. Das Ausland steckt Staatsgelder in die technische Entwicklung – Millionen, meine Herren. Die Flugindustrien Frankreichs, Englands und Amerikas sind uns weit voraus. Nach dem unglücklichen Weltkrieg sind uns doch die Hände gebunden. Wir haben ja gar nicht die Möglichkeit, so vorzügliches und erprobtes Material zu bauen. Darum glaube ich nicht, daß eines unserer Flugzeuge überhaupt für den Ozeanflug in Frage kommt!"

Diese Worte entfesselten entschiedenen Widerspruch. Besonders Hermann Köhl, der eben noch so beharrlich geschwiegen hatte, antwortete sehr bestimmt:

„Sie irren, mein Herr! Ich halte beispielsweise von den Junkers-Werken, die nicht nur Badeöfen produzieren, sehr viel. Oft hört man zwar die Meinung, daß Ozeanflug in erster Linie eine Sache der Motorenstärke sei. Das trifft aber nicht ganz zu; die Zuverlässigkeit entscheidet. Die Militärmaschinen sind auf Geschwindigkeit gezüchtet, das heißt, sie haben sehr starke Motoren, die viel Benzin schlucken. Sie sind also für einen Flug über lange Strecken nicht unbedingt geeignet.

Ich glaube, daß gerade wir, die wir nur Verkehrsflugzeuge bauen dürfen, besonders wirtschaftliche Typen zur Verfügung haben. Mit sparsamen Motoren, die wenig verbrauchen, kann man den Ozean bezwingen. Es kommt

20

darauf an, mit dem Benzinvorrat auszukommen. Und diese Bedingung trifft für Junkers-Flugzeuge mit ihren Junkers-Motoren zu.

Darüber hinaus ist die Junkers-Leichtmetallkonstruktion robust und widerstandsfähig. Diese Bauart wird nebenbei bemerkt die Gemischt-Bauweise, ich meine damit Holz-Leinwand-Flugzeuge, bald verdrängen. Sie können sich auf die Junkers-Typen verlassen. Und technisch dürfte es möglich sein, mit einer Junkers den Ozean von Osten nach Westen zu überqueren.

Ich habe diese Maschinen 1925 geflogen, als wir die erste Nachtflugstrecke von Berlin nach Warnemünde einrichteten. In der Finsternis muß der Motor störungsfrei laufen. Wenn er aussetzt, kann man nicht mal eben notlanden, das können Sie sich denken. Wir haben dann die Strecke nach Stockholm erweitert und sind mit Wasserflugzeugen über die Ostsee geflogen. Ich kann Ihnen sagen, ich habe diesem Material restlos vertraut. Ich weiß, was es heißt, durch die Dunkelheit zu steuern und unter sich das Meer zu wissen. Wir haben das mit aller Gründlichkeit und Regelmäßigkeit erprobt. Sicherlich, zuerst lachte man über uns, daß wir nicht wie gewöhnliche Sterbliche bei Helligkeit flogen.

Als wir anfingen, sagte man uns, daß in spätestens vierzehn Tagen der ganze Zauber mit der Nachtfliegerei vorbei und vergessen wäre. Die Pessimisten aber haben nicht recht behalten. Schon Ende 1925 setzten wir die dreimotorige Junkers G 24 ein. Kein Mensch hatte erwartet, daß sich der Nachtflug so bewähren würde. Alte, mit allen Hunden gehetzte Piloten kamen zu uns um mitzumachen. Neue Geräte wurden entwickelt, die dem Flieger die Arbeit bei Dunkelheit erleichtern.

Eines griff ins andere. Heute steht die Organisation. Wir können uns unabhängig vom Tageslicht in die Luft wagen – und das nicht zuletzt wegen der Zuverlässigkeit unserer Flugzeuge und Motoren. Ich bin fest überzeugt, daß unsere Luftfahrtindustrie mindestens ebenso gut arbeitet wie die des Auslandes. Und ich denke, daß wir daher auch das Recht haben, uns mit der Idee des Ozeanfluges zu beschäftigen."

Hermann Köhl sagte das ganz ruhig, bestimmt und sachlich. Man merkte es ihm an, daß er sich von dem Begeisterungstaumel, den die Atlantikflüge entfacht hatten, nicht anstecken lassen wollte. Ganz kühl wog er die Möglichkeiten ab. Und es war für die Umstehenden beruhigend zu wissen, wie nüchtern Köhl die Probleme sah.

Er glaubte sich berechtigt, wenigstens mit dem Gedanken des Ozeanfluges umzugehen. Er durfte keineswegs zu den Tollkühnen gezählt werden, die bereit gewesen wären, mit unzureichenden Mitteln einen Versuch zu wagen. Er würde sein Leben bestimmt nur einsetzen, wenn ein Flug berechtigte Aussicht auf Erfolg hätte.

„2.21 Uhr, Amsterdam. Chamberlin soll zwischen Rotterdam und Amsterdam gesichtet worden sein."

„Köln. Der Flugplatz in Köln ist mit roten Blinklichtern reichlich ausgestattet und befindet sich in höchster Alarmbereitschaft."

Für eine Weile beschäftigte man sich wieder mit dem Amerikaner und verfolgte an Hand der Europakarte seinen Kurs. Aller Wahrscheinlichkeit nach würde die „Columbia" im Morgengrauen Tempelhof erreichen. Chamberlin würde nicht wie Lindbergh in der Dunkelheit nach dem Flugplatz suchen müssen. Diese Überlegungen gaben dem Gespräch eine neue Wendung.

Lindbergh war am 20. Mai früh morgens in New York gestartet. Die Nacht hatte, da er der Sonne entgegengeflogen war, nur wenige Stunden gedauert. Die irische Küste hatte er am folgenden Nachmittag erreicht, und am Abend war er in Paris gelandet. Chamberlin aber mußte zwei Nächte durchstehen, allerdings zwei verhältnismäßig kurze Nächte.

Wie aber waren die Verhältnisse, wenn man nicht wie Lindbergh von West nach Ost, sondern von Ost nach West startete? Dann flog man mit der Sonne. Falls ein Ozeanflugzeug beispielsweise in der ersten Morgendämmerung Tempelhof verließe, würde es im Laufe des Tages von der Sonne eingeholt und überrundet werden. Wenn in Berlin der Abend hereinbräche, würden die Piloten schon längst über dem Atlantik sein, aber für sie wäre es noch eine ganze Zeit hell. Ost-West-Flieger mußten mit einem sehr langen Tag und natürlich auch mit einer langen Nacht rechnen. Je schneller sie flögen, um so länger würde die Dunkelheit andauern.

Die nervliche Belastung für eine Besatzung, die von Europa nach Amerika fliegen will, würde ungleich größer sein als bei einer Atlantiküberquerung in umgekehrter Richtung. Dieses Unternehmen sollten nur Piloten wagen, die im Nachtflug ganz sicher sind. Es stand fest, daß der Weg nach Amerika bedeutend schwieriger sein würde.

Eine gewisse Gefahr lag auch in der Küstenform. Neufundland ist der Punkt, der Europa am nächsten liegt. Südlich davon springt der amerikanische Kontinent weit nach Westen zurück. Eine unbemerkte, unbeabsichtigte Kursabweichung nach Süden konnte die Flugstrecke um ein- bis zweitausend Kilometer verlängern.

Eine weitere Nachricht von Chamberlin lief ein:

„3.20 Uhr, Köln. Der Flieger ist über Krefeld gesichtet worden."

In Tempelhof trafen jetzt mitten in der Nacht weitere offizielle Gäste ein. Die vieltausendköpfige Zuschauermenge, die nur ungenügend über den weiteren Verlauf des Fluges unterrichtet war, nahm das zufrieden zur Kenntnis. Man schloß allgemein daraus, daß die Ankunft der „Columbia" näherrückte.

22

„4.00 Uhr, Dortmund. Die Flughafenleitung meldet, daß Chamberlin um 4 Uhr den Flughafen Dortmund überflogen hat. Chamberlin soll beim Überfliegen des Flughafens bis auf fünf Meter heruntergegangen sein."

Die „Columbia" hatte also noch etwas mehr als vierhundert Kilometer zurückzulegen. Zwischen halb sieben und sieben Uhr konnte man mit dem Eintreffen rechnen.

Von den vielen Menschen sehnsüchtig erwartet, schob sich langsam der Sonnenball über den Horizont. So lange hatten die Zuschauer in der kalten Nacht ausgeharrt, jetzt kam es ihnen auf die restliche Wartezeit auch nicht mehr an.

Vor den Flughallen wurde es lebendig. Die großen Tore öffneten sich. Einige Piloten kamen in ihren charakteristischen Fliegerkombinationen über den Platz gegangen. Motoren begannen zu dröhnen. Sechs Flugzeuge mit Pressevertretern an Bord stiegen auf und flogen nach Westen ab, um Chamberlin zu treffen und nach Berlin zu geleiten. Weitere Flugzeuge starteten und kreisten um den Platz. Der neue Tag war erwacht. Ein geschäftiges Leben und Treiben herrschte auf dem Tempelhofer Feld.

Hermann Köhl hatte sich schon seit einiger Zeit in einen kleinen Nebenraum zurückgezogen. Seit dem denkwürdigen Lindbergh-Flug galt all sein Sinnen und Trachten der Möglichkeit eines deutschen Ozeanfluges. Endlich saß er mit gleichgesinnten Fliegern allein. Jetzt war es ihm fast egal, wann Chamberlin nun auftauchte. Überlegt und ruhig sprach er mit seinen Freunden viele technische und navigatorische Fragen durch. In seiner Nüchternheit unterschied er sich wesentlich von den am Platzrand wartenden Zuschauern, die selbst durch die kühle Nacht in ihrem Begeisterungsrausch für die Fliegerei nicht gedämpft worden waren.

Hermann Köhl wirkte in seinem Gehaben natürlich und einfach. Mit gemütlichem Lächeln äußerte er seine Ansicht über die Leistungen der noch wenig bekannten Junkers W 33.

Wenn andere Menschen prahlten und ihre zündenden Worte mit weitausholenden Handbewegungen unterstrichen, dann sagte er nur:

„Ich werde mich nach einem guten Flugzeugtyp umsehen. Und wenn ich etwas gefunden habe, dann probiere ich ihn aus. Nun – wenn er meinen Erwartungen entspricht, dann starte ich."

„Aber das kostet doch Geld", wurde ihm geantwortet.

„Das ist doch erst einmal das Wichtigste. Was nützt Ihnen das beste Flugzeug, wenn Sie es nicht kaufen können? Was nützt Ihnen das vollkommenste Flugzeug, wenn man es Ihnen nicht wenigstens leiht?"

„Sehen Sie, das ist eben Auffassungssache", entgegnete Köhl in seiner behaglichen Art. „Wenn ich zuerst das Geld zusammenhabe, dann muß ich auch unbedingt fliegen, dann muß das Geld auch für den Flug ausgegeben werden. Dann könnte es sein, daß ich vielleicht gezwungen wäre, diesen Betrag für ein Flugzeug auszugeben, das mir unter Umständen gar nicht so ganz zusagt. – – – Nein, so mache ich das nicht. Erst muß ich genau wissen, welchen Typ ich fliegen will. Und dann wird auch schon irgendwie Geld aufzutreiben sein."

Dieser Beweisführung konnte sich keiner entziehen. Und doch meinte mancher, daß Hermann Köhl seinen Plan kräftiger vorantreiben könnte.

„Am liebsten möchten Sie gleich morgen mit mir losfliegen, was?"

Befreiendes Lachen schallte durch den Raum. Manch einer dachte: „Der Köhl, der ist richtig. Um seine Gelassenheit könnte man ihn beneiden. Gibt es denn überhaupt etwas, das diesen Mann aufregen könnte?"

So ging die Zeit dahin. Die Flugzeuge, die von Tempelhof aufgestiegen waren, um Chamberlin zu empfangen, landeten wieder. Von dem Amerikaner fehlte seit Stunden jede Nachricht. Einige Großflugzeuge suchten weiter. Irgend etwas mußte passiert sein, die „Columbia" hätte schon längst in Berlin eintreffen müssen. Die Zuschauer wurden ungeduldig. Immerhin war es schon fast neun Uhr morgens. Endlich machten zwei Meldungen aus Hannover dem Rätselraten ein Ende:

„Gegen 5.50 Uhr wurde Chamberlin über Helfta bei Eisleben gesichtet. Er umkreiste den Ort ein paarmal, offenbar in der Absicht, einen günstigen Landeplatz zu suchen."

„6.15 Uhr, Notlandung bei Eisleben. Die Bewohner brachten Chamberlin auf seine Bitte hin hundert Liter Benzin."

Die meisten der Ehrengäste verließen daraufhin den Flughafen. Nicht wenige fühlten sich genarrt, man hatte nicht Zeuge eines „einmaligen Ereignisses" sein dürfen!

Um 10 Uhr lief eine weitere Nachricht ein:

„9.35 Uhr, Start zum Weiterflug. Von mehr als zwanzig Dorfbewohnern ließ sich Chamberlin eine Bescheinigung über die Notlandung ausstellen. Chamberlin nahm dann Kurs Magdeburg – Berlin."

Eilig wurden die Ehrengäste wieder herbeigeholt. Länger als fünfundvierzig Minuten konnte der Flug nicht dauern. Es wurde 10.30 Uhr, 11 Uhr, aber von dem Bellanca-Eindecker war noch immer nichts zu sehen. Und wenig später erstarb der letzte Rest einer großen Begeisterung in einem pladdernden Regen. Die kurz nach Mittag eintreffende Meldung wirkte auf die Wartenden wie eine Eulenspiegelei:

„Cottbus. Chamberlin ist hier gegen 11.50 Uhr zum zweiten Mal notgelandet. Hierbei ging der Propeller zu Bruch. Als Grund der Notlandung wird wiederum Betriebsstoffmangel angegeben."

Nun, Chamberlin hatte bei seinen Landungen in Deutschland ein bißchen Pech entwickelt, und die Berliner waren einen Tag lang enttäuscht. Vielleicht lag das zweimalige Verfliegen an dem mangelnden Kartenmaterial, aber an der großartigen Leistung, den Nordatlantik in einem gewaltigen Sprung von New York aus überquert zu haben, änderte das nichts. Außerdem war die Besatzung stark übermüdet, Chamberlin hatte fast während der ganzen 43 Stunden gesteuert – ohne automatischen Piloten, den es damals noch nicht gab.

So war der jubelnde Empfang, den die Berliner den beiden Amerikanern am nächsten Tag, als sie mit ihrer „Columbia" in Tempelhof landeten, durchaus verdient.

Etwa 6300 Kilometer hatte Clarence D. Chamberlin zurückgelegt.

Daß der Flug Lindberghs keine Einzelleistung geblieben war, konnte jeder in der Zeitung lesen. Aber nur ganz wenige Menschen wußten, daß die Nacht in Tempelhof, die Nacht des vergeblichen Wartens, den großen Plan zum ersten deutschen Atlantikflug hatte reifen lassen.

Freiherr von Hünefeld

Überall in Deutschland hatte man die beiden amerikanischen Flieger gefeiert.

Seit der Landung der „Columbia" waren genau zehn Tage vergangen, als Chamberlin und Levine am 16. Juni mit einer Dornier-Maschine auf dem Bremer Flugplatz eintrafen. Auf ihrer Fahrt zum Bahnhof wurden sie von der Bevölkerung der alten Hansestadt so begeistert begrüßt, daß die Polizei mehrfach eingreifen mußte, um den Weg freizuhalten. Auf dem Lloyd-bahnhof wartete ein Sonderzug, der die beiden Flieger mit einer ganzen Anzahl geladener Gäste nach Bremerhaven fahren sollte.

Man kann den herzlichen Empfang besser verstehen, wenn man weiß, daß sich die Bremer seit jeher mit Amerika besonders verbunden fühlten. Viele Kaufleute unterhielten nicht nur geschäftliche Beziehungen mit den Vereinigten Staaten, sondern hatten dort im Laufe der Jahre auch manchen Freund gewonnen. Und wenn man die Bremer so reden hörte, hätte man fast denken können, daß New York ein Vorort Bremens sei. Wie man die Sache auch drehte, so ganz Unrecht hatten die Leute ja nicht, die da behaupteten, daß New York die „nächste größere Stadt" sei, wenn man von Bremerhaven mit einem Lloyddampfer in See sticht.

Cornelius H. Edzard

Gegen zwanzig Uhr hielt der Sonderzug in der Nähe der Columbuskaje. Weit hinaus konnte man über die See blicken. Dort irgendwo im Nordwesten würden nach Mitternacht die Lichter des Lloyddampfers „Berlin" auftauchen, mit ihm reisten die Frauen der beiden Amerikaner nach Deutschland. Doch bis zu ihrer Begrüßung würde es noch Stunden dauern, und so setzte man sich vorläufig an die festlich gedeckte Tafel im Speisesaal des alten Dampfers „Bremen". Reden wurden gehalten, man feierte Chamberlin und Levine. Da die beiden in den letzten Tagen sehr wenig geschlafen hatten, dehnte man die Ehrungen nicht allzu lange aus; so konnten sich die Ozeanflieger anschließend etwas Ruhe gönnen. Die Herren vom Norddeutschen Lloyd und deren Gäste dagegen saßen noch eine ganze Weile gemütlich beieinander.

Da alles so reibungslos abgelaufen war, konnte Freiherr von Hünefeld, der Presse- und Werbechef dieser großen Reederei, erleichtert aufatmen. Wahrhaftig genug hatte er zu tun gehabt, um diesen Empfang bis in jede Kleinigkeit zu regeln. Jetzt zog er sich mit seinem Freunde in eine ruhige Ecke zurück.

An Gesprächsstoff mangelte es nicht. Ihnen ging es genau wie all den Menschen, die in den letzten Tagen mit den beiden Amerikanern zusammengetroffen waren: Man plauderte über Chamberlins mutigen Flug. Vielleicht würden auch sie im Laufe der Unterhaltung auf die Möglichkeit eines deutschen Ozeanfluges kommen.

Als Mitarbeiter des Norddeutschen Lloyd hätte Ehrenfried Günther Freiherr von Hünefeld ja eigentlich im Luftverkehr eine unerbittlich vorwärtsdrängende Konkurrenz sehen müssen; denn es war sehr wahrscheinlich, daß in den kommenden Jahrzehnten Flugzeug und Überseedampfer auf der Atlantikroute miteinander in scharfen Wettbewerb treten würden.

Derartige Überlegungen konnten aber nicht verhindern, daß Hünefeld für alle Fragen der Luftfahrt sehr zugänglich war. Er hatte – und das muß man wissen, um seine Einstellung zu verstehen – schon 1914 geflogen, damals, als der Motorflug kaum zehn Jahre alt war und als man sich noch mit den primitivsten technischen Bedingungen abfinden mußte. Aus der Zeit stammte sein Interesse für alles, was mit Fliegen und Luftsport zusammenhing.

Nachdem ein Steward die Gläser mit Rotwein gefüllt hatte, griff Hünefeld nach einer Zigarrenkiste, bot seinem Freunde an und nahm sich selbst eine Importe. Sorgsam schnitt er sie an. Ein Streichholz zischte auf. Bedächtig begann er zu ziehen. Mehrere Male flackerte die Flamme lang auf. Dann vergewisserte er sich, ob sie gut angebrannt war. – Erfahrener Zigarrenraucher, das sah man auf den ersten Blick. Sein Freund beobachtete ihn bei dieser Zeremonie. Er sah das Monokel blitzen, ohne das man sich

Ehrenfried Günther Freiherr von Hünefeld

den Freiherrn nicht vorstellen konnte. Die „Scherbe", die er im rechten Auge trug, störte nicht, sie paßte zu Hünefeld, zu seiner hageren Gestalt, zu der vornehmen, aber unaufdringlichen Kleidung, ja zu seinen vielleicht oft zu lebhaften, aber doch bestimmten Handbewegungen.

Dieses Monokel machte ihn keineswegs zu einem Angeber; dafür strahlte das Wesen des Freiherrn zu viel Geist, Herzlichkeit und Entschlossenheit aus. Er war ein Herr im besten Sinne des Wortes.

Sein Gast wirkte ganz anders, mehr wie ein Sportsmann. Er gehörte zu denen, die man stets um einige Jahre jünger einschätzt. Er war einer der bekanntesten Bremer Flieger: Cornelius Edzard.

Zwei Männer saßen sich hier gegenüber, die es schon in jungen Jahren zu etwas gebracht hatten. In ihrer Stellung und mit ihren Fähigkeiten hätten sie sehr gut schon über den Dingen stehen können. Aber in ihrem Wesen waren sie eben jung und beweglich, und deshalb verlief dieses Gespräch auch alles andere als ruhig.

Unvermittelt sagte Hünefeld zu seinem Freunde:

„Und ich behaupte: Da ist noch was zu machen. Da ist wirklich was zu machen. Es muß doch möglich sein, daß wir Deutsche als erste in umgekehrter Richtung über den Ozean fliegen."

„Ja, Hünefeld, ein Flugzeug müßte man haben, das außergewöhnlich viel Benzin schleppen kann. Nur so hätte man einige Aussicht, die viel schwierigere Strecke von Ost nach West über den großen Teich durchzuhalten. Das Ausland ist uns eben in der Flugtechnik um einige Nasenlängen voraus, die konnten ungestört entwickeln und bauen. Bei uns in Bremen beispielsweise, bei Focke-Wulf, gibt es kein geeignetes Langstreckenflugzeug."

„Nein, nein, ein Sportflugzeug ist nicht das Richtige."

„Ein Flugzeug müßte man haben, das mindestens für fünfzig Flugstunden Benzin tanken kann."

„Kommt eine Dornier in Frage?"

„Nein, Flugboote haben nicht die erforderliche Reichweite. Im März konnten die Portugiesen mit dem Dornier-Wal ja nicht einmal den Südatlantik überfliegen; hundert Kilometer vor der brasilianischen Küste mußten sie wegen Treibstoffmangel niedergehen. Und Amundsen? Als der 1925 zum Nordpol fliegen wollte, legte er kaum 2000 Kilometer zurück."

„Schwimmerflugzeuge kommen ja wohl erst recht nicht in Frage?"

„Auf keinen Fall, aber das wissen Sie ja, Hünefeld: Der Luftwiderstand der Schwimmer ist viel zu groß. So ein Wasserflugzeug säuft den Sprit wie aus Eimern."

„Da sind wir also der gleichen Meinung!"

„Eben, nur ein Landflugzeug ist diskutabel", bestätigte der Flieger.

„Ich bin für einmotorig!"

„Selbstverständlich! Möglichst wenig Fehlerquellen."

„Was macht übrigens Junkers? Sie wissen doch Bescheid. Verfügt der über einen geeigneten Typ?"

„Ja, warten Sie mal, Hünefeld. – Also die mehrmotorigen Flugzeuge, wie die G 31 – –. Nein, die haben nicht die erforderliche Reichweite. Aber die einmotorige W 33. Die wird jetzt in Dessau gebaut. Vielleicht kommt die in Frage. Ich kann allerdings nicht sagen, wie weit man mit dem Vogel jetzt ist. Es handelt sich nämlich ursprünglich um eine Wasserflugzeug-Konstruktion, doch ich habe gehört, daß die W 33 auch mit einem Räderfahrwerk ausgerüstet werden kann. Eines steht aber fest, bei Junkers müssen wir mal horchen."

„Die Junkers-Bauweise ist mir sehr sympathisch. Ganzmetall! Wissen Sie, ich bin skeptisch, in einer Kiste mit Leinwand bespannt zu starten! – Sicherlich, Lindbergh hat Glück gehabt – wohlgemerkt in der Richtung mit dem Wind von West nach Ost!"

„Wenn man dem Professor Junkers in die Karten gucken könnte, aber der hat das nicht gern – – –."

„Na, das käme auf den Versuch an, Edzard. Wenn Sie sich dahinterklemmen – – ich glaube, Sie würden es schaffen. Und wenn wir erst einmal so weit sind, findet sich das weitere schon!"

Hünefelds Gast lächelte etwas ungläubig.

„Ja, ja. Ich bin fest davon überzeugt. Es müßte doch mit seltsamen Dingen zugehen, wenn wir in Deutschland nicht einen Vogel hätten, mit dem man über den Ozean fliegen könnte. Wissen Sie, das ist einfach eine Sache der Energie. Und jetzt ist die Zeit reif dafür. Wir werden ganz ruhig und mit kühler Überlegung an die Sache herangehen."

Von Ruhe konnte nun wirklich nicht mehr die Rede sein. Voller Begeisterung erzählte Hünefeld von dem, was er vorhatte:

„Es muß klappen, daß wir noch in diesem Jahr fliegen! Ja! Es geht alles, wenn man nur will. Ich denke mir: Start in Tempelhof!"

Zustimmend nickte der Flieger.

„Dort ist eine anständige Rollbahn", fuhr der Freiherr fort, „wir erreichen bei Neufundland den amerikanischen Kontinent und rutschen dann an der Küste entlang, bis die Wolkenkratzer von New York auftauchen. Dort landen wir."

„Aber bevor es so weit ist, wird es noch allerhand Schwierigkeiten geben. Und wenn wir es in diesem Jahr noch schaffen wollen, müssen wir verflucht in die Hände spucken."

„Selbstverständlich gibt es Schwierigkeiten. Aber Schwierigkeiten sind bekanntlich dazu da, um überwunden zu werden."

Edzard schien zwar noch nicht völlig überzeugt, daß alles in so kurzer Zeit zu schaffen sei, aber mit dem Herzen war er ganz bei der Sache. Und er traute auch dem Freiherrn zu, daß er es fertigbrachte. Aber wie – – – nun, das stand noch in den Sternen. Vorläufig spürte er nur, daß er von der Begeisterung Hünefelds mitgerissen wurde. Hünefeld versteht zwar die Werbetrommel zu rühren; aber hier war das doch etwas anderes. Es galt nicht nur die Möglichkeit eines deutschen Ozeanfluges zu erkennen, sondern auch entschlossen zuzupacken und diese Idee zu verwirklichen. Und jetzt war die Zeit reif.

Nach dem Stand der technischen Entwicklung schien es durchaus möglich, den Ozean auch gegen den Wind zu queren. Dennoch mußte alles ganz nüchtern überlegt werden. Die deutschen Flugzeuge waren gut, ohne Zweifel. Vielleicht lag die Chance auch gerade darin, daß die deutsche Industrie Motoren baute, die sehr sparsam im Treibstoffverbrauch waren.

Die zwei Männer standen ganz im Banne der großen Idee. Hünefeld wollte unbedingt mit zu den ersten gehören, die die Neue Welt von Europa aus mit dem Flugzeug erreichten. Er verstand etwas vom Fliegen, obwohl er nie ein Pilotenpatent erwerben konnte. Man wollte es ihm nicht zugestehen, weil er nur auf einem Auge sah, auf dem rechten. Da hatte er auch nicht die volle Sehschärfe – deswegen übrigens das Monokel.

Ob er ein guter Pilot war? Wer wagte es, das zu entscheiden! Es gibt eben Situationen, in denen der Wille mehr gilt als die körperliche Leistungskraft.

Nicht selten schmerzten Hünefeld die Beine. Im Kriege waren sie ihm durch Schrapnellkugeln zerschossen worden. Man hatte beide um einige Zentimeter kürzen müssen. – Aber Hünefeld lebte, und solange er lebte, würde er kämpfen mit seinem Willen, mit seiner ganzen unbeugsamen Energie. – Wofür? – Um etwas zu schaffen.

Unter normalen Verhältnissen hätte man solch einen Mann vielleicht einen Krüppel genannt. Doch keiner, der nicht um sein Schicksal wußte, merkte überhaupt, daß er körperlich nicht ganz auf Draht war. Im Gegenteil, kaum jemand konnte sich seiner verbindlichen und gewinnenden Art entziehen.

Es war allerdings auch möglich, daß er alles um sich herum vergaß, wenn ihn plötzlich eine Idee packte. Dann steuerte er unmittelbar auf sein Ziel los – ohne Rücksicht auf seine angegriffene Gesundheit. Denn er glaubte, daß jeder Mensch auf Erden seine Aufgabe zu erfüllen habe. Und er war der Meinung, daß er erst sehr wenig von dem geleistet hätte, was ihm bestimmt war.

Hünefeld wollte zum Ozeanflug starten, um damit das deutsche Ansehen in der Welt wieder bessern zu helfen. Als Bremer Bürger wußte er, daß viele Amerikaner noch neun Jahre nach dem Ersten Weltkrieg auf die Deutschen nicht gut zu sprechen waren. Vielleicht gelang es durch eine sportliche Tat, die Sympathien der Amerikaner zu gewinnen. Der Ozeanflug würde, falls er gelänge, die Wege für einen regelmäßigen Luftverkehr über den Atlantik ebnen. Völker, die sich durch schnelle Verkehrsverbindungen näher kommen, schaffen für die einzelnen Menschen Möglichkeiten, einander kennenzulernen.

Das alles waren Gedanken, die Hünefeld veranlaßten, den Plan des Ost-West-Fluges mit aller Macht voranzutreiben.

„Wir müssen das schaffen. Die Zeit drängt! Überall trifft man Vorbereitungen: in Frankreich und in England. Wenn wir nicht schnell die Sache in Angriff nehmen, kommen uns andere zuvor."

Der Flieger nickte dem Freiherrn bestätigend zu:

„Zwei Probleme müssen wir lösen: einmal das richtige Flugzeug, und dann die Leute mit Geld finden, die unseren Plan finanzieren."

„Richtig! Und dann werden wir uns beeilen, daß *wir* die ersten sind, die von Europa aus den amerikanischen Kontinent erreichen!"

Hünefelds Freund beurteilte die Lage noch nicht als allzu günstig. – Bei dem Freiherrn mußte immer alles so schnell gehen. Und schließlich wollte man

Norddeutscher Lloyd Bremen

1929

EUROPA

BREMEN

Die kommenden GROSSBAUTEN des

NORDDEUTSCHEN LLOYD BREMEN

für den Dienst

BREMEN-NEW YORK

(je 46 000 Br. Reg. To.)

Indienststellung: Frühjahr 1929.

BERND STEINER

ja auch mit einem ausgereiften und erprobten Flugzeug starten. Das würde bestimmt noch eine Weile dauern.

In einigen kurzen Sätzen faßte Hünefeld schließlich das Wesentliche zusammen:

„Passen Sie auf, Edzard. Wir wollen doch nicht lange herumreden. Es ist klar, daß noch ungeheuer viel zu bedenken ist. Aber halten wir mal eines fest: Sie, Edzard, kümmern sich um das Flugzeug. Und ich, ich sorge für Geld. Sie haben die technischen und vor allen Dingen fliegerischen Erfahrungen, und das Weitere wird sich finden.“

So war denn alles gesagt, was zu sagen war. Zwei Männer hatten nur den einen Wunsch, ein Flugzeug zu finden, mit dem man den Atlantik von Ost nach West überfliegen konnte.

Während dieses Gespräches hatten sie ihre Umgebung völlig vergessen. Stunden waren unbemerkt verronnen. Inzwischen hatte der Lloyddampfer „Berlin" festgemacht. Doch die Begrüßung der beiden amerikanischen Fliegerfrauen erfolgte erst am Morgen.

Als Hünefeld nach Bremen zurückgekehrt war, fiel es ihm nicht leicht, sich wieder in seine gewohnte Tätigkeit hineinzufinden. Er mußte sich mehr als einmal zwingen, mit den Gedanken bei der Sache zu bleiben. Viel Arbeit wartete auf ihn. Die zwei größten Schiffe der Lloydflotte, die „Bremen" und die „Europa", waren in Auftrag gegeben worden. 286 Meter lang würde jeder dieser Ozeanriesen werden. Wenn sie in zwei Jahren ihre Jungfernreise nach New York anträten, sollten sie je zweitausend Fahrgäste befördern. Das Interesse der Öffentlichkeit mußte schon recht bald auf die Neubauten hingelenkt werden, damit später stets genügend Passagiere die Luxusdampfer benutzten.

Die Werbung hatte Hünefeld in der Hand. Auf ihn würde es wesentlich ankommen, ob die Schiffe voll besetzt führen. Schon jetzt mußten einzelne Nachrichten und Berichte in der Presse erscheinen.

Neben sich hatte er zahlreiche Notizen und den Terminkalender für diese Propaganda-Aktion liegen. Jetzt schrieb man Juni 1927. Spätestens im Sommer 1928, ein Jahr *vor* der Indienststellung, mußten die Plakate heraus sein. – Der Norddeutsche Lloyd setzte große Hoffnungen auf diese modernen, mit allem Komfort ausgestatteten Riesenschiffe: die „Bremen" und die „Europa".

Hünefeld fiel es schwer, sich zu konzentrieren. Zwei Jahre noch, was konnte in der Zeit alles passieren! Es gab ganz andere Sachen, die ihm auf den Nägeln brannten: Man müßte ein Flugzeug haben, ein Flugzeug, um den Ozean zu bezwingen – – –!

An einem der folgenden Abende stand Hünefeld zu Hause am Fenster, Regentropfen trommelten gegen die Scheiben. Alles schien trostlos. Er hatte kurz in Urlaub fahren wollen, aber das Wetter hatte ihm einen Strich durch die Rechnung gemacht.

Das Telefon läutete und riß ihn aus dem Sinnen. Hünefeld hob den Hörer ab. Ein Ferngespräch aus Berlin. Sein Gesicht hellte sich auf:

„Hallo, Hodenberg! Das ist aber nett, daß Sie mich anrufen. Wie ist es in Berlin? Auch Urlaub verregnet?"

Er zog sich einen Stuhl heran und horchte aufmerksam auf die leise Stimme, die aus der Hörmuschel tönte.

„Mensch, Hodenberg, sagen Sie das noch mal. Was? Die Junkers-Werke sind mitten in den Vorbereitungen für einen Ozeanflug?"

Das war die Nachricht! Auf so etwas Ähnliches hatte Hünefeld eigentlich seit Tagen gewartet. Dieser Augenblick ließ alle Trübsal vergessen.

„Was? Ein Spezialflugzeug für längere Nonstop-Flüge? Geeignet für die Ozeanüberquerung?"

Nonstop! Das hieß: ohne Halt, ohne Zwischenlandung über den großen Teich!

„Selbstverständlich werde ich mich sofort einschalten, es muß doch möglich sein, daß ich mitkomme. Um welchen Flugzeugtyp handelt es sich?"

Wieder lauschte Hünefeld. Plötzlich unterbrach er den Freiherrn von Hodenberg, der übrigens auch beim Lloyd arbeitete:

„Donnerwetter, die W 33, das ist ja genau das Flugzeug, von dem Edzard neulich sprach."

Er nickte vor sich hin.

„Selbstverständlich, ich reise so schnell wie möglich nach Dessau. Das ist das Beste. Dort erfahre ich dann schon das Weitere. Vorerst einmal herzlichen Dank für den Tip. Menschenskind, Hodenberg, daß Sie an mich gedacht haben – – –!"

Seit Lindberghs Flug war noch kein Monat vergangen. In seiner impulsiven Art fuhr Hünefeld sofort für zwei Tage nach Dessau. Direktor Sachsenberg empfing ihn sehr zuvorkommend, konnte ihm aber nur wenig Hoffnung machen, daß er an einem Ozeanflug teilnehmen könnte. Immerhin erreichte der Freiherr aber, daß man ihm die W 33 zeigte.

Staunend stand er vor dem gedrungenen Flugzeug mit den freitragenden Flächen. Kein Spanndraht, keine Strebe ragte störend in den Luftraum. Die Flügel waren so konstruiert, daß man derartiger Hilfsmittel nicht bedurfte. Die W 33 galt als Fracht- oder Postflugzeug.

Der wassergekühlte Reihenmotor entwickelte mit den sechs Zylindern 300 PS, eindreiviertel Meter war er lang und wog 325 Kilogramm. Der Kühler lag über der Luftschraubennabe. Dieser Junkers-L 5-Motor hatte sich in den vergangenen zwei Jahren gut bewährt und zeichnete sich vor allem durch seine Zuverlässigkeit und durch den verhältnismäßig geringen Treibstoffverbrauch aus. Von dem Muster waren schon mehrere Hundert Stück gebaut worden. Die Umdrehungszahl konnte auf etwa 1500 pro Minute gesteigert werden. Dann wirbelte die Luftschraube fünfundzwanzigmal in der Sekunde herum.

Die Benzintanks lagen in den Flächen, für den Ozeanflug plante man in den Tragflächen außerdem besondere, dick aufgeblasene Luftschläuche unterzubringen, die das Flugzeug bei einer Notlandung über Wasser halten sollten. Mächtige Zusatztanks, für Weitflüge unerläßlich, mußten im Frachtraum eingebaut werden.

Im Pilotenraum standen die zwei Sitze so eng nebeneinander, daß sich die Flieger fast mit den Ellbogen berührten. Die beiden vorderen Windschutzscheiben, die bei dem serienmäßigen Baumuster den einzigen Schutz gegen die Witterung bildeten, waren kaum zwanzig Zentimeter hoch. Doch an diesem für den Langstreckenflug ausgerüsteten Flugzeug waren unmittelbar über den Köpfen der Piloten noch zwei verglaste Klappen angebracht, die beim Ein- und Aussteigen beiseite geschwenkt werden mußten.

An den Pilotenraum schloß sich der noch leere Frachtraum an, der sich nach hinten verjüngte und durch kleine Fenster auf jeder Seite erhellt wurde.

Das zweirädrige, feste Fahrwerk war im Hinblick auf das hohe Startgewicht schon verstärkt worden. Das Rumpfende ruhte auf einem Gleitsporn.

Das Leergewicht der W 33 betrug 1360 Kilogramm. Sie war 10,50 Meter lang, 2,90 Meter hoch und hatte eine Spannweite von 17,75 Metern.

Freiherr von Hünefeld verglich im stillen dieses Ganzmetallflugzeug mit den stoffbespannten Maschinen, die sonst noch allgemein üblich waren. Bei den Junkers-Typen verwendete man für die Beplankung von Rumpf und Flächen gewelltes Leichtmetallblech, sogenanntes Duralumin. Diese besondere Aluminiumlegierung war annähernd so hart wie Stahl und bildete gleichsam eine knickfeste Schale, die den Junkers-Konstruktionen eine hohe Festigkeit verlieh.

Hünefeld faßte Vertrauen zu der W 33. Wenn überhaupt ein deutscher Flugzeugtyp als geeignet erschien, den Ozean in ostwestlicher Richtung zu bezwingen, dann war es dieser. Alles würde gut sein, wenn es gelänge, solch ein modernes Wunderwerk der Technik zu kaufen.

Aber die Verhandlungen, die dann mit der Werksleitung begannen, waren vergeblich, sie scheiterten. Enttäuscht kehrte der Freiherr nach Bremen zurück.

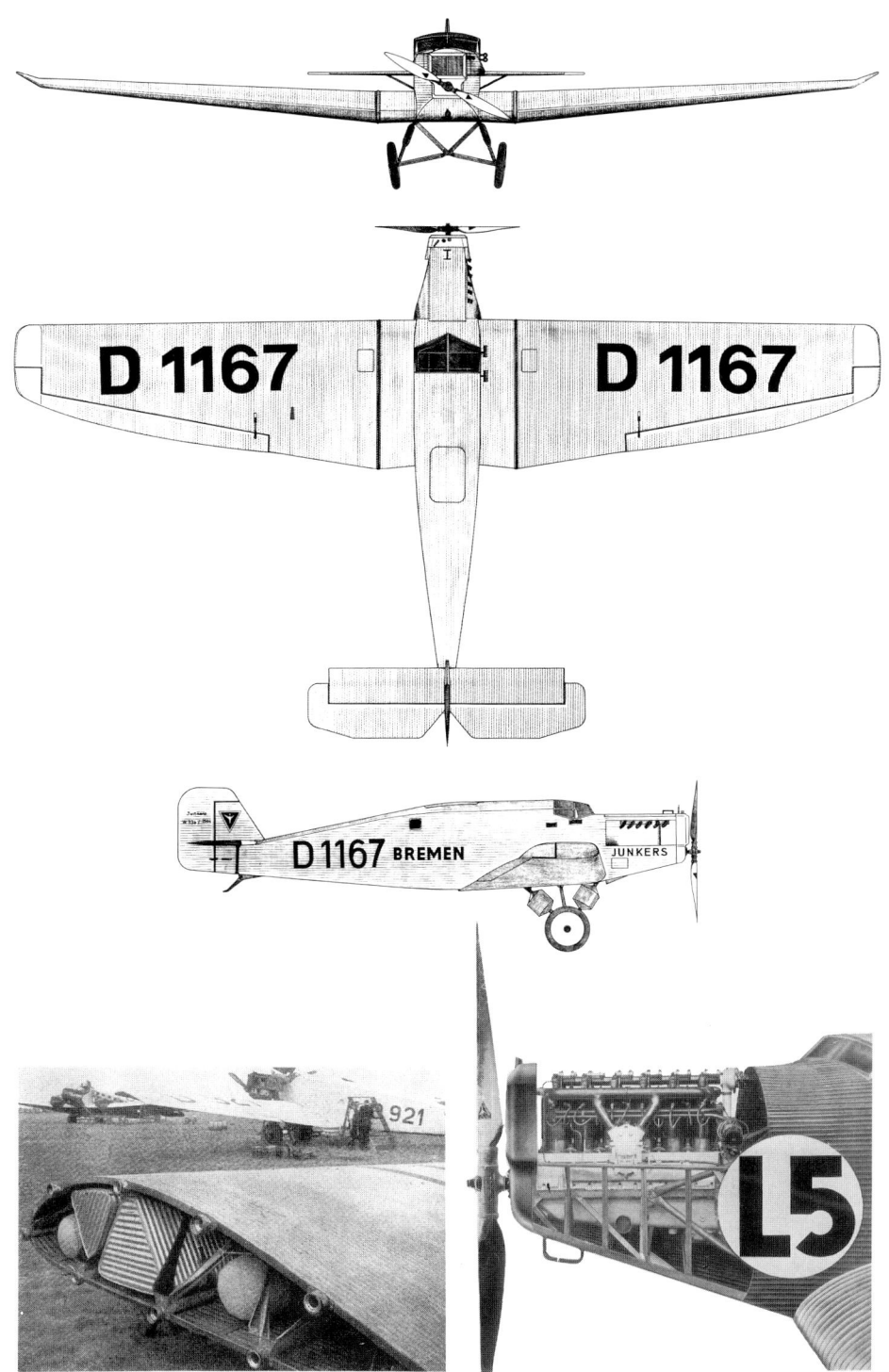

Tragfläche mit Tanks und Luftschläuchen

Doch unterkriegen ließ er sich nicht. Obwohl die Aussichten nicht allzu rosig waren, fuhren Hünefeld und Cornelius Edzard einige Tage später nach Berlin. Als ein besonderes Glück erwies es sich, daß dort die Verhandlungen für das Dessauer Werk von Direktor Sachsenberg geleitet wurden; gerade von dem Mann, der mit allen seinen Kräften das Zustandekommen des Ozeanfluges unterstützen wollte. Bei Junkers setzte er sich sehr stark für diese große Idee ein; und so gelang es tatsächlich, einen Vertrag abzuschließen, der dem Freiherrn von Hünefeld das Vorkaufsrecht für eine W 33 sicherte. Das bedeutete zwar noch keinen vollen Erfolg, aber für die kurze Zeit, die bisher zur Verfügung gestanden hatte, mußte man mit dem Erreichten zufrieden sein.

Nun galt es, in wenigen Tagen hunderttausend Mark aufzubringen oder aber Garantien für diese riesige Summe zu erhalten. Wie es gelingen würde, so viel Geld flüssig zu machen, stand vorläufig noch in den Sternen. Doch der Freiherr hatte viele Freunde in der alten Hansestadt Bremen, einflußreiche Freunde. Das Vorkaufsrecht war für den Augenblick das Wichtigste.

Erst einmal hatte man Zeit gewonnen. Ein Start innerhalb kürzester Frist kam sowieso nicht in Frage, weil Professor Junkers in keinem Falle auf ausgedehnte Erprobungsflüge verzichten wollte. Dabei dachte der Konstrukteur zuerst an die Sicherheit der Besatzung. Es ging darum, einen Flug vorzubereiten, der mit mindestens 95 Prozent Gewißheit gelingen mußte. Der Professor wollte kein Lotteriespiel wagen, das Menschenleben gefährdete und das dem Ansehen seines Werkes schaden konnte. Das Wagnis blieb ohnehin noch groß genug, und um es zu bestehen, bedurfte es ganzer Kerle. Hemmungslose Abenteurer hatten mit dem Flug über die weite Wasserwüste nichts zu schaffen. Niemals hätte der Professor solchen Menschen seine Flugzeuge anvertraut.

Es mußten ganze Kerle sein.

Nach Bremen zurückgekehrt, setzte Freiherr von Hünefeld sofort alle Hebel in Bewegung, um Geldgeber zu finden. Unglücklicherweise war sein Vorgesetzter, der Generaldirektor des Norddeutschen Lloyd, Geheimrat Stimming, für längere Zeit von Bremen abwesend. Dieser kluge und weitschauende hanseatische Kaufmann hätte Rat schaffen können. Vielleicht wäre es auch möglich gewesen, daß der Lloyd einen Teil der Summe garantiert hätte. Ja, Hünefeld dachte an seine Reederei zuerst, obwohl doch eine Schiffahrtsgesellschaft gerade im Flugzeug einen Konkurrenten erblicken mußte.

Er war sehr niedergeschlagen, daß der große Plan ausgerechnet am Geld scheitern sollte. Die Junkers-Werke drängten in einem Schreiben auf bal-

Einsetzen der Kabinentanks in die Junkers W 33

dige Erfüllung der finanziellen Forderungen. Es ging auf Biegen und Brechen.

Plötzlich dachte er an den Generalkonsul Dr. Strube, sollte man vielleicht – – –. Blitzschnell rechnete er alle Möglichkeiten durch. Der Generalkonsul gehörte dem Präsidium des Lloyd an. Außerdem war er Geschäftsinhaber der Darmstädter- und Nationalbank. Schon griff Hünefeld nach dem Telefon, es war niemals seine Art gewesen, etwas auf die lange Bank zu schieben.

So bat der Freiherr um eine kurze Unterredung und fuhr dann in wenigen Minuten zu dem Generalkonsul in die Wohnung.

Dort platzte er in eine große Familienfeier. Peinlich, sehr peinlich! Aber man kannte den Feuerkopf Hünefeld und verübelte es ihm nicht. All sein diplomatisches Geschick nahm er zusammen, gratulierte dem Ehepaar Strube zur silbernen Hochzeit und wünschte der frisch verlobten Tochter des Hauses viel Glück. Dabei stellte sich heraus, daß der Verlobte ein bekannter Flieger war. So steuerte man wie von selbst und ohne große Umwege auf das Thema zu: Ozeanflug!

Nach Stunden verließ Hünefeld den Generalkonsul: Erfolg auf der ganzen Linie. Die Darmstädter- und Nationalbank garantierte einen großen Teil der Kosten. Außerdem wollte sich Dr. Strube dafür einsetzen, daß sich auch der

Norddeutsche Lloyd beteilige. Die Geldfrage schien gelöst. Die Zeit war reif, endlich durfte man an die unmittelbaren Flugvorbereitungen herangehen.

Den größten Teil seiner dienstfreien Stunden verbrachte der Freiherr jetzt auf dem Neuenlander Feld. Dort traf er sich mit seinem Freund und Fluglehrer Edzard, um seine fliegerischen Kenntnisse aufzufrischen und zu vervollkommnen. In einem kleinen Focke-Wulf-Sportflugzeug stiegen sie auf. Hünefeld saß vorne und ließ sich den Propellerwind ins Gesicht wehen. Nur eine winzige Scheibe gewährte etwas Schutz.

In weiten Kreisen zogen sie über die Stadt und rundeten die Domtürme, deren Kupferplatten in der Sonne grün leuchteten. Sie flogen die Weser entlang nach Norden. Tief unter ihnen dampften Überseefrachter den Strom hinauf. Bei Bremerhaven glitten ihre Blicke über die Columbuskaje. Die Menschen waren kaum zu erkennen.

Columbus: der erste Europäer, der Amerika erreicht und die Erschließung der Neuen Welt eingeleitet hatte. Wer würde der Pilot sein, der den Atlantik ohne Zwischenlandung als erster von Europa nach Amerika bezwingt?

Freiherr von Hünefeld übte beharrlich und vertiefte seine Kenntnisse so weit, daß er auf dem bevorstehenden Ozeanflug zumindest für eine Weile das Steuer übernehmen konnte. Für einen einzigen Piloten würden die Beanspruchungen zu hart sein, der müßte einmal ausruhen können.

Diese Stunden in dem Focke-Wulf-Doppeldecker wurden zu einem großen Erleben. Das bedeutete mehr als nur Vorbereitung für eine schwere Aufgabe.

Doch dann trafen aus Dessau Nachrichten ein, daß der Umbau von zwei Flugzeugen des Typs W 33 nahezu vollendet sei. Ihre Erprobung sollte in kürzester Frist beginnen. Die Zeit des Planens war vorüber. Ein Traum schien Wirklichkeit zu werden.

Ein Rekord wird gebrochen

Lebhaftes Treiben herrschte auf dem Flugplatz der Junkers-Werke in Dessau. Männer des Bodenpersonals eilten geschäftig hin und her. Testpiloten gingen an Bord. Von Zeit zu Zeit hörte man das typische Geräusch vom Anwerfen der Motoren: zuerst der noch unregelmäßige Lauf und dann das sich steigernde Aufbrüllen.

Vor einer Halle wurde an einer W 33 gearbeitet. Monteure bemühten sich um das Flugzeug. Das war an sich nichts Ungewöhnliches. Die Geschäftigkeit hier fiel erst durch die Feuerwehrschläuche auf, die sich in weiten Windungen über den Vorplatz schlängelten. Einige kleinere Wasserpfützen standen dort, wo die Schlauchkupplungen etwas leckten. Es hatte nicht etwa ein Feuer gewütet, nein, weder greller Flammenschein noch schwarze Rauchwolken hatten die Junkers-Leute erschreckt.

Es handelte sich um ganz etwas anderes. Wer dort stand, wo jetzt einige Monteure die Schläuche zusammenrollten, konnte zwei Männer beobachten, die die seltsamen Arbeiten an der W 33 sorgfältig überwacht hatten. Der eine war Flugkapitän Fritz Loose und der andere hieß Reginald Schinzinger, seines Zeichens Diplom-Ingenieur.

Auf die beiden trat Direktor Sachsenberg zu:

„Na, haben Sie fünfhundert Liter Wasser gefaßt?"

„Jawohl, alles klar!" erwiderte der Flugkapitän.

Sie kletterten auf die linke Fläche und von da aus in den Pilotenraum. Ein ungewohntes Bild zeigte der Frachtraum: Vier mächtige Wassertanks waren dort eingebaut. Zwischen ihnen blieb nur noch ein enger Gang frei, der nach hinten führte. Prüfend glitten die Augen des Direktors über die kurzen dicken Rohre der Schnellablaßvorrichtung, die von den Tanks nach unten ins Freie führten. Dann zwängte er sich wieder nach vorne und gab die letzten Anweisungen:

„In Ordnung! Sie starten gleich. Wenn alles reibungslos geklappt hat, lassen Sie das Wasser ab. Fliegen Sie aber hoch genug, damit das ausströmende Wasser sich in der Luft verteilen kann. Der Fahrtwind wird es schon genügend zerstäuben – aber trotzdem, bitte nicht über bewohntem Gelände. Das ist ja selbstverständlich. Sie würden ja schließlich auch nicht gerade entzückt sein, wenn Sie aus heiterem Himmel eine unverhoffte Dusche abbekämen. Also kurz gesagt, wir wollen keine Scherereien mit der Bevölkerung. Es ist nicht notwendig, daß morgen alles haarklein in der Zeitung steht. Na, Sie wissen ja."

Flugkapitän Loose und Ingenieur Schinzinger schmunzelten.

„Und dann lassen Sie mir die Tanks genau nach Plan leerlaufen, sonst wird die Kiste schwanz- oder kopflastig. Wir haben ja alles besprochen."

„Selbstverständlich, Herr Direktor, geht klar. Wir geben Ihnen gleich nach dem Test Bescheid, wie es geklappt hat."

Direktor Sachsenberg kletterte aus dem Flugzeug, und Fritz Loose gab seinen Monteuren das Zeichen, den Motor anzuwerfen. Die griffen an den Propeller, rissen ihn herum und drehten so den Motor langsam durch.

„Frei!"

Er sprang an und lief nach kurzer Zeit auf vollen Touren. Die W 33 zitterte, die Tragflächen schwankten etwas. Nur die Bremsklötze hinderten das Flugzeug am Vorwärtsrollen. Das Dröhnen des mit äußerster Kraft laufenden Motors ließ ahnen, welche Energie in ihm steckte. 380 PS, das bedeutete schon eine ganz anständige Leistung. Normalerweise entwickelte der L5-Motor nur 300 PS, aber für die geplanten Flüge hatte man das Verdichtungsverhältnis auf 1:7 erhöht, und so wurden etliche Pferdestärken mehr erreicht.

Dann drosselte der Pilot den Motor. Der Lärm ebbte ab. Und nachdem die Monteure die Bremsklötze weggezogen hatten, rollte das Flugzeug auf die Startbahn. Der Sporn, und damit das Rumpfende, ruhte auf einem zweirädrigen Spornwagen. Viele Blicke verfolgten das eigentümliche Bild. Man war es nicht gewohnt, daß der Rumpf schon vor dem Start eine waagerechte Lage einnahm. Immerhin leuchtete es aber ein, daß durch diesen Trick mit dem Wagen das Abheben des Flugzeuges vom Boden sehr erleichtert wurde.

Der Startleiter hob die Flagge. Fritz Loose gab Gas. Die W 33 rollte mit ständig steigender Geschwindigkeit über die Bahn. Mit einem Fernglas beobachtete Direktor Sachsenberg den Abflug. Kurz nachdem sich die Räder vom Boden gelöst hatten, fiel der Spornwagen programmgemäß herunter und blieb, nachdem er sich mehrfach überschlagen hatte, am Rande des Flugplatzes liegen.

Im Pilotenraum nickten sich Fritz Loose und Ingenieur Schinzinger zu. In Ordnung! Der Flugkapitän zog die Maschine hoch über die freie Landschaft. Nach einer Weile kroch der Ingenieur nach hinten und öffnete die Schnellablaßventile. Das Wasser rauschte hinaus. Durch das kleine Fenster versuchte er etwas zu erkennen, aber die Sicht nach unten war begrenzt.

Wenn jemand das Flugzeug vom Erdboden aus beobachtet hätte, würde er vielleicht eine Wolke aus Wasserstaub erkannt haben, die schräg unter dem Rumpf hing und sich schnell in feinverteilte Tröpfchen auflöste. Etwa zwanzig Minuten später schwebte die W 33 auf dem Werkflugplatz ein und landete glatt.

Dieses war der erste von einer ganzen Reihe der Probestarts gewesen – eine merkwürdige Art, die äußerste Tragfähigkeit eines Flugzeuges zu testen. Jedesmal mußte das Wasser in der Luft wieder abgelassen werden; denn man konnte wohl mit einem stark überlasteten Flugzeug starten, aber auf keinen Fall landen. Bei einer derartigen Zuladung, wie sie geplant war, würde das Fahrwerk bei nur etwas stärkeren Landestößen – ja, unter Umständen schon bei einer ganz normalen Landung – wie dürres Holz zerbrechen. Die Gewichtsverminderung, die bei einem Langstreckenflug durch den Treibstoffverbrauch zwangsläufig eintrat, wurde hier also durch das Ablassen des Ballastwassers erreicht.

Flugkapitän und Schinzinger waren mit dem Verlauf des ersten Testfluges zufrieden, und das sagten sie auch ihrem Direktor:

„Reibungslos geklappt!"

„Dann können wir also weitermachen?"

„Selbstverständlich, Herr Direktor!"

„Na, das ist ja ausgezeichnet. Wenn sich die Jungs mit dem Wassertanken beeilen, können Sie vor Mittag noch einmal los. Wieviel Liter wollen Sie zusätzlich nehmen?"

„Ich denke zweihundert."

„Gut, einverstanden. Wir müssen uns vorsichtig an die obere Belastungsgrenze heranpirschen."

Direktor Sachsenberg überlegte noch einen Augenblick und schloß dann:

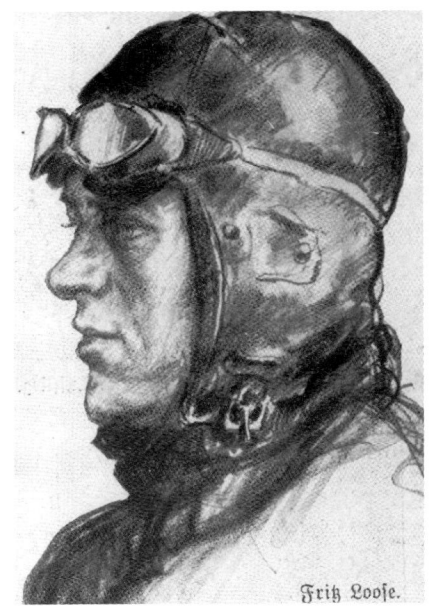

Fritz Loose

„Also in Ordnung. Machen Sie alles fertig, und wenn es soweit ist, geben Sie mir Nachricht."

Zufrieden wandte er sich ab, die Idee mit dem Ballastwasser war doch gar nicht so schlecht, schien sich ganz gut zu bewähren.

An einem der nächsten Tage kam Flugkapitän Hermann Köhl nach Dessau. Er hatte genau wie Freiherr von Hünefeld gehört, daß die Junkers-Werke mit der W 33 Langstreckenflüge vorbereiteten. Das, was er während der Nacht in Tempelhof geplant hatte, wollte er jetzt in die Tat umsetzen. Die Werksleitung war natürlich sehr daran interessiert, solche Männer wie Hermann Köhl zu gewinnen, und so zeigte man ihm bereitwillig die W 33 und erzählte von den bisherigen Versuchen.

Selbstverständlich brauchte man ihm nicht zu sagen, daß der Start einer der gefährlichsten Punkte eines Langstreckenfluges war, besonders wenn man so viel Sprit mitnehmen mußte, daß man den Atlantik überqueren konnte. Hermann Köhl bewunderte die Genauigkeit und Gewissenhaftigkeit, mit der die Junkers-Ingenieure die Zuladungsmöglichkeiten errechnet und erprobt hatten.

Das war eine ehrliche Sache. Man sagte dem Piloten:

„So viel Treibstoff kannst du zusätzlich mitnehmen, mit der Menge kannst du starten!"

Professor Junkers würde es niemals gebilligt haben, daß ein Ozeanflieger es auf einen waghalsigen Startversuch ankommen ließ. Das wäre Tollkühnheit und würde die Besatzung aufs schwerste gefährdet haben. Ein mißglückter Start mit einem vernunftwidrig überlasteten Flugzeug bedeute in der Praxis meist Bruch und Feuer. Kein Mensch hatte das Recht, sein Leben um eines Rekordes willen aufs Spiel zu setzen. Die Schwierigkeiten und das Wagnis eines Ozeanfluges waren ohnehin groß genug.

Professor Junkers und seine Leute hatten die Zeitungsnachricht vom 27. April noch nicht vergessen:

„Ein Ozeanflieger abgestürzt. Aus Newport News wird berichtet: Der Kommandeur Noel Davis, der einen Flug über den Ozean von New York nach Paris plante, stürzte kurz nach einem Versuchsstart mit seinem Riesenflugzeug ab und wurde getötet. Bei dem Unfall kam auch dessen Gehilfe, Leutnant Wooster, ums Leben. Die Maschine war für den Transozeanflug fast voll beladen."

Die Testflüge wurden fortgesetzt. Stetig erhöhte man die Zuladung, und wenige Minuten nach jedem Start lief das Ballastwasser wieder ab. Auch Hermann Köhl und Cornelius Edzard beteiligten sich jetzt an den Erprobungen. Bei den letzten Flügen stieg das Abfluggewicht fast auf das Dreifache des Leergewichtes. Etwa zweieinhalb Tonnen schleppte die W 33, die selbst nur 1,3 Tonnen wog: eine harte Beanspruchung für Männer und Maschine!

Endlich waren die Prüfungsflüge abgeschlossen, und man konnte eigentlich nach Amerika starten, wenn nicht – – –, ja, wenn nicht Professor Junkers aus Sicherheitsgründen noch eine weitere Bedingung gestellt hätte. Nach seinem Willen sollte ein Ozean-Flugversuch erst unternommen werden, wenn der Beweis erbracht worden war, daß die W 33 länger als jedes andere inländische oder sogar ausländische Flugzeugmuster ununterbrochen fliegen könnte.

Der Amerikaner Chamberlin hatte vor seinem Start nach Europa den Bellanca-Eindecker über zwei Tage in der Luft halten könne. Mit 51 Stunden, 11 Minuten und 25 Sekunden hatte er alle früheren Dauerflug-Rekorde überboten.

Professor Junkers war der Meinung, daß sich die W 33 in gleicher Weise bewähren sollte. Er durfte das Leben seiner Männer nicht leichtfertig aufs Spiel setzen.

Chamberlins Rekord sollte mit zwei Flugzeugen angegriffen werden. Die neue betonierte Startbahn auf dem Werkflugplatz Dessau war seit wenigen Tagen fertiggestellt. Mit ihrer Länge von 750 Metern gewährte sie selbst schwerbeladenen Flugzeugen beim Start ausreichende Sicherheit, vorausgesetzt, daß nicht starker seitlicher Wind ihre Benutzung verbot.

Die beiden Flugkapitäne Fritz Loose und Hermann Köhl wollten mit ihrer W 33 zuerst starten.

Mit der zweiten W 33 sollten der Junkers-Werkpilot Hans Risticz und der Bremer Flugkapitän Cornelius Edzard fliegen.

In der Nacht zum 3. August wurden die letzten Vorbereitungen getroffen. Im Licht starker Scheinwerfer arbeiteten die Monteure an den Flugzeugen. Noch bevor die Sonne aufging, etwa gegen 4 Uhr, rollte das erste zum Start. Bis zur Halskrause vollgetankt, wog es 3660 Kilogramm.

Die wenigen Zuschauer wußten um das Risiko dieses Unternehmens. Flugkapitän Loose gab Gas, der Motor heulte auf, und die W 33 brauste über die glatte Betonbahn. Doch plötzlich, den Ingenieuren und Monteuren stockte der Atem, brach das Flugzeug nach einer Seite aus und rollte fast auf den Rasen. Der Motorenlärm erstarb, die W 33 bewegte sich noch mit schwankenden Tragflächen weiter und kam nach endlos scheinenden Sekunden zum Stehen.

Menschen liefen hinterher. Ingenieure und Monteure sprangen auf den Wagen der Werksfeuerwehr, während der schnellen Fahrt mußten sie sich festklammern, um nicht heruntergeschleudert zu werden. Was war denn nur los? In der schwachen Dämmerung konnten sie nicht richtig erkennen, warum der Start abgebrochen worden war. Köhl winkte ihnen aus dem Pilotensitz entgegen. Aber da sahen sie schon, daß das Flugzeug etwas schräg stand. Ein Reifen war geplatzt; halb von der verbeulten Radscheibe gerissen, zerknautscht und ausgedient, bot er ein jämmerliches Bild.

Das hätte wahrhaftig schiefgehen können. Wenn man in voller Fahrt von der Betonbahn heruntergerollt wäre, hätte es bestimmt Bruch gegeben. Bruch mit einer solchen Überbelastung!? – Den Männern lief es noch jetzt eiskalt den Rücken herunter.

Froh, daß alles so gut abgelaufen, schob man die W 33 wieder zurück. Das Rad wurde ausgewechselt, und nach einstündiger Verspätung startete das Flugzeug noch einmal.

Und wieder klappte etwas nicht. Der Spornwagen, der bisher immer kurz nach dem Abheben auf den Erdboden zurückgefallen war, löste sich nicht vom Rumpfende und wurde mit in die Höhe getragen. Das war natürlich ein Mißgeschick; denn es handelte sich nicht allein um die 35 Kilogramm, mit denen jetzt die Maschine zusätzlich belastet wurde, vor allen Dingen stieg der Luftwiderstand beträchtlich. So schien es sehr zweifelhaft, ob man mit diesem unnützen Gewicht zwei Tage und zwei Nächte in der Luft bleiben konnte.

Die Zuschauer sahen, wie die W 33 nach Süden drehte, um den Kontroll-
punkt auf dem Flugplatz Mockau bei Leipzig anzufliegen. Ungefähr fünfzig
Kilometer betrug die Strecke, und dann ging es wieder denselben Weg
zurück bis zum Junkers-Werkflugplatz. Diese beiden Wendepunkte waren
von Kontrollbeamten besetzt, die die Zeit nahmen und feststellen sollten,
wieviele Kilometer die Flugzeuge in geschlossener Bahn zurücklegten.

Als Fritz Loose mit seinem Begleiter Hermann Köhl von der ersten Runde
nach Dessau zurückkehrte, startete kurz vor 6 Uhr auch die zweite W 33 mit
Cornelius Edzard und Hans Risticz. Nach 25 Sekunden, die Startstrecke
betrug ungefähr 600 Meter, hoben auch sie vom Boden ab und folgten den
anderen mit einem Abstand von einem Kilometer.

Eigentlich stellten diese robusten Frachtflugzeuge im Augenblick ja nichts
anderes dar als fliegende Benzintanks. Statt der Wasserbehälter, die sie bei
den bisherigen Probestarts verwendet hatten, waren jetzt je vier Tanks mit
etwa 1600 Litern Inhalt in die Kabinen eingebaut. Die Ingenieure hatten es
von Anfang an abgelehnt, für Wasser und Treibstoff dieselben Tanks zu
benutzen, weil Wasserrückstände zu Motorenstörungen führen konnten.

Fritz Loose und Hermann Köhl waren guter Dinge, sie flogen die schnurge-
rade Eisenbahnstrecke entlang, die nur bei Bitterfeld einen kleinen Bogen
machte. Es würde allem Anschein nach sehr eintönig werden, wenn sie
Chamberlins 51-Stunden-Rekord brechen wollten.

Eine ganze Weile waren sie nun schon in der Luft. Zuerst hatte man vom
Boden aus versucht, sie auf den hängengebliebenen Spornwagen aufmerksam zu machen, aber bald gab man es auf.

Plötzlich ruckte das Flugzeug. Beide fühlten, daß irgend etwas passiert war.
Nach einer ganz geringen Bewegung mit dem Handrad lag die W 33 wieder
normal. Fritz Loose sah fragend zu seinem Gefährten hinüber. Aber auch
der zuckte mit den Schultern. Vorsichtig probierten sie die Ruder durch. Als
sie fanden, daß alles in Ordnung war, versuchten sie hinauszublicken, konnten aber nichts Besorgniserregendes entdecken.

Wenige Minuten später atmeten die Junkers-Leute, die das Flugzeug vom
Platz aus beobachteten, zufrieden auf. Der Spornwagen hing nicht mehr
unter dem Leitwerk. Irgendwo mußte er abgefallen sein und sich in den
Ackerboden gewühlt haben. Nun gut, man hatte Glück gehabt. Die Sache
mit dem Spornwagen hatte sich von selbst erledigt.

Man sagt wohl oft, daß ein Unglück selten allein kommt. Und besonders für
die Fliegerei schien zu gelten, daß ein Mißgeschick oftmals als der Vorbote
für Schlimmeres angesehen wurde.

Nachdem die beiden Piloten schon mehrere Male zwischen Dessau und
Leipzig hin- und hergependelt waren, ging der Zeiger des Tourenzählers

Kabinentanks in der „Bremen"

plötzlich zurück. Eine im Augenblick nicht zu erkennende Störung gefährdete den Weiterflug. Sie hatten nur eine Höhe von etwa 250 Metern. Lange Zeit zum Überlegen blieb nicht. Loose griff zum Gashebel. Köhl hörte am Motorengeräusch, daß die Lage brenzlig wurde, stürzte nach hinten und machte sich an den Ablaßventilen zu schaffen, die wie bei den Versuchsflügen eingebaut waren. Es ging um Sekunden.

Die W 33 durfte nicht am Boden zerschellen. Ganz abgesehen von der Gefahr, in der die beiden Piloten schwebten, würde das Flugzeug aller Wahrscheinlichkeit nach so stark beschädigt werden, daß es für eine Ozeanüberquerung nicht mehr zu verwenden sei.

Mit fiebernder Hast öffnete Hermann Köhl die Ventile. Ungezählte Male hatte es geklappt, als das Ballastwasser ausfloß. Jetzt kam es nur darauf an, daß es schnell ging. Noch immer sank das Flugzeug. Die Tanks begannen sich zu leeren. Doch mit einem Male trat eine neue Gefahr auf, von der niemand etwas geahnt hatte. Köhl merkte, daß der widerliche Benzingeruch immer schärfer wurde. Seine Augen fingen an zu tränen. Er konnte sich das alles nicht erklären und tastete nach den Ventilen. Wurde etwa der auslaufende Treibstoff auf irgendwelchen Wegen wieder in das Flugzeuginnere hineingesogen? Ein Schrecken durchfuhr ihn. Wenn die Gase nun auch nach vorne zum Piloten strömten! Köhl kannte ihre betäubende Wirkung. Schnelles Handeln tat not. Er riß die beiden hinteren Seitenfenster auf und sah mit Schrecken, wie sich das zerstäubte Benzin am Flugzeugheck in einer Nebelwolke ballte. Höchste Gefahr!

Es gelang Köhl nicht mehr, die Schnellablaßventile zu schließen. Ihm brummte der Kopf, er hatte schon zuviel von dem betäubenden Dunst eingeatmet.

„Loose, Loose, Menschenskind, sieh dich doch um!"

Der Motor knatterte unregelmäßig. Der Flugkapitän blickte geradeaus. Er suchte ein freies Feld und hoffte, daß der Treibstoff möglichst schnell abflösse, damit die Bruchgefahr bei der Landung verringert würde.

Jetzt roch auch er etwas und öffnete sofort die beiden kleinen Fenster im Pilotenraum. Aber der Gestank ließ nicht nach. Im Gegenteil, winzige Benzintröpfchen strömten zum Fenster herein. War denn alles verhext? Loose drehte sich um und sah in den Kabinengang. Köhl hing völlig benommen vor einem Fenster. Im Gang schwappte die feuergefährliche Flüssigkeit.

Der Motor spuckte und knallte. Aus den kurzen Auspuffstutzen schlugen handlange Flammen. Fritz Loose mußte sich auf die Steuerung konzentrieren. Als er sich wieder umblickte, war Köhl in sich zusammengesunken und lehnte mit dem Oberkörper an der Seitenwand. Benzin spülte um seine Beine. Sollte das das Ende sein? Loose wartete fast darauf, daß Feuer ausbrach.

Alles spielte sich in Sekunden ab, schneller als man es erzählen kann. Inzwischen waren durch den Schnellablaß an die tausend Liter abgelaufen, der Treibstoff zog als Fahne hinter dem Flugzeug her. Es verlor nicht mehr so rasch an Höhe. Zum Glück waren sie ganz in der Nähe von Dessau. Doch Loose wagte es nicht mehr, die W 33 über vor ihm auftauchende Häuser und eine Fabrik hinwegzuziehen. Der Motor lag in den letzten Zügen. Da erkannte er eine Wiese, die zur Landung auszureichen schien. Kurz entschlossen ging er in die Kurve und schwebte ein. Die Flächen streiften einige Weiden. Die Räder setzten auf, aber der weiche Wiesengrund bremste so scharf, daß das Flugzeug über Kopf gehen wollte. Endlich stand es und fiel schwer auf den Sporn zurück.

Loose riß den Gurt los, mit dem er sich während des Fluges festgeschnallt hatte, und stürzte nach hinten, um Köhl herauszuzerren. Jeden Augenblick konnte alles in Flammen aufgehen. Er fühlte, daß auch er in der vom Benzindunst geschwängerten Kabine zusammenbrechen würde, und so machte er kehrt, stieg aus dem Pilotensitz und kletterte auf das Flugzeug. Auf dem welligen Leichtmetallblech eilte er nach hinten. Dort war die Luke. Mit seinem vollen Körpergewicht sprang er drauf, sie gab nach und konnte ganz hineingedrückt werden.

Im Nu saß Fritz Loose neben seinem Gefährten und versuchte, ihn ins Freie zu zerren. Da es nicht gelang, sah er sich nach Hilfe um. Ein Junge lief heran, rasch wurde er verständigt. Beide packten an und hoben Köhl heraus. Sein Gesicht war schon blaurot geschwollen. Sie schleppten ihn von der Maschine weg, und Loose begann mit Atemübungen.

Vom Werkflugplatz aus hatte man die Notlandung bemerkt, ein Flugzeug stieg auf und kreiste über der W 33, die mit den Rädern tief in den Boden eingesackt war. Kurze Zeit später jagten einige Autos heran. Auch ein Arzt traf ein. Hermann Köhl begann wieder zu atmen.

Dann raste ein Unfallwagen mit dem Bewußtlosen zum Krankenhaus. Für Augenblicke kam er zur Besinnung. Der Automotor brummte. Straßenbäume huschten an den Fenstern vorbei.

„Herrgott, fliegt der aber niedrig!" dachte Köhl, weil er meinte, noch immer im Flugzeug zu liegen. Darauf verließen ihn wieder die Sinne. Im Krankenhaus wachte er von Schmerzen gepeinigt auf. Seine Haut war durch den ätzenden Brennstoff, in dem er nur kurze Zeit gelegen hatte, stark angegriffen.

Unterdessen flog das andere Flugzeug mit Cornelius Edzard und Hans Risticz unermüdlich weiter. Die Zeit verrann, es wurde Abend. Die Zuschauer, meist Angehörige des Werks, langweilten sich allmählich.

Etwa alle dreiviertel Stunde drehte die W 33 ihre Runde um den Kontroll-punkt Dessau. 1927 zählten Flüge während der Dunkelheit noch zu den Ausnahmen. So wurden manche Einwohner der Junkers-Stadt durch den Rhythmus des wiederkehrenden Motorengeräusches in ihrer Nachtruhe gestört. Am folgenden Morgen lasen sie in der Zeitung, daß eine W 33 erprobt würde, um „bestimmte technische Aufgaben zu lösen".

Ja, der Pressechef des Werks drückte sich auf Anordnung des Professors sehr vorsichtig aus. Man wollte die Katze nicht aus dem Sack lassen, denn es konnte doch noch etwas schief gehen, und auf Vorschußlorbeeren legte der Professor wenig wert. Immerhin erfuhren die Leser aber, daß die W 33 bis 10 Uhr abends etwa zweitausend Kilometer in einer Flugzeit von sechzehn Stunden zurückgelegt hatte.

Die Begriffe Weltrekordversuch oder gar Ozeanflug wurden noch nicht erwähnt. Aber die Eingeweihten wußten Bescheid. Am Mittag des 4. August waren Edzard und Risticz ununterbrochen über dreißig Stunden in der Luft, beinahe viertausend Kilometer hatten sie nach inoffiziellen Schätzungen zurückgelegt. Allmählich erkannte die Bevölkerung doch, daß es sich um etwas mehr handelte als nur um einen Flug mit dem Zweck, „bestimmte technische Aufgaben zu lösen".

Die Reisenden, die mit der Eisenbahn die Strecke Leipzig – Dessau benutz-ten, reckten sich aus den Fenstern und winkten zu der W 33 hinauf, die unbeirrt vorbeizog. Wenn die Dessauer Einwohner das Flugzeug hörten, blickten sie auf die Uhr und rechneten mit: 31, 32, 33 Stunden. Alle drück-ten die Daumen. – Viertausend Kilometer, das entsprach schon der Entfer-nung von der europäischen Küste bis zur amerikanischen Küste, jedenfalls dann, wenn man den Gegenwind nicht in Betracht zog.

Am Nachmittag warfen die Piloten einen Zettel ab:

„Alles in Ordnung, nur bodenlos langweilig."

Der Motor lief wie ein Uhrwerk. Im Sparflug legten sie etwa 135 Kilometer in der Stunde zurück. Jetzt fehlte das Bordfunkgerät, über das man sich hätte verständigen können. Eigentlich hatte man nämlich mit der letzten Meldung eine Aufstellung über den Benzinverbrauch erwartet. Da sie fehlte, ließen sich die verfügbaren Reserven nur schätzen.

Das Bodenpersonal glaubte nicht mehr daran, daß man Chamberlins Dauerflugrekord brechen könnte. Allgemein wurde mit der Landung im Laufe der Nacht gerechnet.

Die Stimmung am Boden war abwartend, man machte sich auf eine Enttäuschung gefaßt. Noch um einige Grade gedämpfter äußerte sich der Pressechef gegenüber den Journalisten. Dennoch, wie es auch kam, schon das Erreichte durfte als ein achtbarer Erfolg gewertet werden.

Am Mittwoch in aller Frühe waren sie gestartet. Am Donnerstag abend um 10 Uhr hatten sie vierzig Stunden hinter sich. Wie frisch waren die beiden Männer noch? Konnten sie schlafen? Wie würde die immerhin nicht einfache Nachtlandung klappen, wenn sie übermüdet waren? Mehr und mehr Fragen tauchten gegen Ende des Fluges auf.

Diese Bedenken der Werksleitung wurden von der Dessauer Bevölkerung nicht geteilt, die meisten Menschen glaubten fest daran, daß der Professor seine Flugzeuge nach Amerika aufsteigen lassen würde, und die letzten, die daran gezweifelt hatten, wurden durch eine ganz klare und nüchterne Erklärung des Berliner Büros der Hearst-Presse überzeugt:

„Der von den Junkers-Flugzeugen geplante Amerika-Flug wird unterstützt durch den Norddeutschen Lloyd, die Darmstädter- und Nationalbank und die Zeitungen des Verlegers William Randolf Hearst. In dem Bestreben, die Entwicklung der transatlantischen Luftfahrt zu fördern und eine bessere Verständigung zwischen den Nationen herbeizuführen, hat Mister Hearst einen Gesamtbetrag von 33 000 Dollar zur Ermöglichung des Fluges ausgesetzt. Von diesen 33 000 Dollar werden 15 000 Dollar für das Vorrecht bezahlt, einen amerikanischen Korrespondenten der Hearst-Blätter als ersten regulären Zeitungsreporter bei einem transatlantischen Flug als Passagier mitfliegen zu lassen."

Das war die Sensation! Die unbestimmten Vermutungen wurden durch diese Erklärung bestätigt. Es handelte sich also um ein von maßgebenden Geldgebern gefördertes Unternehmen. Selbst die Amerikaner, die in diesem Jahr dreimal den Ozean von den Vereinigten Staaten nach Europa überflogen hatten (Lindbergh, Chamberlin und Byrd), zeigten mehr als nur Interesse.

Diese Meldung wog um so schwerer, als sie *vor* dem endgültigen Ergebnis des Dauerfluges abgegeben wurde.

Noch zog die W 33 ihre Runden zwischen Leipzig und Dessau, und schon stellte ein amerikanischer Zeitungskönig Dollars zur Verfügung, die den Atlantikflug ermöglichen sollten. Hearst hatte so viel Vertrauen zu den deutschen Flugzeugen, daß er nicht etwa einen Preis aussetzte, der nach der glücklichen Landung in Amerika ausgezahlt werden sollte; nein, er gab das Geld, bevor er überhaupt wissen konnte, ob der Flug auch tatsächlich gelang.

Unter den Fachleuten, die auf dem Werkflugplatz die regelmäßige Wiederkehr der W 33 beobachteten, herrschte trotz der Zweifel und Bedenken große Spannung. Die von Edzard und Risticz spärlich abgeworfenen Meldungen enthielten noch immer keine zuverlässigen Angaben über den Treibstoffverbrauch.

Um 1.13 Uhr nachts leuchtete am Platzrand ein Transparent mit der lakonischen Mitteilung auf: „4460. Wir gratulieren!" Der Rekord für den Langstreckenflug in geschlossener Bahn war damit überboten. Die Junkers W 33 hatte mehr als 4460 kontrollierte Kilometer zurückgelegt.

Die beiden Piloten bestätigten die freudige Meldung, indem sie das Werksgelände einmal umflogen. Dann gingen sie wieder auf Strecke. Nach der folgenden Runde, der fünfundvierzigsten, brachen sie den Pendelflug ab und kreisten über Dessau. Schon seit geraumer Zeit breitete sich Bodennebel aus. Im Raume von Bitterfeld hatte sich die Sicht so weit verschlechtert, daß die Flieger es vorzogen, in der Nähe des Platzes zu bleiben.

Es schien, als ob die Flieger bald niedergehen würden, jedenfalls deuteten die Beobachter eine der abgeworfenen Meldungen so. In aller Eile wurden die Frauen der beiden Piloten zum Flugplatz gefahren, Blumen standen bereit, Scheinwerfer schickten ihre Strahlen über die Landebahn. Doch noch mußten sich die Zuschauer gedulden, das heißt, im Grunde genommen waren sie und vor allem natürlich die verantwortlichen Ingenieure sehr froh, daß die W 33 noch etwas Zeit schinden konnte, wie sie sich ausdrückten.

Kurz vor 4 Uhr glitt eine weiße Leuchtkugel vom dunklen Himmel herunter und verglomm auf dem Rasen. Sollte das das Zeichen für die unmittelbar bevorstehende Landung sein? Man vermutete, daß die Besatzung unter starken Ermüdungserscheinungen litt; denn für das Ende des Fluges war doch „rot" ausgemacht, und jetzt schossen sie „weiß"! Im gleichen Augenblick drehte die Maschine nach Süden. Das Motorengeräusch wurde in der Ferne immer schwächer.

Die amtlichen Zeitnehmer riefen ihre Kollegen auf dem Flugplatz Leipzig-Mockau an und benachrichtigten sie davon, daß Edzard und Risticz wieder auf Strecke gegangen waren. Bei der Rückkehr warfen sie einen Meldebeutel ab. Die Nachricht beseitigte alle Zweifel:

„Wir haben noch 180 Liter Benzin, so daß wir zwischen 10.30 und 11 Uhr wohl landen müssen. Auf der Back ist alles wohl. Wir wünschen wohl geruht zu haben. Der Motor spuckt ein bißchen, und die Fernsicht war schlecht. Deshalb sind wir über dem Platz geblieben. Mächtiges Kreuzweh haben wir beide."

Noch genug Treibstoff an Bord! Das hieß, wenn nichts Unvorhergesehenes dazwischenkam, konnte Chamberlins Rekord gebrochen werden. Kurz vor 6 Uhr morgens befand sich das Flugzeug seit genau 48 Stunden in der Luft. Zwei Tage und zwei Nächte! Wie mochte den beiden Piloten zumute sein? Das war eine sehr lange Zeit, wenn man bedenkt, daß die enge Kabine kaum eine Bewegung zuließ. Außerdem bot die Flugstrecke, die sie fast fünfzigmal

abgeflogen hatten, keine Besonderheiten. Sie mußten jetzt eigentlich jede Telegrafenstange und jede Eisenbahnschwelle kennen.

Gegen 8 Uhr sammelten sich am Rande des Flugfeldes sehr viele Zuschauer, die die Landung erleben und die Piloten begrüßen wollten. Nur noch eine Stunde mußten sie fliegen, um die Zeit des Amerikaners zu erreichen. Die Spannung wuchs. Eine dreimotorige Junkers-G 31 stieg auf und flog neben der viel kleineren W 33 her. Die Pressevertreter konnten Cornelius Edzard und Hans Risticz deutlich erkennen, man lachte sich gegenseitig zu.

Um Punkt 9 Uhr winkten die Zuschauer begeistert nach oben. Die Flieger erwiderten die Grüße. Auf dem Transparent stand jetzt: „9 Uhr: 51 Stunden 12 Minuten". Chamberlins Leistung war überboten.

Eine weiße Leuchtkugel zeigte an: „An Bord alles in Ordnung". Das Flugzeug blieb über dem Platz, und je nachdem wer steuerte, flog es Rechts- oder Linkskurven. Die Journalisten eilten an die Fernsprecher und teilten ihren Redaktionen den Erfolg der Junkers W 33 mit. Das Jahr 1927 war schon jetzt eines der erfolgreichsten Jahre des Dessauer Werkes; rund zwanzig Rekorde, meist allerdings weniger wichtige, waren errungen worden. Diese letzte Leistung aber bedeutete die Krönung für all die Anstrengungen.

Zehn Minuten nach 10 Uhr verebbte plötzlich das Motorengeräusch. Edzard und Risticz flogen noch eine kurze Schleife und schwebten auf dem Platz ein. Um 10.11 Uhr setzten die Räder auf. Jubelnd stürmten tausend Menschen auf das Rekordflugzeug zu, das allmählich zum Stehen kam. Die Absperrungsmannschaften waren von dieser Wendung der Dinge völlig überrascht und versuchten vergeblich, hinter der Zuschauermenge herzulaufen und sie mit Warnrufen zurückzuhalten.

Plötzlich preschte von der Seite her ein Kraftwagen mit anhaltendem Hupen über die Startbahn.

Das Auto hielt neben dem Ganzmetall-Eindecker, einige Junkers-Arbeiter kletterten auf die Flächen, kräftige Monteurfäuste griffen zu und halfen den beiden Fliegern aus dem Pilotenraum. Trotz der Schmerzen in ihren Gliedern, die sie während des tagelangen Sitzens kaum hatten bewegen können, strahlten sie über das ganze Gesicht.

Schnell in den Wagen. Die Menschenmenge kam immer näher. Begeisterung ist ja ganz schön, konnte aber hier sehr lästig, wenn nicht gar gefährlich werden. Andere Autos jagten auch heran, aber es dauerte Minuten, bis die Absperrungsmannschaften die Neugierigen von dem Flugzeug zurückgedrängt hatten, erheblich länger, bis die Ordnung auf dem ganzen Platz wiederhergestellt war.

Die beiden Flugkapitäne wurden zur Flugleitung gefahren, wo sie von ihren Frauen erwartet wurden. Professor Junkers, der vor Rührung kaum sprechen konnte, dankte den Fliegern. Trotz der Anstrengungen machten sie einen erstaunlich frischen Eindruck.

In den Abendstunden wurden die ersten offiziellen Ergebnisse bekanntgegeben. Der Flug hatte 52 Stunden, 22 Minuten und 31 Sekunden gedauert. Mehr als 7000 Kilometer waren zurückgelegt worden. Die amtlich gewertete Flugstrecke in geschlossener Bahn betrug 4627 Kilometer. Das stundenlange Kreisen über Dessau konnten die Kontrollbeamten selbstverständlich nicht berücksichtigen.

In den Tanks befanden sich noch zwanzig Liter Benzin! Überraschung löste der Ölvorrat aus, nur 27 von 140 Litern waren verbraucht. Man hatte also hundert Liter zuviel mitgenommen. Cornelius Edzard versicherte den Ingenieuren, daß die W 33 noch 300 Kilogramm Betriebsstoff mehr hätte tanken können. Im Sparflug wären sie dann auf etwa sechzig Flugstunden gekommen.

Eine Randbemerkung des Flugkapitäns, daß sie sich während der träge dahinfließenden Stunden Witze aufgeschrieben hätten, konnte man am anderen Tage in allen deutschen Zeitungen lesen. Dazu wurde noch fachmännisch erklärt, daß sich die Piloten wegen des Motorenlärms die Pointen nicht zuschreien konnten. Das hätte aber auch sein Gutes gehabt, denn durch das Schreiben wären die beiden mit ihrem Witzvorrat länger ausgekommen.

52

Bremensien · Kunstbücher · Maritimes

sind die Schwerpunkte unseres Verlages. Dazu veröffentlichen wir zahlreiche wissenschaftliche Bücher u.a.m.

Gerne informieren wir Sie durch einen umfangreichen Prospekt über unser Verlagsprogramm. Die Bücher sind über den Buchhandel zu beziehen.

Falls Sie Interesse an unserem Verlagsprospekt haben, schicken Sie bitte diese Postkarte an uns zurück.

VERLAG H. M. HAUSCHILD GMBH · BREMEN

Absender:

Postkarte

Verlag
H. M. Hauschild GmbH
Postfach 45 02 35
Hans-Bredow-Straße 7

28296 Bremen

Cornelius Edzard und Hans Risticz nach dem Rekordflug

Die „Bremen" und die „Europa"

Während der folgenden Tage waren die beiden Junkers-Flugzeuge gründlich überholt worden. Das Menschenmögliche, um einen reibungslosen Flug über die Wasserwüste des Atlantik zu gewährleisten, war getan. In großen Buchstaben prangte das Wort „Bremen" auf dem Rumpf des einen Flugzeuges, das andere hatte den Namen „Europa" erhalten.

Der Norddeutsche Lloyd, der den Start zur Ozeanüberquerung finanziell ermöglicht hatte, wollte seine zwei auf Stapel liegenden Schnelldampfer später auch so taufen. Diese Namensgleichheit war also kein Zufall. Die Ozeanriesen würden nach ihrer Indienststellung im Jahre 1929 das gleiche Ziel haben: Amerika.

Die letzten Vorbereitungen waren getroffen. Mit Spannung wartete die in- und ausländische Presse auf den Abflug. Alles hing von der Wetterlage ab. Die Zeitungen schrieben, daß es schon am Dienstag, dem 9. August, losgehen sollte. Aber es wurde Mittwoch und Donnerstag. Als sie am Sonnabend immer noch nicht starteten, hörte man, daß die Piloten darauf verzichtet hätten, den Flug an einem 13. zu beginnen. Das waren allerdings nur Vermutungen, die allzu leicht und allzu gerne geglaubt wurden. Ein so sorgfältig ausgearbeiteter Plan konnte niemals durch abergläubische Regungen beeinflußt werden. Allein das Wetter war entscheidend. Die Presse drängte auf einen baldigen Abflug, weil die Leser nun schon seit Tagen hingehalten worden waren. Aber die Flieger, bei denen jetzt die letzte Entscheidung lag, ließen sich nicht treiben oder gar zu einem frühzeitigen Start verleiten.

Am Sonntag endlich schien die Vorhersage günstig. Hermann Köhl und Cornelius Edzard trafen ihre Anordnungen. Das Gepäck wurde genau nach Plan verstaut. Jeder machte sich damit vertraut, wo er die einzelnen Sachen während des Fluges zu suchen hatte. Hermann Köhl sah noch einmal seine Seekarten durch und brachte sie in Reichweite so unter, daß er sie jederzeit zur Hand nehmen konnte. Viele Kleinigkeiten waren zu bedenken, wenn man über dem Atlantik nicht unliebsame Überraschungen erleben wollte. Wenn zum Beispiel in dem schwankenden Flugzeug ein Bleistift zu Boden fiele und in irgendeine Ecke rollte, so daß man ihn nicht wiederfand, konnte das eine genaue Kursberechnung unmöglich machen. Also wurden die Bleistifte an Bindfäden befestigt und neben den Sitzen aufgehängt.

Schließlich war alles fertig, nur der letzte Wetterbericht fehlte noch. In ihrem Hotel, im „Goldenen Beutel", aßen die Flieger zu Mittag. Hermann Köhl ließ sich durch nichts aus der Ruhe bringen. Statt des halben Hühnchens, das auf der Speisekarte verzeichnet stand, bestellte er sich ein ganzes

*Die „Bremen" und die „Europa" vor dem Start zum Ozeanflug am
14. August 1927 in Dessau*

und verzehrte es mit sichtlichem Behagen. Nach dem Essen legte er sich
noch eine Stunde hin und konnte sogar schlafen. Trotz der bevorstehenden
Schwierigkeiten sah er dem vielleicht größten Wagnis seines Lebens gelassen entgegen: Ruhe und eiskalte Überlegung waren bei diesem Flug von ent-
scheidender Bedeutung.

Gegen 15 Uhr trafen neue Wettermeldungen ein. Danach waren die Bedingungen über dem Atlantik günstiger denn je, selbst Rückenwind wurde
streckenweise vorhergesagt. An der Nordseeküste mußte man allerdings mit
Störungen rechnen. So entschlossen sich die Piloten endgültig, noch am
Abend des Sonntags zu starten. Wenn alles glückte, würde der 14. August
1927 als ein denkwürdiger Tag in die Geschichte der Luftfahrt eingehen.

Die Würfel waren gefallen!

Kurze Zeit später kreiste eine dreimotorige G 31 über der Junkers-Stadt. So
unterrichtete man Werksangehörige und Bevölkerung von dem unmittelbar
bevorstehenden Abflug. Die Bewachung rings um das Rollfeld war erheblich
verstärkt. Tausende von Menschen eilten zum Flugplatz. Alle wollten dabei
sein, wenn die „Bremen" und die „Europa" nach Amerika starteten.
Reporter und Korrespondenten der in- und ausländischen Zeitungen verfolgten jede Einzelheit, denn dieser Flug war nicht nur ein deutsches
Ereignis. Die Welt wartete darauf, daß der Atlantik auch auf dem Luftwege
von Ost nach West bezwungen wurde.

Vollgetankt standen beide Flugzeuge bereit.

Zur Besatzung der „Bremen" gehörten:

Flugkapitän Fritz Loose, 1. Pilot

Flugkapitän Hermann Köhl

Ehrenfried Günther Freiherr von Hünefeld.

Mit der „Europa" sollten fliegen:

Flugkapitän Cornelius Edzard, 1. Pilot

Flugkapitän Hans Risticz

Hubert Renfro Knickerbocker, amerikanischer Journalist.

Gegen 18 Uhr startete ein großes Passagierflugzeug vom Typ G 31. Man hatte es mit starken Scheinwerfern ausgerüstet und hoffte, daß die Ozeanflug-Besatzungen ihre Kräfte schonen könnten, wenn sie nach Einbruch der Dunkelheit den hellen Lampen dieses sogenannten Lichtlotsenflugzeuges folgten. Etwa bis Irland sollte es den Piloten die Orientierungsarbeit abnehmen.

Die Motoren der „Bremen" und der „Europa" wurden angeworfen. Silbrig glänzten die Propellerkreise in der Abendsonne. Nacheinander heulten die Motoren der beiden Flugzeuge auf. Dann verebbte das Dröhnen etwas, und minutenlang liefen sie bei geringer Drehzahl warm. Diese Einleitungsmusik versetzte die Zuschauer in fiebernde Erregung.

Um 18.21 Uhr schwoll das Motorengeräusch erneut an. Langsam setzte sich die „Bremen" in Bewegung und erhöhte dann zusehends ihre Geschwindigkeit auf der leicht abfallenden Startbahn. Nach etwa sechshundert Metern lösten sich die Räder vom Boden. Unmittelbar darauf fiel der Spornwagen vom Rumpfende ab und blieb nach einigen grotesken Sprüngen auf dem Rasen liegen. Allmählich kletterte die „Bremen" auf sechzig Meter Höhe. Wenige Minuten später war auch die „Europa" in der Luft und folgte mit einer Geschwindigkeit von 180 Kilometern pro Stunde ihrem Schwesterflugzeug nach Westen.

Bei Hannover verschlechterte sich das Wetter. Aus dem Lichtlotsenflugzeug sahen die Passagiere, es waren zumeist Journalisten, wie der Bodennebel besonders in den Niederungen immer stärker wurde. Im Süden zog eine Gewitterfront herauf. Mrs. Knickerbocker drehte sich immer wieder nach der „Europa" um, mit der ihr Mann über den weiten Atlantik fliegen wollte.

Die „Bremen" war außer Sicht, sie hatte offenbar einen westlicheren Kurs genommen und verzichtete auf die Hilfe des Begleitflugzeuges.

Bald tauchten auch die Türme von Bremen auf, Flugkapitän Edzard steuerte die „Europa" am westlichen Weserufer entlang und warf über dem Flugplatz einen Wimpel ab mit einer Grußbotschaft an seine Heimatstadt. Er

Die Besatzung der „Europa": Hans Risticz, der Journalist H. R. Knickerbocker und Cornelius Edzard

kannte die nächste Strecke gut, denn unzählige Male hatte er schon Fluggäste nach den Nordseeinseln gebracht.

Als die „Europa" die Küste hinter sich ließ und über die See dahinbrauste, verschlechterte sich das Wetter immer mehr. Dunkle Wolken ballten sich zusammen, Blitze zuckten auf das Meer hernieder. Ein frischer Wind trieb die Wogen vor sich her. Einzelne Böen schüttelten das Flugzeug. Zuerst gelang es den Piloten noch, den dicksten Wolken auszuweichen. Dann aber mußten sie mitten in das Unwetter hineinstoßen. Vergeblich suchten sie nach einem Ausweg.

Das Lichtlotsenflugzeug war schon über dem Wattenmeer umgekehrt und anschließend wegen der unsicheren Witterung auf dem Bremer Flughafen niedergegangen. Die Journalisten, der Pressechef des Dessauer Werkes und Fräulein Junkers, die Tochter des Professors, machten sich Sorgen um den Verbleib der Ozean-Piloten. Dieser aufkommende Sturm hinderte sehr. Schlecht hatte der Flug begonnen, denn was nützten der beste Rückenwind und die sternklare Nacht über dem Weltmeer, wenn sich der Wettergott über der Nordsee und den Britischen Inseln austobte. Ob die „Bremen" und die „Europa" dort heil durchkamen, schien mehr als zweifelhaft.

Besorgt blickten die Pressevertreter zum Himmel. Es wetterleuchtete im Norden. Dumpfer Donner rollte in der Ferne. Die G 31 würde nicht wieder aufsteigen können, denn das Flugfeld eignete sich sehr schlecht für nächtliche Starts und nächtliche Landungen, es war dafür auch noch nicht vorgesehen. Und so fehlte eine ausreichende Platzbefeuerung.

Schwere Wolken hingen über der Stadt. Kein einziger Stern glitzerte. Gegen 22.30 Uhr hörte man von weither tiefes Brummen, das sich immer mehr verstärkte. Ein Flugzeug! Kein Zweifel, so klang nur ein Junkers-L5-Motor. Das mußte entweder die „Bremen" oder die „Europa" sein, denn wer wagte sich sonst schon bei solch einer Finsternis, während solch eines Unwetters in die Luft.

Über dem Flugplatz stiegen weiße Leuchtkugeln in die Höhe. In aller Eile wurden Petroleumlampen aufgestellt, die die Landerichtung anzeigten. Längere Zeit kreiste das Flugzeug über Bremen und dem Neuenlander Feld. Nur die Fachleute konnten ermessen, in welch heikler Situation sich die Piloten dort oben am dunklen Himmel befanden: Die Tanks nach dem verhältnismäßig kurzen Flug waren noch fast voll, das bedeutete, daß die Landung mit der außergewöhnlich schweren Zuladung überaus gefährlich werden würde. Nach Köhls Mißgeschick während des Rekordflugs durfte man nicht erwarten, daß noch einmal der Schnellablaß betätigt wurde. Oder hatte man sich entschlossen, stundenlang zu kreisen, um einen wesentlichen Teil des Brennstoffs zu verbrauchen? Die Wetterlage sprach eigentlich dagegen.

Schließlich schwebte das Flugzeug ein. Vom Rande der Rollbahn starteten die Männer des Bodenpersonals und die Passagiere der G 31 in die Richtung, aus der sie das Motorengeräusch hörten. Sie waren aufs äußerste gespannt. Wer konnte das sein? In wenigen Augenblicken würde man es wissen. Ein dunkler Schatten näherte sich rasch.

Doch was war das? Für Sekunden erstarrten die Menschen vor Schrecken, sie waren keiner Handlung fähig, das ging alles so unheimlich schnell. Krachen, dumpfes Poltern, das Knirschen von brechendem Metall. – – – Und dann: beängstigende Ruhe! Kein Motorenlärm. Im nächsten Augenblick rannte alles zum Platzrand hin. Taschenlampen leuchteten. Mit vollaufgeblendeten Scheinwerfern jagte ein Wagen über die holprige Grasnarbe auf die Unglücksstelle zu.

Aus dem Flugzeug sprangen drei Männer hastig heraus. Licht huschte über die Seitenwand des Rumpfes: D 1197 „Europa". Das Leitwerk fehlte – abgerissen –, es hatte sich in das Erdreich gewühlt und reckte die Leitflächen bizarr gegen den Himmel. Jemand stolperte über ein Rad, das mehrere Meter neben der W 33 lag. Das ganze Fahrwerk schien wie weggerasiert. Mit voller Wucht war die „Europa" auf den Boden geknallt, der Metallpropeller geborsten, verbogen: ein jammervolles Bild.

Auf dem Bremer Flughafen notgelandet, rechts im Hintergrund das abgerissene Leitwerk

Drei Männer, noch völlig benommen, torkelten dem Platzpersonal entgegen. Fern in der Stadt heulten die Kompressionspfeifen der Rettungswagen auf. Schaurig gellend kamen sie näher. Nun, diese Alarmfahrt stellte sich als überflüssig heraus. Aber wer konnte ahnen, daß alles so gut abgegangen war! Von der Besatzung hatte sich keiner ernsthaft verletzt. Cornelius Edzard redete in kurzen, abgehackten Sätzen:
„Zu schwer die Maschine zum Landen, noch zu viel Treibstoff! Der Motor wollte auch nicht recht! Wir sind einfach nicht durchgekommen! Dieses Unwetter!"
Man hielt Abstand von der „Europa". Feuersgefahr drohte durch den heißen Motor, es stank widerlich scharf nach Benzin. Leichter Regen setzte ein, in der Ferne leuchteten wieder Blitze auf.
Die Besatzung wurde zum Verwaltungsgebäude geleitet, Knickerbocker bedauerte, daß der Flug so enden mußte. Seine Frau dagegen atmete auf, daß sie ihren Mann gesund wieder hatte. Im Geschäftszimmer drängten sich die Menschen: Passagiere des Begleitflugzeuges, Herren der Lufthansa. Cornelius Edzard fand allmählich die Ruhe wieder. Er lächelte. Zusammen mit seinen Kameraden gab er die ersten Erläuterungen. Die Drosselklappe hatte nicht richtig gearbeitet. Vielleicht wären sie bei günstiger Witterung weitergeflogen, aber unter diesen Umständen hätten sie es nicht verantwor-

59

ten können. Über den Unfall befragt, meinte er, daß alles so entsetzlich schnell gegangen sei.

„Es wäre ja auch ein Zufall gewesen, wenn Sie bei der Beleuchtung den Platz richtig gefunden hätten!" bemerkte einer der Umstehenden.

„Nein, nein", erwiderte Edzard entschieden, „die Beleuchtung war vollkommen ausreichend. Ich habe die Lichter genau ausmachen können. Ganz einwandfrei war die Landebahn markiert. Aber ich weiß nicht, die ‚Europa' muß anscheinend im letzten Augenblick weggesackt sein, so kamen wir zu früh ‚runter'."

„Soviel man erkennen konnte, sind Sie mit dem Rumpfende auf die Grabenkante aufgeschlagen und dann mit der Fläche wohl gegen einen Pfahl."

„Na, wenn es hell wird, können wir ja sehen, was war. Jedenfalls sind wir irgendwie Karussell gefahren, denn die Kiste liegt mit der Schnauze genau gegen die Landerichtung."

Man glaubte allgemein, daß die „Europa" trotz der Schäden wiederhergestellt werden könnte. Auf jeden Fall aber war es ein großes Glück, daß die Landung trotz der schweren Treibstofflast keine Menschenleben gefordert hatte.

Nach dem Flugbericht der „Europa"-Piloten waren die Anwesenden um das Schicksal der „Bremen" sehr in Sorge. Man hatte bisher keine Nachrichten erhalten. Was mochte sich inzwischen ereignet haben?

Die beiden Flugkapitäne Hermann Köhl und Fritz Loose hatten bald nach dem Start einen eigenen Kurs eingeschlagen. Hünefeld saß hinten und schaute durch das kleine Fenster auf die Landschaft. In der Nähe von Magdeburg entdeckte er auf einem Hügel viele Ausflügler, die der „Bremen" freudig zuwinkten.

Noch war der Himmel klar, aber je weiter sie nordwestlich kamen, um so mehr ballten sich die Wolken zusammen und warfen ihre großen Schatten auf die Äcker und Wiesen. Die grünen Wälder wurden spärlicher. Die Norddeutsche Tiefebene war erreicht. Immer seltener trafen die schrägen Strahlen der Abendsonne die „Bremen". Als sie die Küste erreichten, dunkelte es bereits. Einzelne Nebelfelder erschwerten die Orientierung.

Über dem Meer versuchte Köhl, die einzelnen Gewitter zu umfliegen. Zuerst gelang es, dann aber ließ die breite Gewitterfront keine Lücke mehr frei. Sie steuerten hinein in das tobende Inferno. Böen schüttelten das Flugzeug. Der Regen prasselte auf die Scheiben, es war kaum noch etwas zu erkennen. Für Bruchteile von Sekunden erhellten zuckende Blitze das Dunkel, dann konnte man die Enden der Tragflächen sehen. Das Rollen des Donners dagegen wurde durch den Motorenlärm verschluckt. Köhl und Loose versuchten, über das Gewitter hinwegzuziehen. Wenn es gelang, konnten sie reibungslos im Licht des Vollmonds fliegen, unter sich das weite, brodelnde Wolkenmeer.

Aber ihre Hoffnung erfüllte sich nicht, die ganze Atmosphäre war in Aufruhr. Sie mußten froh sein, wenn sie das Flugzeug überhaupt halten konnten. Eine Bö drückte es hinunter. Vollgas, Höhensteuer, die Schnauze hob sich. Aber sie sanken, verloren Fahrt, es war wie verhext. Hing die schwerbeladene „Bremen" mit dem Rumpfende? Also drücken, nach unten, Fahrt gewinnen! Im nächsten Augenblick warf sie ein Sturmstoß auf die Seite. Der Tanz begann, und sie wußten nicht, wie lange das dauern sollte. Die Nadel des Höhenmessers zitterte hin und her. Doch ganz allmählich wurde es besser, die Sturmfront schien durchflogen zu sein. Die Besatzung konnte aufatmen.

Die Wetterberuhigung war jedoch nur von kurzer Dauer. Erneut begannen die Elemente zu toben. Kurze, heftige Schläge trafen den Leichtmetall-Eindecker. Beide Piloten steuerten und versuchten krampfhaft, Kurs zu halten. Die Anschnallgurte schnitten sich ins Fleisch, die Schultern begannen zu schmerzen. Dann trafen sie auf ausgedehnten Nebel. Der Versuch, ihn zu übersteigen, mußte scheitern. Schätzungsweise viertausend Meter hoch türmte sich der undurchsichtige Dunst, viel zu hoch, um ihn mit der schweren Brennstoffladung zu überwinden.

Jetzt waren sie mittendrin. Zuerst ging noch alles gut. Dann aber fing die ganze Kiste an zu heulen und zu pfeifen. Der Geschwindigkeitsmesser zeigte eine unnormal hohe Fahrt an: 280, 300 Kilometer je Stunde. Die Drehzahl des Motors stieg, und der Kompaß schien verrückt geworden zu sein. Dabei fiel der Höhenmesser mit beängstigender Schnelligkeit. Es ging um Sekunden. War die Maschine überhaupt noch steuerfähig? Wenn Hermann Köhl jetzt nicht die Nachtflug-Erfahrung gehabt hätte, würde er „instinktiv" das Höhenruder gezogen haben. Aber das Gefühl war in diesem Falle trügerisch. Alle Anzeichen wiesen darauf hin, daß die „Bremen" im kreisenden Sturz abschmierte. Deshalb drückte er das Höhenruder. Unendlich lange schien es zu dauern, dann aber lag das Flugzeug wieder waagerecht, und der Kompaß beruhigte sich.

Die Besatzung beschloß, weiter westlich, unter Umständen sogar südwestlich zu fliegen. Der Plan, den Kurs über Schottland und die Orkney-Inseln zu nehmen, wurde fallengelassen. Dort, wo England am schmalsten ist, wollten sie den Weg nach Irland suchen.

Plötzlich erkannten sie in der Nähe ein Leuchtfeuer, das mußte England sein. Wenig später kreuzte die „Bremen" einen britischen Militärflugplatz. Im hellen Schein der Lampen waren Hallen und abgestellte Maschinen trotz

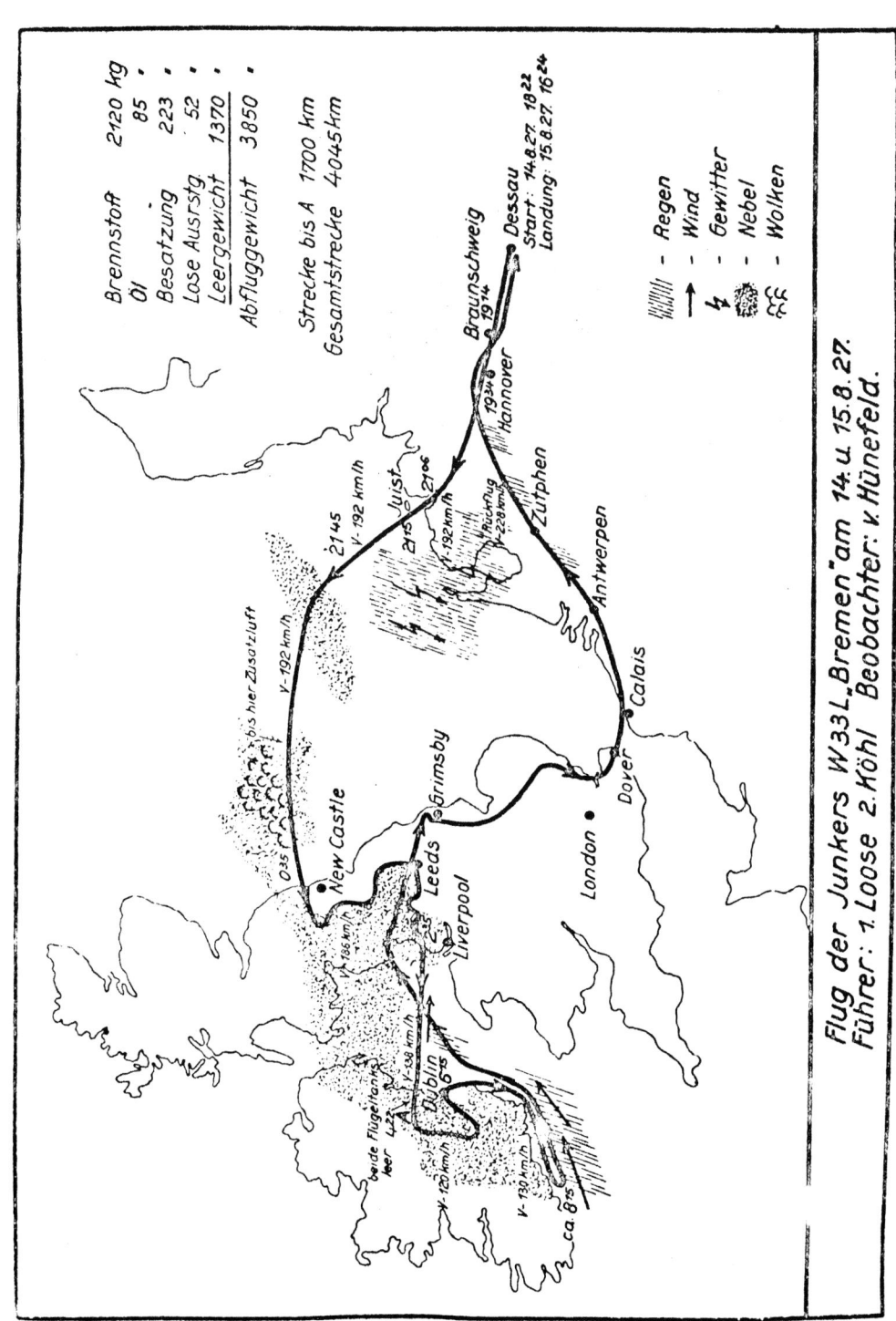

Flug der Junkers W33L „Bremen" am 14. u. 15.8.27.
Führer: 1. Loose 2. Köhl Beobachter: v. Hünefeld.

62

des strömenden Regens deutlich auszumachen. Gegen den Sturm kämpften sie sich weiter. Die Karte warnte: Berge mit einer Höhe von fast tausend Metern lagen in der Flugrichtung. Ob es gegen Morgen besser werden würde? Wer konnte das sagen.

Kaum zweihundert Kilometer war England hier breit. Bei ruhigem Wetter wäre das eine Sache von gut einer Stunde gewesen. Aber sie wußten ja nicht einmal, wo sie sich genau befanden.

Mitternacht war lange vorbei. Hermann Köhl steuerte etwas südlicher, um auf jeden Fall Irland zu erreichen. Die drei hofften, daß sie durch das Unwetter hindurchkommen würden und daß man mit einer genauen Ortsbestimmung den Flug über den Atlantik antreten konnte. Es wurde etwas heller, wahrscheinlich hatten sie die mittelenglischen Gebirge schon hinter sich. Die „Bremen" ging tiefer. Vorsichtig tasteten sich die Piloten hinab, um Bodensicht zu bekommen. Dicht über dem Land würde man dem Sturm auch besser begegnen können. Erneut schüttelten Böen das Flugzeug. Es ächzte in allen Fugen. Überraschend tauchte ein Berg auf. Köhl wich aus, geriet aber dabei in ein Tal. Wieder erbebte das Flugzeug unter dem Anprall der entfesselten Urgewalt. Bloß heraus aus diesem Tal mit den tückischen Luftströmungen!

Allmählich wurde die Landschaft flacher, die Berge gingen in Hügelketten über, und dicht über den Bäumen jagte das Flugzeug dahin. Diese Art zu fliegen erforderte die höchste Aufmerksamkeit der beiden Männer vorne im Pilotensitz. Bei solchen Verhältnissen wurde das Steuern zur körperlichen Schwerarbeit. Die Sicht ließ sehr zu wünschen übrig, reichte aber gerade noch aus. Bald mußte es heller werden. Plötzlich, ehe es die Männer recht begriffen hatten, überflogen sie einen Brandungsstreifen: Sie waren wieder über der See.

England lag hinter ihnen, irgendwann mußten sie auf Irland stoßen. Der Morgen graute. Staunend blickte Hünefeld auf die Schaumkronen der Wellen. Er kannte dieses Meer, er hatte es mehrere Male mit einem Lloyddampfer befahren, aber nie hatte er die Küste derartig umtost gesehen. Heftige Böen malten riesige Schaumzeichen auf die Wasserfläche. Fritz Loose und Hermann Köhl hatten alle Hände voll zu tun, um die „Bremen" gerade zu halten oder sie aufzurichten, wenn ein Sturmstoß, gleichsam wie eine Faust, die Fläche herunterdrückte.

Eine Stunde flogen sie schon über der tobenden See. Die heranrollenden Wogen ließen ahnen, daß die Windstärke wahrscheinlich schon über 10 hinausgeklettert war. Quälend langsam verrann die Zeit. Anderthalb Stunden waren vergangen, seit sie die englische Küste überflogen hatten. Sollten sie etwa nach Norden abgetrieben worden sein? Die Abdrift konnte doch nicht so groß sein! Hatten sie etwa Irland verfehlt? Aber das war doch unmöglich. Irland ist groß. Zwei Stunden Meer, weiter nichts als Wasser und Wolken. Der Kurs wurde beibehalten. An keiner Stelle ist die Irische See breiter als 220 Kilometer – und dafür brauchte man bei normalem Wetter etwa achtzig Minuten. Der Motor lief immer noch auf vollen Touren.

Endlich, nach zweieinhalb Stunden, tauchte die Küste auf. Köhl erkannte, daß sie in der Nähe von Dublin waren. Er nahm den Bleistift zur Hand, rechnete und kam zu einem trostlosen Ergebnis: Mit einer Geschwindigkeit von 88 Kilometern je Stunde flogen sie über Grund. Das hieß, daß der Sturm, oder besser der Orkan, sich ihnen mit fast hundert Kilometern je Stunde entgegenstemmte.

Der Wetterbericht hatte von Störungen im Küstengebiet gesprochen, und über dem Atlantik sollte es besser werden. Aber jetzt erschwerte der Nebel immer mehr die Orientierung. Zuerst waren es nur Fetzen, die dann und wann noch einen Blick auf die sattgrünen Wiesen gestatteten, dann aber wurde der Dunst immer dichter. Die beiden Piloten berieten sich, indem sie die Karte zu Rate zogen. In dieser Waschküche wollten sie nicht die Berge am Westrand der Insel rammen. Also zurück!

An der Ostküste Irlands entlang flog die „Bremen" nach Süden und umrundete die Insel. Es schien so, als ob das Unwetter nicht nachlassen wollte. Am äußersten Südwestpunkt Irlands erreichten sie den freien Atlantik. Weiter steuerten sie nun nach Westen. Nichts wurde ihnen geschenkt. Das war kein Sturm mehr, hier tobte sich ein Orkan aus. Nur langsam kam die „Bremen" vorwärts. Die beiden Piloten rechneten. Durch den Umweg hatten sie bereits vier bis fünf Stunden verloren. Außerdem warf der andauernde Vollgasflug mit seinem beträchtlich höheren Benzinverbrauch alle Kalkulationen über den Haufen. Die notwendigen Reserven waren einfach nicht mehr vorhanden.

Vielleicht hätte man Neufundland gerade noch erreichen können. Da aber keiner mehr glaubte, daß sich das Wetter besserte, brachen sie schweren Herzens den Ozeanflug ab und wendeten. Diese Entscheidung fiel ihnen gewiß nicht leicht, aber schließlich ging es ja darum, den Atlantik zu bezwingen, und nicht darum, von ihm verschlungen zu werden.

Sie hatten keine Zeit niedergeschlagen zu sein, wohl konnte der Motor etwas gedrosselt werden, aber der Tanz ging weiter. Sie wollten auf jeden Fall Dessau wieder erreichen, deshalb kam eine Notlandung nicht in Frage. Hermann Köhl navigierte, Loose steuerte. Wieder überquerten sie die Irische See. Der Orkan wütete und riß die „Bremen" mit sich. Die Brecher, die ans englische Ufer schlugen, konnten sie nur für Sekunden erkennen, und schon rasten sie mit unheimlicher Geschwindigkeit darüber hinweg.

Wie mochte es ihrem Schwesterflugzeug ergangen sein? Hatte die „Europa" die Sturmfront durchbrechen können?

Köhl reckte sich in seinem Sitz und rieb sich dann die Handgelenke. Der ganze Körper schmerzte.

Gegen Mittag sichteten sie die holländische Küste. Der Badestrand von Scheveningen blieb zurück, und bald flogen sie über Deutschland.

Nördlich am Harz ging der Kurs entlang. Und dann war es endlich so weit, Fritz Loose hob seine Hand, spreizte die fünf Finger und winkte Hünefeld zu: fünf Minuten noch bis zur Landung. Die charakteristische U-förmige Elbschleife tauchte auf. Flugkapitän Loose drückte die „Bremen" herunter und setzte sie sauber auf dem Werkflugplatz auf.

Von allen Seiten rannten Ingenieure, Piloten und Monteure herbei und begrüßten freudig die heimgekehrte Besatzung, man hatte sie schon verloren geglaubt. Die erste Frage nach der „Europa" war schnell beantwortet:

„Edzard, Risticz und Knickerbocker sind auf dem Wege nach Dessau, das Lichtlotsenflugzeug bringt sie mit."

Hünefeld versuchte zu lächeln, leichenblaß stieg er aus, die Luftkrankheit hatte ihm arg zugesetzt. Auch die beiden Piloten sahen nach diesem Kampf mit den Naturgewalten recht mitgenommen aus. Nicht weniger als zweiundzwanzig Stunden hatte der Sturmflug gedauert. Ungelenk, mit schweren Schultern gingen sie zur Verwaltung. Direktor Sachsenberg kam ihnen erleichtert entgegen:

„Gott sei Dank, daß wir Sie gesund wieder hier haben! Wie weit sind Sie gekommen?"

„Bis zum Atlantik, Irland. Aber es war unmöglich, auf dem ganzen Hinflug Vollgas. Orkan! Dagegen konnten wir nicht an!"

„Richtig, daß Sie kehrtgemacht haben. Was nicht geht, das geht nicht. Es ist gut so! Besser als ein verzweifeltes Wagnis, das keinem nützt, wenn es schiefgeht! Wie hat sich die W 33 bewährt? Irgendwelche Mängel?"

„Nein, vom Technischen her ist alles in Ordnung."

„Wie war es mit den Instrumenten?"

Hermann Köhl antwortete dem Direktor:

„Ich bin zufrieden. Sie sind für den Blind- und Nachtflug ausreichend. Von *der* Seite haben wir nichts zu befürchten. Die Instrumente haben uns sehr geholfen. Nur dieser Sturm! Sie machen sich ja keine Vorstellung! Wenn wir weitergeflogen wären, hätten wir Neufundland kaum erreicht. Wahrscheinlich wären wir mit leeren Tanks in den Bach gefallen. Aber bei günstigem Wetter schaffen wir es!"

Direktor Sachsenberg nickte ernst:

„Ich bin nur gespannt, was die Zeitungen morgen zu berichten haben."

In der Verwaltung angekommen, wurden die Flieger von Professor Junkers herzlich begrüßt. Jede Einzelheit des Fluges ließ sich der Konstrukteur erläutern. Mit kurzen, knappen Fragen wußte er den abgekämpften Piloten alles Wissenswerte zu entlocken. Dann entließ er die Männer mit den Worten:

„Ich billige voll und ganz Ihre Rückkehr. Nach meiner Meinung gehört zu einer Umkehr mehr Mut als zu einem tollkühnen und trotzigen Wagemut gegenüber den Naturgewalten!"

Start in Baldonnel

Auf dem irischen Flugplatz Baldonnel schaukelte der Windsack in der leichten Brise. Ein paar Monteure schoben eine Schulmaschine in die Halle. Als sie die großen Tore geschlossen hatten, hörten sie Motorengeräusch und blickten zum Himmel. Von Nordost, aus der Richtung Dublin, brummte ein Doppeldecker heran.

„Aha, der Alte kommt zurück", meinte der Sergeant, „bleibt hier, wir müssen die Kiste noch unterstellen!"

Das Flugzeug drehte eine Platzrunde und knatterte dicht über Schuppen und Hallen hinweg. Das war ein altgewohntes Bild auf dem irischen Militärflugplatz Baldonnel. Sauber schwebte der „Alte" ein und setzte den Doppeldecker gleichzeitig mit Rädern und Sporn auf. Nachdem das Flugzeug noch eine Strecke über den grünen Rasen ausgerollt war, wendete es und hoppelte mit schwankenden Tragflächen auf die Monteure zu. Der Motorenlärm verebbte, und die Luftschraube stand nach einigen wippenden Rucken still.

Major James C. Fitzmaurice winkte seinen Leuten zu und kletterte gewandt aus dem Pilotensitz. Während er die Pelzjacke öffnete, rief er dem Sergeanten zu: „Machen Sie die Kiste fertig, und dann in die Halle. Schluß für heute!" Grüßend legte der Major die Hand an die Mütze und schlug den Weg nach der Kommandantur ein. Diesen hochtrabenden Namen hatte das schlichte Gebäude eigentlich gar nicht verdient, aber man nannte das Haus eben so. Die Uhr an dem niedrigen Turm zeigte, daß es bis zum Abendessen noch eine halbe Stunde dauern würde.

Als James C. Fitzmaurice mit lebhaften Schritten durch den Vorraum ging, salutierten Offiziere und Mannschaften vor ihrem noch nicht dreißigjährigen Kommandeur. Kein Außenstehender würde in ihm den

Befehlshaber des jungen irischen Fliegerkorps vermutet haben.

Kurz berichtete der Diensthabende dem Major über die Ereignisse des Nachmittages.

„Sind übrigens neue Nachrichten über die ‚St. Raphael' eingelaufen?" erkundigte sich Fitzmaurice.

„Wenig, Herr Major, die dreimotorige Fokker hat heute morgen südlich von hier Irland überflogen und muß, wenn alles geklappt hat, jetzt mitten über dem Atlantik sein. Der Meteorologe rechnet allerdings nach den neuesten Berichten mit einer Wetterverschlechterung!"

„Na, das sieht ja nicht allzu rosig aus. Haben Sie übrigens gehört, daß außer den beiden englischen Piloten Min-

Major James C. Fitzmaurice

chin und Hamilton eine Frau an Bord ist, die Sportfliegerin Prinzessin Löwenstein-Wertheim?"

„Donnerwetter, mutig kann man nur sagen. Der wievielte Ozeanflug ist das nun eigentlich, Herr Major?"

„Weiß ich nicht, ich habe nicht mitgezählt. Aber es sind schon so viele Versuche unternommen worden, daß man nur hoffen kann, daß bald einer gelingt!"

Damit wendete sich Fitzmaurice ab und ging in sein Dienstzimmer. Dort steckte er sich erst einmal die unvermeidliche Zigarette an. Dann sah er die Post durch, die während seiner Abwesenheit eingelaufen war. Er haßte den Papierkrieg, wahrscheinlich würde er sich nie ganz damit abfinden. Seine Art, Briefe und Verfügungen durchzulesen, zeigte das deutlich. Wenn es ginge, könnte ihm der ganze Schreibkram gestohlen bleiben. Das ist nichts für einen Flieger. Schreibtischarbeit und Steuerknüppel sind nun einmal Gegensätze, wie man sie sich größer nicht denken kann.

Fitzmaurice riß noch einen weiteren Brief auf. Während er ihn überflog, hellten sich seine Züge auf. Der englische Pilot R. H. MacIntosh fragte an, ob er den irischen Flugplatz Baldonnel mit seinem Fokker-Eindecker anfliegen dürfte, um von hier aus zu einem Ozeanflug zu starten. Das war immerhin eine Nachricht! Das würde etwas Leben in den ewig gleichbleibenden Dienstbetrieb bringen.

Der Major stützte seinen Kopf in die Hände und las das Schreiben zum zweiten und dritten Mal. Im Aschenbecher verglimmte die Zigarette. Erinnerungen und Sehnsüchte stiegen in ihm auf – war es nicht auch sein langgehegter Wunsch, den Nordatlantik im Nonstop-Flug zu überqueren?

Seit 1924 hatte er jeden Flugzeugtyp studiert, der für solch ein Unternehmen geeignet erschien. Er wußte über Motoren und deren Leistung genau Bescheid. Nächtelang hatte er schon geplant und gerechnet. Er war überzeugt, daß man mit den gegenwärtigen technischen Mitteln die Neue Welt erreichen konnte.

Alles hatte Fitzmaurice getan, um seine navigatorischen Kenntnisse zu vervollkommnen. Die Ortung würde nicht einfach sein, von ihr hing das Gelingen im wesentlichen ab. Wenn nicht Wolken und Dunst die Sicht beeinträchtigten, könnte man während der Dunkelheit nach den Sternen, bei Tage nach der Sonne den Standort berechnen. Kompaß und Blindfluginstrumente waren nach seiner Meinung so weit entwickelt, daß man den Sprung über den Ozean auch in der Richtung von Europa nach Amerika wagen konnte. Dennoch blieb natürlich vieles ungewiß. Die ersten hatten es immer am schwersten, weil ihnen die Erfahrung fehlte.

Wenn ein regelmäßiger Transatlantik-Verkehr vorbereitet werden sollte, mußten die unbekannten Größen erkundet werden. Viele Fragen galt es zu lösen, ehe man daran denken durfte, Fluglinien einzurichten. Wagemutige Männer wie Charles A. Lindbergh mußten die Wegbereiter sein. Und Fitzmaurice hatte davon geträumt, daß er eines Tages zu diesen Pionieren gehören würde. Mit heißem Herzen hatte er alle bisherigen Versuche verfolgt, die Piloten der verschiedensten Völker unternommen hatten, um die Wasserwüste zu überwinden.

Nun, diese Gedanken waren jetzt müßig. R. H. MacIntosh hatte angefragt, ob er von hier, von Baldonnel starten dürfte. Sicherlich, man mußte seinen Wunsch wohl erfüllen. Der Engländer war zwar mit seinem Plan ein Konkurrent des irischen Majors Fitzmaurice; aber in diesem Fall ging die Fliegerkameradschaft vor, auch wenn man sich selbst damit um die Möglichkeit brachte, als Erster die Neue Welt von Ost nach West zu erreichen. Seit Flugzeuge am Himmel kreisen, gilt für alle Piloten das ungeschriebene Gesetz der Ritterlichkeit und Hilfsbereitschaft.

Wenige Tage später landete R. H. MacIntosh mit seiner Fokker in Baldonnel. Für James C. Fitzmaurice war es eine große Überraschung, daß der Engländer ihn fragte, ob er als zweiter Pilot mitfliegen wolle. Selbstverständlich sagte Fitzmaurice sofort freudig zu.

Alles Arbeiten und alles Lernen, das Studium der Navigation und der Meteorologie waren also nicht vergeblich gewesen. In mehreren Versuchsflügen wurden die Startmöglichkeiten mit der schwerbeladenen Fokker erprobt. Die Wetterabteilung des britischen Luftfahrtministeriums sprach mehrmals am Tage die Voraussagen durch, doch die ungünstige Witterung stellte die Geduld der beiden Piloten auf eine harte Probe.

Am 16. September war es endlich soweit. Mittags um 1 Uhr erhob sich die „Princess Xenia" in die Luft und überflog zunächst die irische Insel. Nach etwas mehr als einer Stunde kreuzte das Flugzeug die Küste.

Doch der Atlantik schien ihnen nicht so wohl gesonnen, wie es die Wetterberichte erwarten ließen. MacIntosh und Fitzmaurice sahen sich getäuscht: Der Himmel war verhangen, und sie mußten ausgedehnte Regengebiete durchfliegen. Die Hoffnung, daß es sich nur um eine Schlechtwetterfront handelte, die man bald überwinden und hinter sich lassen konnte, schwand immer mehr. Auf der See lag stellenweise Nebel, und schließlich wuchs der steife Nordwestwind zu einem regelrechten Sturm an. Von Minute zu Minute wurden die Aussichten schlechter. Aber sie flogen weiter. Als sie jedoch nach Stunden fast ein Viertel der Strecke bis nach Neufundland zurückgelegt hatten, erkannten sie, daß es aussichtslos war, gegen dieses Unwetter weiter anzukämpfen. Schweren Herzens drehten sie auf Heimatkurs. Auch in diesem Falle hatte die Vernunft gesiegt. Der Entschluß zur Umkehr war ein männlicher Entschluß.

Mit dem Sturm im Rücken raste das Flugzeug über die aufgewühlte See. James C. Fitzmaurice und sein Gefährte hielten eine Landung in Baldonnel für ausgeschlossen, weil das Tief und damit Regen, Nebel und Sturm einen Flug über die gebirgige irische Küstenlandschaft voraussichtlich vereiteln würden. Unter diesen Umständen mußten sie mit einer baldigen Notlandung rechnen. Es galt daher, so schnell wie möglich einen Teil des Benzins abzulassen. Auf keinen Fall wollte MacIntosh mit dem schwerbeladenen Flugzeug niedergehen. Das würde Bruch und vielleicht sogar die restlose Zerstörung des Apparates bedeuten.

An den Tanks fehlte eine Schnellablaßvorrichtung. So behalfen sich die beiden mit einem Gummischlauch, durch den an die tausend Liter aus dem großen Kabinentank ins Freie geleitet wurden. Es war eine mühsame, zeitraubende Arbeit, vor allem mußten sie darauf achten, daß sich trotz der Schaukelei keine Benzindämpfe im Rumpf bildeten. Keinesfalls durfte sich etwas von dieser tückischen Flüssigkeit auf dem Boden sammeln. Von dem Mißgeschick, das dem Flugkapitän Hermann Köhl in Dessau zugestoßen war, hatten sie nur eine unbestimmte Vorstellung. Aber das, was sie wußten, genügte, um mit aller Vorsicht zu Werke zu gehen.

Sie flogen weiter nach Osten, Richtung Heimat. Die beiden Piloten starrten voraus. Nebelschwaden und Regenschauer behinderten die Sicht. Sturm peitschte die See. Sie blickten auf die Uhr, die ihnen anzeigte, daß sie noch eine Weile zu fliegen hatten, ehe sie die irische Küste erreichen würden. Alle Kraft mußten sie aufbieten, um die „Princess Xenia" im Gleichgewicht zu halten.

Unvermittelt tauchten plötzlich vor ihnen hochragende Klippen auf, die sich mit rasender Geschwindigkeit näherten. Es schien so, als ob die entfesselten Elemente den Fokker-Eindecker gegen dieses Hindernis schleudern wollten. Krampfhaft angestrengt zogen die Piloten das Flugzeug über die Felsen hinweg. Beide schauten nach Landungsmöglichkeiten aus. Aber vergeblich, Hügel, Geröll und widrige Windverhältnisse verboten jeden derartigen Versuch. Ebenso scheiterten die Bemühungen, über die Bergketten in das Innere des Landes zu gelangen, weil die Gipfel in Wolken gehüllt waren.

Die Befürchtungen, daß sie Baldonnel nicht wieder erreichen würden, bestätigten sich. Die einzige Möglichkeit, die noch auf einen guten Ausgang hoffen ließ, bot die weiter südlich gelegene Shannon-Mündung. So drehten sie wieder auf das Meer hinaus und steuerten die Küste entlang. Unberechenbare Luftströmungen, bizarre, in die See hineinragende Felsformationen und begrenzte Sicht forderten von den zwei Männern höchstes fliegerisches Geschick.

Im Vergleich zu der bisher zurückgelegten Strecke war die Länge dieses Flugabschnittes gering, dennoch mußten sie ihre letzten Kräfte einsetzen. Keinen Augenblick durfte die Aufmerksamkeit nachlassen. Schließlich tauchte die breite Flußmündung des Shannon im Dunst auf. Erleichtert stellte Fitzmaurice fest, daß Niedrigwasser war. Der Strand lag breit vor dem Ufer. MacIntosh drehte die Fokker in den Wind und setzte sie glatt auf.

Nun galt es als erstes, Hilfe herbeizuholen, um das Flugzeug zu bergen. Die Flut setzte ein, die Räder drohten in dem weichen Sand einzusinken, und die Wellen leckten immer weiter den Strand hinauf. Nach schwerer Arbeit gelang es mit der Hilfe von etwa fünfzig Bauern, das Flugzeug in Sicherheit zu bringen. Der Sturm behinderte den Abtransport sehr, und sie mußten wohl oder übel den Fokker-Eindecker während der Nacht festgepflockt stehenlassen. Noch einmal war alles gutgegangen, und man mußte glücklich sein, daß man noch heile Knochen hatte und lebte. Der Ozeanflug aber war gescheitert!

Am 17. September las der deutsche Flugkapitän Hermann Köhl die Meldung von dem mißglückten Atlantikflug in der Morgenzeitung. Er überlegte. – Irland! Dann entfaltete er rasch eine Karte und begann zu messen und zu rechnen. Ja, Irland. – Man müßte von Irland aus starten. Das hatte offensichtlich verschiedene Vorteile.

Erstens würde man bei günstigen Wetterberichten keine Zeit durch einen langen Anflug verlieren. Man konnte also, wenn man auf Dessau als Startplatz verzichtete, mindestens neun Stunden einsparen. Und wenn man bedachte, wie sich die Wetterlage in neun Stunden ändern konnte – – –.

Zweitens hatte man erheblich größere Treibstoffreserven zur Verfügung, so daß man bei langandauernden Gegenwinden immerhin noch die Chance hatte, Amerika zu erreichen.

Drittens verringerte man die Flugzeit und verminderte so die Gefahr der Übermüdung. Und im übrigen kam es ja gar nicht darauf an, daß man ausgerechnet von Deutschland aus den Atlantik überflog. Wesentlich war doch, daß man überhaupt erst einmal ohne Zwischenlandung von Europa aus die Neue Welt erreichte.

Hermann Köhl beschäftigte sich während der folgenden Tage mit diesen Gedanken, rechnete und kalkulierte. Wie man es auch drehte: Irland würde am günstigsten sein. Über diesen neuen Plan sprach er jedoch nur mit seinen besten Freunden. Es schien nicht geraten, allzu viel über die Ozeanfliegerei verlauten zu lassen. Die Zeitungen, die ihn und seine Gefährten vor dem ersten Start mit Vorschußlorbeeren überschüttet hatten, waren jetzt äußerst mißtrauisch geworden. Und die tatsächlichen Möglichkeiten konnte eben doch nur der Fachmann beurteilen. Es blieb wohl am besten, in aller Stille weiterzuarbeiten. In diesem Herbst wurde es sowieso nichts mehr.

Dann setzte er sich hin und schrieb in seiner Eigenschaft als Nachtflugleiter der Lufthansa einen langen Brief an ein Instrumentenwerk, um zu veranlassen, daß die Entwicklung der Nachtfluggeräte schneller vorangetrieben wurde.

Der Nachtflug steht und fällt mit der Zuverlässigkeit dieser Präzisionsinstrumente, die während der Dunkelheit die Lage des Flugzeuges genau anzeigen. Man muß auf ihnen ablesen können, ob beispielsweise die linke oder rechte Fläche hängt.

Natürlich gab es solche Geräte, aber sie mußten eben verbessert werden; mit ihnen konnte man nicht nur des Nachts, sondern auch im Nebel fliegen, etwa durch den Neufundlandnebel – aber das waren schon wieder Nebengedanken, von denen man besser nichts schrieb. – Oder war die Sache mit dem Nebelflug vielleicht die Hauptsache? Doch darüber sprach man nicht.

Zumindest machte es sich gut, wenn man den Herren dort mal etwas auf die Finger klopfte, damit sie an den Nachtfluginstrumenten mit Hochdruck weiterarbeiteten.

1928

In der Zeitungsredaktion

Das Rollen und taktmäßige Klappern der riesigen Rotationsmaschine drang bis in die Redaktionsräume, die unmittelbar über dem Maschinensaal lagen. Unten wurde gerade die Abendzeitung gedruckt. Vom Hof her hörte man die Motoren der schnellen Zeitungsautos. Die ersten Wagen, beladen mit druckfeuchten Exemplaren, fuhren an diesem 20. März schon in die Stadt.

Für den Redakteur Axel Arnholm war das ein längst gewohntes Geräusch, durch das er sich nicht stören ließ. Vor ihm auf dem Schreibtisch lag die Post. Ein Manuskript, das die bisherige Entwicklung der Ozeanfliegerei behandelte, fand sein besonderes Interesse.

Monatelang hatte man von den Plänen, den Atlantik zu überqueren, kaum etwas gehört. Nach dem mißglückten Versuch des Hauptmanns MacIntosh und seines Begleiters Fitzmaurice im September 1927 hatte die kalte Jahreszeit allen derartigen Unternehmungen ein Ende gesetzt. Aber die Fachleute wußten, daß ein neuer Frühling kam und mit ihm ein neues Wettrennen, um den Atlantik von Ost nach West zu bezwingen.

Axel Arnholm hatte allerdings nicht damit gerechnet, daß es in diesem Jahre so früh losgehen würde. Seit einer Woche hatte die Presse schon wieder zahlreiche Nachrichten darüber gebracht. Jeden Tag gab es etwas Neues. Auch die Namen Köhl und von Hünefeld standen wieder im Mittelpunkt der allgemeinen Aufmerksamkeit.

Die erste Meldung, die sich 1928 mit der Ozeanfliegerei beschäftigte und das ganze Problem wieder ins Rollen brachte, war am 14. März in allen Zeitungen erschienen:

„London, 13. März 1928. Der Leuchtturmwärter von Mizzenhead in der Grafschaft York meldet, daß um 1.30 Uhr ein Flugzeug den Leuchtturm passiert hat. Es dürfte sich dabei um Hinchcliffe handeln, der zu einem Transozeanflug gestartet ist."

Axel Arnholm hatte eine Mappe auf seinem Tisch liegen, die diese und andere in den letzten Tagen veröffentlichte Meldungen enthielt. Oft genug hatte er darin geblättert, und auch jetzt wollte er sie wieder zu Rate ziehen, um das Manuskript, das ihn so besonders interessierte, zu überprüfen.

Doch da wurde er bei seiner Arbeit unterbrochen. Denster, einer seiner Kollegen, betrat mit einem Herrn den Raum und redete auch gleich auf den Redakteur ein:

„Ach, lieber Arnholm, ich darf Sie mit Herrn Münkel bekanntmachen, seines Zeichens Luftfahrtexperte. Ja, das wird Sie interessieren."

Sich an den Besucher wendend, fuhr Denster aufdringlich fort:

„Das ist Herr Arnholm, der in unserer Redaktion die Ozeanflugsachen bearbeitet. Ich halte es für richtig, daß wir gerade jetzt eine kritische Stellungnahme zu dem ganzen Problem bringen. Die Lage hat sich ja allmählich so zugespitzt, daß es höchste Zeit wird. Schließlich hat man ja auch als Pressemann Verantwortung zu tragen."

Deutliche Skepsis zeichnete sich auf dem Gesicht Arnholms ab. Er mochte seine Mitarbeiter Denster nicht. Der war ihm zu impulsiv, redete zu große Töne, von Verantwortung und ähnlichem, und zwar ausgerechnet dann, wenn es nach Arnholms Meinung gar nicht paßte. Deshalb antwortete er ihm ziemlich kühl:

„Ich denke, wir haben alles gebracht, was für diese Sache von Wichtigkeit ist. Sehen Sie hier die Meldung vom 14. März."

„Zur Stunde (9.30 Uhr abends) sind Berichte über das Schicksal des Kapitäns Hinchcliffe und seiner Pilotin Fräulein Mackay nicht eingetroffen. In hiesigen Fliegerkreisen herrscht größte Besorgnis, denn nach den letzten Nachrichten ist das Wetter, das vorher ausgezeichnet war, umgeschlagen und wird andauernd schlechter. Ein Sturm bewegt sich in östlicher Richtung, und man befürchtet besonders, daß im südlichen Distrikt von Neufundland sich Eis auf den Tragflächen des Flugzeuges gebildet haben könnte. In diesem Fall stände es schlecht um die Flieger.'"

Denster wollte unmutig die Berichte zur Seite schieben und sie am liebsten gar nicht beachten. Aber Arnholm ließ sich nicht beirren und legte den beiden einen zweiten Zeitungsausschnitt vor:

„Hier haben wir auch die Meldung vom 14. März aus Dessau abgedruckt."

„In den Junkers-Werken herrschen ungewöhnlich lebhafte Flugvorbereitungen. Es fanden unausgesetzt Probeflüge statt, was das Gerücht verstärkt, daß ein neuer Ozeanflug vor seiner Verwirklichung stehe. Zum ersten deutschen Ozeanflug-Projekt in diesem Frühjahr hat sich Hermann Köhl, der Nachtflugleiter der Lufthansa, gemeldet. In diesen Tagen hat Köhl seine Maschine mit neu konstruierten Navigationsinstrumenten versehen und ist zum Tempelhofer Feld geflogen. Wer ihn auf seinem Ozeanflug, der etwa im Mai stattfinden soll, als zweiter Pilot begleitet, steht noch nicht fest."

Denster war ärgerlich, daß Arnholm ihm gerade die Meldungen und Berichte über die Fliegerei so prompt unter die Nase halten konnte und damit eigentlich schon bewies, daß eine sogenannte „kritische Stellungnahme" wohl überflüssig war.

Arnholm fuhr deshalb unbeirrt fort:

„Auch am nächsten Tag haben wir wieder mehrere Nachrichten veröffentlicht. Ich finde, daß wir unsere Leser sehr gut informieren."

„London, 15. März. Sachverständige befürchten, daß Kapitän Hinchcliffe gezwungen worden ist, wegen der Wetter- und Windverhältnisse auf dem Ozean niederzugehen."

Eine Meldung nach der anderen konnte Arnholm vorweisen:

„Sehen Sie, und hier ist auch die englische Reaktion auf das tragische Schicksal dieses Piloten abgedruckt:"

„Daily Mail veröffentlicht Entschließungen der Geographischen Gesellschaft in Oxford und Edinburgh, keine Ozeanflüge Europa – Amerika zu finanzieren."

Fragend sah Arnholm seinen Kollegen Denster an:

„Ich weiß wirklich nicht, wo wir unseren Lesern etwas vorenthalten haben sollten."

„In einem Schreiben an den Verband der deutschen Presse nimmt Freiherr von Hünefeld zu den in den letzten Tagen aufgetauchten Gerüchten über neue Ozeanflüge Stellung. Freiherr von Hünefeld teilt mit, daß die seinerzeit zu dem Ozeanflug benutzte Maschine ‚Bremen‘ durch ihn als völlig unabhängigen Privatmann käuflich von der Firma Junkers-Flugzeugwerke A. G. Dessau erworben sei. In Gemeinschaft mit Köhl beabsichtige er nun, zu einem noch nicht feststehenden Zeitpunkt einen sportlichen Weitflug zu unternehmen. Eine Reihe von Privatleuten hätte entsprechende Beträge zur Verfügung gestellt."

Arnholm wunderte sich im stillen, wie schwer es doch zuweilen war, jemanden zu überzeugen, der sich offenbar auf keinen Fall überzeugen lassen wollte:

„Ich meine, das ist doch eine ganz sachliche und objektive Berichterstattung. Selbst die Warnung der Lufthansa haben wir im Wortlaut abgedruckt. Ich denke, das reicht aus!"

„Flugleiter Köhl und die Lufthansa.

Berlin, 19. März. Die Deutsche Lufthansa teilt mit: In den letzten Tagen bringt die Presse die Nachricht, daß auch eine deutsche Besatzung wiederum einen Flug über den Atlantik nach Amerika beabsichtige. Im Zusammenhang mit dieser Meldung wird der Name Köhl, Leiter des Nachtflugdienstes der Deutschen Lufthansa, erwähnt. Es bedurfte nicht des Opfers des englischen Fliegers Hinchcliffe, um von derartigen Versuchen in aller Öffentlichkeit abzurücken.

Die Deutsche Lufthansa steht nach wie vor auf dem auch im vorigen Jahr eingenommenen Standpunkt, daß Flüge mit den bisherigen Landflugzeugen über den Ozean in keiner Weise zu verantworten sind, mögen auch die

Glücksfälle eines Lindbergh und Chamberlin dagegen sprechen. Der verkehrstechnischen Entwicklung der Luftfahrt wird durch derartige Versuche kaum noch ein Dienst erwiesen. Die Deutsche Lufthansa sieht in Versuchen mit unzulänglichen Mitteln keine Förderung der Luftfahrt und tut daher alles, was in ihren Kräften steht, um von solchen Flügen abzuraten.

Wenn zuverlässige Flugzeuge für den Transozeanflug, die nach Auffassung der Lufthansa nur mehrmotorige Groß-Seeflugzeuge sein können, vorhanden sind, dann wird die Deutsche Lufthansa, die sich mit den Fragen des Transozean-Luftverkehrs als einer ihrer wichtigsten Aufgaben ständig befaßt, die Initiative rechtzeitig ergreifen."

Besser als mit dieser Stellungnahme der Lufthansa konnte Arnholm nun wirklich nicht beweisen, daß die Berichterstattung seiner Zeitung objektiv war.

„Sehen Sie, Herr Denster, alle diese Meldungen haben wir gebracht. Danach mag sich jeder Leser seine Meinung über diese Flüge bilden. Und ansonsten bin ich felsenfest überzeugt, daß Hermann Köhl es trotzdem schafft."

Herr Münkel sagte überhaupt nichts mehr. Und Herr Denster war mit dem, was Axel Arnholm geäußert hatte, wenig einverstanden:

„Wissen Sie, Sie müssen viel deutlicher werden, nicht nur einfach kommentarlos das einlaufende Material abdrucken, sondern endlich einmal kritisch Stellung beziehen. Das ist doch ein Wahnsinn, daß dieser Köhl starten will. Es gibt doch keinen einzigen Punkt, der für ihn spricht. Alle Flieger, die bisher von Europa nach Amerika aufgestiegen sind, mußten umkehren oder sind zugrunde gegangen. Da muß doch endlich einmal Schluß gemacht werden! Selbst die Lufthansa – – –."

„Ach, entschuldigen Sie, Herr Denster. Die Meinung der Lufthansa ist doch wirklich nicht allzu schwerwiegend."

„Nanu, da bin ich aber gespannt. Schließlich ist doch die Lufthansa – – –."

„Sehr richtig, die Lufthansa ist die Gesellschaft, die alles tut, um ihre Passagiere heil und ungefährdet ans Ziel zu bringen. Sicherheit zuerst. Sicherheit wird ganz groß geschrieben. Und dieser Grundsatz ist nie durchbrochen worden. Der deutsche Flugverkehr ist sicherer als der Straßenverkehr, das steht eindeutig fest."

„Ja und? Was wollen Sie damit sagen?"

„Das ist doch einleuchtend. Die Lufthansa muß doch um ihres Rufes willen sagen, daß sie mit den Ozeanflügen nichts zu tun hat, daß sie derartig gefahrvolle Flüge nicht billigt. Sie darf ja gar nicht anders. Denn wenn Köhls Unternehmen schiefgeht, dann kann es sich die Lufthansa nicht leisten, daß man ihr den Mißerfolg zuschreibt. Einzig und allein deswegen muß sie aus taktischen Gründen ihren Angestellten Köhl verurteilen."

„Das ist auch 'ne Ansicht, zum Glück aber nicht meine! Das kann ich Ihnen versichern, Herr Arnholm. Ich halte die ganze Sache für einen Wahnsinn!"

„Herr Denster, ich will in keiner Weise abstreiten, daß der Ozeanflug ein Wagnis ist, ein unerhörtes Wagnis sogar. Aber ist Pionierarbeit nicht notwendig? Ich kann mich nicht erinnern, daß bahnbrechende Pionierleistungen derart angefeindet wurden, wie es jetzt beim Unternehmen Köhl der Fall ist. Seit Jahrhunderten setzen die Besten aller Völker ihr Leben ein, um unbekannte Gebiete zu erforschen. Und auch Hermann Köhl fliegt ins Unbekannte!

Haben Sie davon gehört, daß man einem Fridtjof Nansen vor seiner Fahrt mit der Fram durch das nördliche Eis in so beschämender Weise Knüppel zwischen die Beine geworfen hat?

Können Sie etwa behaupten, daß man den unglücklichen Kapitän Scott so massiv angriff, weil er den Südpol erobern wollte?

Haben Sie je erfahren, daß man großen Entdeckern verbrecherischen Leichtsinn vorwarf? Etwa den Afrikaforschern?

Ich bin nicht der Meinung, daß erst der Erfolg den Wagemut rechtfertigt. Ohne Zweifel verstummen beim Erfolg alle Besserwisser. Aber gelten etwa die Männer, die mit klarem Blick der Gefahr begegneten und unglücklich in ihr umkamen, deshalb weniger? Sie ließen ja nicht ihr Leben, weil sie den Tod suchten, sondern weil sie der Wissenschaft dienen wollten und weil sie glaubten, daß die Forschungsergebnisse es wert seien, ein Risiko einzugehen!"

„Aber ich bitte Sie, was hat denn der Ozeanflug mit Wissenschaft zu tun?"

„Sehr viel, er ist ein Flug ins Unbekannte. Wir wissen noch längst nicht genug über die Voraussetzungen, die für einen Ozeanflug erforderlich sind."

„Ja, um Himmels willen, Herr Arnholm, wenn man nicht die Bedingungen kennt, warum bleibt man dann nicht lieber zu Hause?"

„Das ist es ja gerade! Das Wagnis, das Aufspüren und Überwinden der Gefahr, kennzeichnet den Forscher. Sie, Herr Denster, können die Entwicklung nicht aufhalten. Und einer wird der erste sein, der heil in Amerika ankommt, hoffen wir, daß es Köhl ist!"

„Und ich sage Ihnen noch einmal: das ist Wahnsinn! Glauben Sie wirklich, daß selbst bei einem Gelingen irgend etwas dabei herauskommt?"

„Aber natürlich. Ich kenne Hermann Köhl viel zu gut, als daß ich es ihm zutrauen könnte, daß er einfach aus Rekordsucht als erster drüben sein wollte. Ich versichere Ihnen: Wenn Köhl es schafft, dann bringt er einen Haufen Erfahrungen mit, die die Fliegerei mit einem Schlage ein ganzes Stück vorwärtsbringen."

„Wissen Sie, Arnholm, was Sie da sagen, ist ja alles ziemlich witzlos. Schließlich geht es ja darum, weitere Opfer zu vermeiden. Wir haben die Verantwortung, wir von der Presse. Und deshalb habe ich Ihnen Herrn Münkel mitgebracht. Der versteht was von der Sache. Sie sollten wirklich einen kritischen Leitartikel veröffentlichen, der endlich mit dem Irrsinn dieser Piloten Schluß macht. Andere Zeitungen warnen doch auch in einer ernsten Sprache, warum sollen wir es also nicht tun?"

„Wie denken Sie sich denn solch eine Warnung?"

„Na, es gibt ja Beispiele genug. Ich habe da einiges mitgebracht."

Mit diesen Worten zog Denster einige fremde Zeitungsausschnitte aus der Tasche und reichte sie herüber. Arnholm kannte sie zum Teil, andere las er mit unwilligem Interesse.

„Hasardeure der Ozeanfliegerei.

Hinchcliffe verloren – will Hünefeld ihm folgen?

Es war vorauszusehen, daß mit dem beginnenden Frühjahr der Wettkampf der Nationen um den ersten Ost-Westflug über den Ozean wieder anheben würde. Ein Engländer (Hinchcliffe) machte den Anfang. Er ist seit zwei Tagen überfällig. Man sucht ihn in Neufundland und an der Küste von New Jersey, weil man glaubte, Motorengeräusche gehört zu haben. Solche Geräusche hat man noch jedesmal gehört und trotzdem weder Flieger noch Flugzeug gefunden. Der ewig schweigsame Ozean hat sie verschlungen; keine Kunde von ihnen wird je werden."

„Es muß mit aller Deutlichkeit gesagt werden, daß dem nationalen Ansehen erneuter und nur schwer gutzumachender Schaden zugefügt werden kann. Die Deutsche Lufthansa, deren bewährter Nachtpilot Köhl ist, sollte mit aller Macht versuchen, auf ihn einzuwirken, von seinem Vorhaben abzustehen. Denn sie ist letzten Endes die Leidtragende, insofern als der Laie jedes Mißglücken eines derartigen Fluges der Verkehrsfliegerei anrechnet. (!!)"

„Der Wunsch eines abenteuerlich veranlagten ‚Selbstmordkandidaten', lieber im unendlichen Ozean als auf dem Friedhof sein Grab zu finden, ist noch lange kein Grund, die Welt in Aufregung zu versetzen und die deutsche Technik mit Mißerfolgen zu belasten."

„Die beiden Flieger Köhl und von Hünefeld wollen wieder das tollkühne und unvorsichtige Unternehmen wagen. Wir werden nicht aufhören zu wiederholen, daß in der gegenwärtigen Jahreszeit das Überfliegen der Bänke von Neufundland ebenso gefährlich ist wie die Geste eines Verzweifelten, der sich eine Revolverkugel in den Mund schießt."

Arnholm konnte nur noch mit dem Kopf schütteln.

Diese Artikel waren ungeheuerlich; und so beendete er seine Lektüre mit den Worten:

„Soll das etwa sachlich sein? Glauben Sie wirklich, daß man durch solche sogenannten Stellungnahmen einen Start verhindern kann? Derartige Schmiereien halten die Entwicklung nicht auf, meine Herren. So etwas gehört nicht in einen kritischen Leitartikel. Unsere Leser würden sich so etwas verbitten, und das mit Recht. Ich meine, daß wir die Meldungen weiterhin nüchtern abdrucken sollten. Hetzartikel können wir uns sparen, ebenso natürlich auch überschwengliche und begeisterte Auslassungen, die die Piloten als sogenannte Helden feiern, bevor sie überhaupt nur einen Kilometer geflogen sind. Tut mir leid, meine Herren, daß ich auf Ihre Mitarbeit verzichten muß."

In diesem Augenblick öffnete sich die Tür. Ein Bote brachte mehrere Fernschreibstreifen:

„Da ist was über den Ozeanflug dabei."

Arnholm nahm die Meldung und las gleich vor:

„Berlin, 20. März. Zu den Meldungen, daß das Ozeanflug-Projekt in allernächster Zeit verwirklicht werden soll, erfahren wir, daß entsprechend der Ansicht Köhls der Start keineswegs vor Mai erfolgen werde. Zunächst soll der Flug nach Irland führen, dort soll vom Flugplatz Baldonnel aus mit Höchstbelastung der Start zum eigentlichen Ozeanflug erfolgen."

Zum ersten Mal wurde der Name Baldonnel in Zusammenhang mit deutschen Flugplänen öffentlich erwähnt.

„Also von Irland aus wollen sie starten."

„Baldonnel? Das habe ich doch schon mal gehört?"

„Augenblick, gleich werd' ich's haben."

Axel Arnholm griff nach einem Ordner, in dem er sämtliches Material des Jahres 1927 gesammelt hatte, und blätterte in den sauber aufgeklebten Artikeln:

„Richtig, hier: 16. September. MacIntosh und James C. Fitzmaurice starten in Baldonnel."

„Na ja, Irland. Dadurch wird allerdings die Flugstrecke erheblich verkürzt, aber trotzdem ist es ein Wahnsinn und eine Leichtfertigkeit von Köhl."

Allmählich wurde dem Redakteur Axel Arnholm diese Besserwisserei und offenbare Mißgunst zuviel. Am liebsten hätte er die beiden Besucher vor die Tür gesetzt, dann konnte er sich aber doch nicht die Frage verkneifen:

„Sagen Sie einmal, kennen Sie eigentlich den Flieger Hermann Köhl?"

„Nein, direkt natürlich nicht, aber daß er seinen guten Posten bei der Lufthansa im Stich läßt und daß er per Flugzeug nach drüben will, das genügt eigentlich."

Arnholm verzog spöttisch sein Gesicht:

„So, Sie meinen, das genügt? Nun, ich will Ihnen sagen, daß Sie so gut wie nichts wissen. Ich habe Hermann Köhl während des Krieges kennengelernt, Oberleutnant und Staffelführer war er damals im Jahre 1916. Als ganz junges Kerlchen kam ich ins Feld und wurde dem Bodenpersonal seiner Staffel zugeteilt. Nein, geflogen habe ich nicht. Aber dort begegnete ich ihm zum ersten Mal. Er führte den Nachtflug ein. Wenn das Wetter günstig war, wenn der Mond schien, wurde neben der Startbahn eine lange Reihe von brennenden Fackeln in die Erde gesteckt. An dieser Linie aus Lichtpunkten entlang rollten seine schweren Bomber und erhoben sich so in die Luft.

Er war der erste, der damit anfing, nicht etwa tollkühn, sondern ganz überlegt. Alle Möglichkeiten abwägend, begann er den Nachtflug zu erproben. Was er anfaßte, war alles genau durchdacht. Er persönlich sammelte die Erfahrungen, und das war mit den damaligen Maschinen gewiß nicht ungefährlich.

Es ging ihm darum, der Front, das heißt der kämpfenden Infanterie zu helfen. Tag und Nacht hämmerte das Trommelfeuer der gegnerischen Artillerie mitleidlos auf die Stellungen unserer Soldaten und forderte Opfer über Opfer. Die Sanitätskraftwagen fuhren Stunde um Stunde auf der Straße neben dem Flugplatz vorbei und beförderten verwundete Menschen in durchbluteten Verbänden nach hinten in die Lazarette. Der Tod hielt reiche Ernte. Die Geschütze der anderen hatten reichlich Munition. Der ferne Donner der Granateinschläge dröhnte ständig zum Flugplatz herüber.

Dann stieg Oberleutnant Köhl mit seinen ,Walfischen' auf und pirschte sich im Dunkel der Nacht an die gegnerischen Munitionslager heran. Einmal, ich glaube, es war im November 1916, startete Köhl wieder in die vom Mond nur spärlich erhellte Nacht.

Wir dagegen saßen dick vermummt vor den Zelten und warteten auf seine Rückkehr. Wir mußten bereit sein, wenn es galt, für die Landung die flackernde Lichterkette der Fackeln zu entzünden. Und dann plötzlich sahen wir, wie in Richtung Amiens der Himmel aufleuchtete. Von unten angestrahlt, zeichneten sich die wenigen Wolken deutlich ab. Wir sprangen hoch. Das waren nicht einfach schwere Artillerieeinschläge oder explodierende Bomben. Da konnte es sich auch nicht nur um das glutende Rot eines gewöhnlichen Brandes handeln. Und dann begann es in der Luft zu flimmern und zu blitzen: platzende Granaten der Flugabwehr. Alles erbebte vom unregelmäßigen Wummern entfernter Detonationen. Dort, an der einen Stelle, war der Himmel in gleißende Helligkeit getaucht. Mit großen Augen standen wir da.

Kein Zweifel: Köhl hatte ein Munitionslager getroffen. Mitten in der Nacht! Bei Tageslicht wäre ihm ein solcher Erfolg wegen der gegnerischen

Jagdflugzeuge niemals gelungen. Ja, und dann kam er kurz nach Mitternacht zurück und landete sicher.

Drei Tage brannten die Munitionsstapel, drei Tage lang platzten noch die Granaten.

Gegen Ende des Krieges erhielt Köhl, er war inzwischen zum Hauptmann befördert worden, die höchste Tapferkeitsauszeichnung: den Orden Pour le Mérite.

So, meine Herren, ich denke, das müßte man wissen, wenn man von Hermann Köhl spricht."

„Na ja, lieber Arnholm, Kriegsgeschichten! Das ist jetzt aber vorbei."

„Ein Glück, daß es vorbei ist, da sind wir ganz einer Meinung! Aber ich denke, daß es wesentlich ist, daß die Leute, die im Felde standen, die das Elend des Krieges aus eigenem Erleben kennen, jetzt dafür sorgen, daß sich die Völker näherkommen. Jeder auf seinem Gebiet. Und Hermann Köhl will den Verkehrsflug über den Atlantik vorbereiten. Denn ehe es gelingt, das weite Meer mit Passagierflugzeugen zu kreuzen, müssen entschlossene und befähigte Männer Pionierarbeit leisten. Bevor die ersten Fluggäste nach Amerika starten, gilt es Erfahrungen zu sammeln. Und wenn irgend jemand dazu in der Lage ist, dann ist es Hermann Köhl.

Die Erde wird kleiner. Große Entfernungen werden überbrückt. Eines Tages wird man innerhalb von vierundzwanzig Stunden so sicher den Ozean queren können, wie man mit der Eisenbahn von Hamburg nach München gelangt. Diplomaten werden die Möglichkeit haben, in wenigen Stunden in irgendein beliebiges Land zu reisen, um zu vermitteln. Die Menschen werden einander besser kennenlernen. Die Bahn muß freigemacht werden. Und Hermann Köhl wird einer der Wegbereiter des Atlantikflugverkehrs sein."

Entwischt

Am frühen Morgen des 26. März knatterte ein kleiner Hanomag durch die einsamen Straßen von Berlin. Der Volksmund bezeichnete dieses originelle Gefährt wohl auch als rollendes Kommißbrot. Langsam begann es zu tagen, noch brannten die Laternen. Wie meist am Montag früh herrschte wenig Verkehr.

In dem Wagen saß der Mann, der allen Leuten, die es wissen wollten, erzählt hatte, daß er auf eine besonders helle Vollmondnacht wartete, um dann nach Amerika zu fliegen. Das würde unter Umständen erst im Juni sein, aber

Ein Hanomag, sog. „Kommißbrot"

das hätte dann wenigstens den Vorteil, daß die Nächte besonders kurz wären. Nun, bisher hatte das noch jeder dem gemütlichen Bayern geglaubt. So schien es jedenfalls.

Dennoch war es geraten, vorsichtig zu sein; Hermann Köhl hatte nämlich in den letzten Tagen unter der Hand erfahren, daß die deutsche Luftpolizei alle Flughäfen angewiesen hatte, mit peinlicher Genauigkeit darauf zu achten, daß kein Flugzeug mit übergroßen Treibstoffmengen startete. Wegen der „Sicherheit des Flugverkehrs", sagte man – aber natürlich dachten die Herren nur an die „Bremen".

Plötzlich hielt Köhl an einem Zeitungsstand, sein Begleiter, Freiherr von Hünefeld, zwängte sich aus dem Wagen und kaufte einige Morgenblätter. Dann knatterte der Wagen wieder los. Dieses Mal interessierte Hünefeld sich nicht für etwaige Meldungen, die ihn als Selbstmordkandidaten verdammten. Heute morgen in aller Frühe waren die Wetterkarten wichtiger. Nun, man mochte einwenden, daß es für einen Flieger als durchaus unwürdig galt, seine Wetterinformationen aus der Presse zu beziehen. Aber schließlich waren sie ja gehetzte Hunde, und die harmloseste Frage bei den Wetterfröschen am Flughafen würde selbst die müdesten Leute hellhörig machen. Und das mußte auf jeden Fall vermieden werden!

Gemächlich fuhr der Hanomag auf das Tempelhofer Feld – übrigens kein ungewohntes Bild, denn an den vergangenen Tagen war Köhl regelmäßig um

8 Uhr morgens zu einem Probeflug mit der W 33 gestartet. Vor einer Flugzeughalle hielten sie an. Hünefeld verdrückte sich möglichst unauffällig. Schließlich war es nicht notwendig, daß die Luftaufsicht ausgerechnet ihn hier entdeckte.

Denn Hünefeld war der Mann, der diesen Start zum Ozeanflug aufs neue ermöglichte. Damals, im letzten Herbst, hatte er die kostspielige Versicherungsprämie verfallen lassen müssen. Aber jetzt standen wieder die notwendigen finanziellen Mittel bereit. Mit unerschütterlicher Zähigkeit hatte er elf Geldgeber gewonnen, zumeist hanseatische Kaufleute, so den Kunstmäzen Ludwig Roselius und auch den Direktor der A. G. „Weser", Franz Stapelfeldt. Ebenso trugen der Norddeutsche Lloyd in Bremen und die Hapag in Hamburg dazu bei, daß Hünefeld die „Bremen" kaufen konnte. Er selbst setzte sein Vermögen aufs Spiel. Ohne ihn, und das wußte die Luftfahrtbehörde sehr wohl, würde ein neuer Flug kaum zustande kommen. Und deshalb war es auch so wichtig, daß Hünefeld sich jetzt nicht blicken ließ.

Einige Monteure machten das Flugzeug fertig. Die Flächentanks waren noch leer, und daß in den Kabinentanks einige hundert Liter Treibstoff schwappten, ging niemand etwas an. Die Werksarbeiter schoben die W 33 auf den Platz. Erst jetzt wurde offiziell getankt.

360 Liter strömten in die Flächentanks. Die Zahl wurde vermerkt. Das war genau die Menge, die der Tankwart seit Tagen für die Probeflüge eingefüllt hatte. Sie reichte für sechs bis sieben Flugstunden. Die Verschlüsse wurden zugeschraubt. Es schien gar nichts Besonderes dabei zu sein.

Die Monteure ließen den Motor an, er mußte noch warmlaufen. Der Lärm schwoll an. Für kurze Zeit dröhnte der Motor in voller Lautstärke. Danach herrschte wieder Ruhe: alles in Ordnung. Ein Monteur stieg aus dem Flugzeug heraus, ein anderer kletterte hinein – oder war das etwa Hünefeld? Leute standen herum, unter ihnen Mister Knickerbocker, sicherlich einer der fähigsten amerikanischen Journalisten in Europa, und der Berliner Vertreter des Norddeutschen Lloyd, Direktor Graue – wenn die Flugleitung das gewußt hätte! Aber man ahnte es dort nicht einmal. Ihre Aufmerksamkeit galt einem großen Junkers-Verkehrsflugzeug, das gerade gelandet war. Die Passagiere eilten zur Flugabfertigung. Wer sah schon die kleine W 33, die in schwarzen Buchstaben den Namen „Bremen" und das Kennzeichen D 1167 auf dem Rumpf trug!

Mit dem Bordbuch ging Hermann Köhl zur Flugwache. Das hatte er an den vergangenen Tagen auch stets getan, als er jeden Morgen für sechs bis sieben Stunden aufgestiegen war, um die Instrumente, den Motor und vor allem den neuen Askania-Wendekreisel zu überprüfen und zu erproben. Aber diesmal schlug dem Bayern das Herz.

Doch der Aufsichtsbeamte sah das als eine reine Routinesache an: „Probe-flug nach Dessau". Nun gut! 360 Liter Treibstoff! Auch gut! Damit alles seine Ordnung hatte, wurden einige Stempel unter die Angaben gedrückt. Danach vermerkte er das Flugziel in einem großen Kontrollbuch: „Dessau". Na, ein Glück, die „Bremen" verließ Tempelhof. Hoffentlich blieb sie in Dessau, dann hatte man wenigstens in Berlin keine Schwierigkeiten mit der vertrackten Kiste.

Hermann Köhl zwang sich, in ruhigen Schritten zu seinem Flugzeug zu gehen. Schnell nahm er von den Zuschauern Abschied. Bloß weg, ehe irgend jemand den Streich durchschaute. Heilfroh war er, daß die Presse nicht Lunte gerochen hatte. Mister Knickerbocker, der einzige Journalist, der etwas wußte, schwieg seit Tagen beharrlich und ließ alle Leute glauben, daß er mit Köhl nichts mehr zu tun hätte. Er kannte die Situation, es war ihm klar, an welch dünnem Faden der ganze Flug hing. Man durfte eine mutige Tat nicht durch verfrühte Veröffentlichung und Besserwisserei abwürgen. Knickerbocker wollte seinen Freunden, mit denen er vor einem halben Jahr von Dessau gestartet war, nicht in den Rücken fallen.

Nur ein Fotograf beobachtete die letzten, eiligen Vorbereitungen: ein Ober-schüler. Etwas entfernt stand er und hielt seinen Apparat verborgen. Erst im Augenblick des Abfluges wollte er das Ereignis auf die Platte bannen.

Hermann Köhl und Monteur Spindler gingen an Bord. Von dem Freiherrn sah man nichts, er hielt es für besser, sich im Rumpf der „Bremen" unsicht-bar zu machen. Aber als sie zu rollen begann, konnte er es sich doch nicht verkneifen, ganz kurz durch das Fenster zu sehen und zu winken.

Der Motor heulte auf, das Flugzeug drehte auf die Startbahn zu. Doch was war das? Mit dem rechten Rad sackte es weg und blieb im Boden stecken. Köhl nahm Gas weg. Augenblicklich begriffen Monteure und Arbeiter die fatale Lage und sprangen hinzu, um das Flugzeug aus der weichen Rollspur ruckweise herauszuzerren. Die Ursache lag an dem langen Frost, erst seit einigen Tagen war der Boden wieder aufgetaut. Jetzt, als es darauf ankam, nicht aufzufallen, mußte alles mächtig schnell gehen. Verdächtig viele Leute standen in der Nähe der „Bremen" herum, aber dafür brauchte man auch keinen Trecker zu holen. Endlich hatte man die W 33 auf die feste Rollbahn geschoben. Noch einmal Gas, und wieder raste sie über den weiten Platz.

Als sie kurz nach 8 Uhr vom Boden abhob, drang die Sonne durch den mor-gendlichen Dunst. Die Zurückbleibenden nahmen das als Zeichen des Glücks; mochte die „Bremen" ihr erstes Ziel, den irischen Flugplatz Baldonnel, ohne Schwierigkeiten erreichen.

Bald nach dem Start begann die Arbeit der Dienststellen in der Hauptstadt. Ein Beamter fand auf seinem Schreibtisch eine Meldung, die auf die emsige

Tätigkeit der „Bremen"-Monteure aufmerksam machte. Es bestand kein Zweifel, dieser Hinweis war schon am Sonntag eingelaufen. Der Beamte ließ sich bei seinem Vorgesetzten melden und trug ihm den Fall vor. Ein kurzes Überlegen, und dann die Entscheidung:

„Veranlassen Sie sofort die Beschlagnahme der ‚Bremen', Kennzeichen D 1167. Sicher ist sicher – und dann können wir ja weitersehen."

Man rief bei der Flugwache Tempelhof an und erhielt den Bescheid, daß sie bereits zu einem Probeflug nach Dessau gestartet sei. Unwillig vernahm der Beamte diese Nachricht und ließ dann den Tankwart an den Fernsprecher rufen. Das dauerte eine Weile und trug keineswegs zur Beruhigung der Herren bei. Doch als sie erfuhren, daß die „Bremen" nur 360 Liter getankt hatte, atmeten sie erleichtert auf. Damit konnte man wirklich nicht über den Ozean.

Sicherheitshalber sprachen sie noch mit dem Dessauer Werkflugplatz. Die W 33 mußte eigentlich schon dort sein. Auf jeden Fall sollte sie festgehalten werden, wenn sie eintraf. Aber sie landete nicht. Stunde um Stunde verrann. In Berlin wurde man nervös. Höhere Beamte fuhren hinaus nach Tempelhof, man mußte einen Schuldigen finden. Sie vernahmen mehrere Flugplatz-angestellte. Aber keine einzige Aussage brachte Licht in diese undurchsichtige Angelegenheit, gewiß, die Männer erzählten von der Geschäftigkeit, die dort geherrscht hatte. Aber schließlich war Köhl ja um 8 Uhr gestartet. Um 8 Uhr, wie an jedem der vergangenen Tage – zu einem Probeflug, das stand doch auch im Kontrollbuch. Das aufgeregte Gehabe der Beamten stieß auf wenig Verständnis – mit 360 Litern kommt man schließlich nicht nach New York.

Als man Frau Köhl anrief, die von ihrer Wohnung aus den Start verfolgt hatte, wurde man auch nicht schlauer.

„Ja, es handelt sich wohl um einen Probeflug", meinte sie.

Gut, daß die Herren ihr Gesicht nicht sehen konnten.

Wenn erst die Presse dahinterkam, war der Teufel los! Aber vorläufig konn-te noch alles gut gehen. Und wieder wurde ein Ferngespräch nach Dessau angemeldet.

„Nein, von der ‚Bremen' keine Spur!"

Wer weiß, vielleicht grinste man auch dort über die aufgeregte Telefoniererei.

Wo sie nun wirklich genau war, das wußten nur drei Menschen: Köhl, Hünefeld und Spindler.

Die ersten zwei Flugstunden waren glatt verlaufen. Guten Mutes steuerten sie westlichen Kurs. Bis Hannover hatten Felder, Wiesen und Straßen im

Sonnenschein ausgebreitet unter ihnen gelegen. Auf dem Mittellandkanal hatten Schlepper dicke Rauchwolken in den klaren Himmel gequalmt.

Aber jetzt behinderte Nebel die Erdsicht, und auch die „Bremen" war in den Dunst hineingeraten. Hermann Köhl überlegte, ob es nicht besser schien, zu wenden und in Dessau zu landen. Doch er verwarf schließlich den Gedanken, denn einmal waren sie jetzt endlich gestartet und zum anderen ergriff er diese Gelegenheit, um sich noch im Blindflug zu üben; denn über dem Atlantik konnte man auch nicht einfach umkehren, wenn man in ein Nebelfeld geriet.

Langsam zog Köhl die „Bremen" hoch. Im Verlaufe der nächsten dreiviertel Stunde kletterte der Höhenmesser bis auf 1600 Meter. Das milchige Grau des Nebels wurde immer heller, und schließlich stoben die letzten Wolkenfetzen am Kabinenfenster vorbei, und ein herrlich blauer Himmel öffnete sich über ihnen.

Dieses Emportauchen aus dem Dunst geschah so plötzlich, daß die drei Männer ihre Augen für einige Augenblicke schließen mußten. Unter ihnen wallte ein riesiges Wolkenmeer, in gleißende Helligkeit getaucht. Das Gefühl der Verlorenheit, das sie eben noch beherrscht hatte, wandelte sich bei dem Blick über die endlose Weite in eine feste Entschlossenheit. Sicherlich, auch hier flogen sie einsam, doch es war ein erhabenes Alleinsein in unvorstellbarer, geheimnisvoller Schönheit. So lebten sie nach den anstrengenden Tagen der Startvorbereitungen auf.

Und doch barg dieser schier grenzenlose weiße Wolkenhorizont eine nicht zu unterschätzende Gefahr. Irgendwo mußte er enden, wenn nicht die Besatzung bei einer Nebellandung umkommen sollte. In dieser Hinsicht glich der Dunst, der nur an seiner sonnenbeschienenen Oberfläche so herrlich aussah, dem Meer. Solange der Erdboden nicht zu sehen war, konnte er nicht als Landefläche dienen. Wenn der Flug ein glückhaftes Ende finden sollte, mußte der Dunstschleier irgendwo über England aufreißen. Diese Überlegungen beschäftigten Köhl. Er dachte ein wenig mißtrauisch an die letzten Wettermeldungen, die zumindest in der Nähe des Atlantiks bessere Sicht erhoffen ließen.

Das Kurshalten über einer geschlossenen Wolkendecke war nicht einfach, zumal wenn man auf jegliche Funkverbindung verzichtet hatte. Köhl schaute immer wieder nach rechts vorne, wo der Schatten der „Bremen" über das Nebelgewoge hüpfte. Er mußte nur darauf achten, daß das Flugzeug – genauer gesagt, die vordere Kante der rechten Tragfläche – einen bestimmten Winkel zum Schatten bildete. Dieser Winkel änderte sich entsprechend der von Ost nach West wandernden Sonne; Astronomen und Seeleute hatten ihn vorher eigens für diesen Flug errechnet.

Nach geraumer Zeit wurde der Horizont weit voraus unregelmäßig. Wolkentürme, die aus dem Nebelmeer herausragten, ließen vermuten, daß die gleichförmige Dunstschicht sich weiter im Westen auflöste. Und richtig, kaum zehn Minuten später hatten sie für kurze Zeit Erdsicht. Köhl erkannte Kanäle, wie mit dem Lineal gezogen. Das konnte nur Holland sein. Erleichtert sahen sich die Männer an. Das nennt man Navigation! Sie waren genau dort herausgekommen, wo sie nach ihrem Koppelkurs sei mußten: westlich von Amsterdam.

Die Wetterlage gestattete ein Tiefergehen, so drückte Köhl die „Bremen", langsam verlor sie an Höhe. Die Sicht war begrenzt. Immer wieder flogen sie durch Wolken, aber stets hatten sie für einige Augenblicke Gelegenheit, sich nach der Erdoberfläche zu orientieren. An der nebelverhangenen belgischen und französischen Küste ging es entlang, bis sie erneut in die Waschküche kamen. Kurz vor Calais zog Hermann Köhl die „Bremen" wieder hoch. Dreißig Kilometer breit war der Kanal an dieser Stelle. Es hatte keinen Zweck mehr, so tief zu fliegen, bis zweitausend Meter stiegen sie. Bald mußten sie über England sein.

Das große Stadtgebiet von London mit seinen Rauchschwaden gab ihnen den nächsten Anhaltspunkt. Die Hoffnung auf besseres Wetter erfüllte sich zur Zufriedenheit der Besatzung. Die Sonne brach durch, und wenige Minuten später konnten die Flieger kilometerweit über die grüne Parklandschaft sehen. Schafherden, durch das Motorengeräusch aufgeschreckt, hasteten wie sinnlos über die Weiden. In der klaren und reinen Luft konnte man jede Einzelheit erkennen. Doch als das Land anstieg, verschlechterte sich die Sicht. Unter einer geschlossenen Wolkendecke suchte die „Bremen" ihren Weg durch das Bergland von Wales.

Der fahlgraue Streifen am Horizont kündete schließlich die Irische See an. In wenig mehr als einer halben Stunde erreichten sie die „Grüne Insel". Als Köhl Dublin ausgemacht hatte, ging er sofort auf Südwestkurs, um den fünfzehn Kilometer entfernten Flugplatz Baldonnel zu erreichen.

Wenige Minuten später – man hatte sie schon gesichtet – hob ein irisches Flugzeug vom Boden ab und flog der „Bremen" entgegen. Der Pilot winkte aus dem offenen Sitz und wackelte mit den Tragflächen: kameradschaftliche Begrüßung. Köhl kreiste einige Male über dem Platz, um sich zu orientieren. Die Besatzung blickte auf das Barackenlager hinab, in dem die irische Fliegertruppe untergebracht war. Dann schwebten sie ein und landeten.

Bodenmannschaften, Piloten, Monteure, alles strömte herbei und umringte staunend den Ganzmetall-Tiefdecker. Die Gesichter drückten Bewunderung für dieses Flugzeug aus. Neuneinhalb Stunden hatte der Motor ohne die geringste Störung gelaufen. Mit einer Durchschnittsgeschwindigkeit von etwa 170 Kilometern in der Stunde war die Strecke von 1600 Kilometern zurückgelegt worden.

Überaus herzlich empfingen die Iren ihre Fliegerkameraden aus Deutschland. Welch ein Unterschied gegen die Stimmung in Berlin!

Hermann Köhl prüfte die Festigkeit des Bodens. Die „Bremen" war bei der Landung nur wenig eingesunken, aber immerhin schien der Boden doch nicht so hart wie im Februar.

Köhl und Hünefeld hatten nämlich schon vor wenigen Wochen Irland besucht, um den günstigsten Startplatz auszuwählen. Ein anderes an der Atlantikküste gelegenes Flugfeld kam nicht in Frage, da es nur für Sportflugzeuge ausreichte. In Baldonnel waren MacIntosh und Fitzmaurice im vergangenen Herbst abgeflogen, da würde auch die „Bremen" starten können. Man mußte mit dem Vorhandenen zufrieden sein. Eines stand fest, ideal war der Platz in Baldonnel keineswegs – von einem Vergleich mit der betonierten Startbahn in Dessau konnte nicht die Rede sein.

Major Fitzmaurice erklärte den Fliegern, daß es in den letzten Tagen viel geregnet hätte, es würde schon besser werden. Köhl und Hünefeld luden den irischen Kommandeur ein, die Maschine zu besichtigen. Fitzmaurice ließ sich das Innere der Kabine, so gut es ging, erläutern. Leider machte die Verständigung einige Schwierigkeiten. Belanglose Redensarten konnte er mit den Deutschen wechseln, dazu reichten Hünefelds und Köhls englische Sprachkenntnisse aus; doch wenn der Ire zum Beispiel die genaue Arbeitsweise des Wendekreisels erklärt haben wollte, dann haperte es. Aber an den Handbewegungen merkte er, daß dieses Gerät beim Flug ohne Bodensicht genau die Querlage der Maschine anzeigen sollte, aber auch grob die Längsneigung. Vor allem war Fitzmaurice an der Ganzmetallverkleidung interessiert. Er begriff ohne viele Worte, daß gerade dieses Duralumin-Blech dem Flugzeug eine hohe Festigkeit verlieh. Erfüllt von der genialen Konstruktion der „Bremen", konnte er nicht verhehlen, daß er von dem Gelingen des Atlantikfluges überzeugt war.

Während die Männer zur Offiziersmesse hinübergingen, fuhren zwei Lastwagen neben der Halle auf. Irische Soldaten schleppten einige Balken heran, und nach kurzer Zeit rollte ein Benzinfaß nach dem anderen von der Ladefläche. Die Menschen, die diesen Vorgang aus der Nähe beobachteten, konnten es nicht glauben, daß die „Bremen" derartige Mengen tanken und sich dann damit in die Luft erheben sollte. Soweit sie nicht vom Fach waren, schüttelten sie ungläubig die Köpfe. Daran, wie die Soldaten die Fässer zur Seite wuchteten, ließ sich ermessen, welch ein Gewicht in jedem einzelnen steckte. Werkmeister Weller meinte schmunzelnd:

„Die Kiste faßt gut ihre 2500 Liter, wenn es darauf ankommt."

Es handelte sich um Spezialtreibstoff, ein Benzin-Benzol-Gemisch. Bereits vor mehreren Wochen hatte man ihn nach Dublin verschifft.

Am Abend saßen die Deutschen mit den irischen Offizieren beim Willkommenstrunk zusammen. Der herzliche Empfang und die anerkennenden Bemerkungen, die ihrer „Bremen" galten, hatten sie freudig gestimmt; die beiden, denen die ganze Geheimniskrämerei in Tempelhof und Dessau zuwider gewesen war, konnten endlich aufatmen. Die drückende Last, die diese geraden Männer durch Mißgunst und Argwohn hatten ertragen müssen, fiel von ihnen. Es ist nun einmal entmutigend, unter Menschen zu leben, die kein Verständnis für ehrlichen Wagemut haben. Sicherlich hatten sie auch Freunde in Deutschland, mehr vielleicht, als sie dachten, doch die öffentliche Meinung war vielfach gegen sie.

Aber hier in Baldonnel trafen sie auf gleichgesinnte Männer. In dem Major Fitzmaurice glaubten sie einen Freund gewonnen zu haben.

Da der Start schon für die nächsten Tage vorgesehen war, begaben sie sich bald zu Ruhe. Die Junkers-Monteure, eigens von Dessau nach Baldonnel geschickt, kümmerten sich um die „Bremen". Das irische Bodenpersonal unterstützte sie dabei. Die vierzehn verschiedenen Treibstoffbehälter wurden in mühsamer Arbeit mit Handpumpen vollgetankt. Feinmaschige Siebe hielten jede Verunreinigung, die vielleicht noch im Benzin schwamm, zurück. Die Verkleidungsbleche am Motor wurden hochgeklappt, und Werkmeister Weller und sein Gehilfe, der Monteur Lengerich, untersuchten gründlich den Motor. Bei der ersten Morgendämmerung konnten sie „alles klar" melden.

Als dann aber das Flugzeug aus dem großen Schuppen herausgeschoben wurde und auf den Rasen rollte, sanken die Räder ein und blieben stecken. Alle Kraftanstrengung nützte nichts, der Boden gab immer mehr nach, schließlich saßen sie bis zu den Achsen in der regendurchweichten Erde.

Viele Menschen waren an diesem Morgen von Dublin herausgekommen, um die „Bremen" und die Flieger zu sehen. Sie hatten gehofft, Zeugen eines denkwürdigen Starts zu sein – vergeblich, es konnte nicht daran gedacht werden. Acht Tage Landregen hatte man vergessen einzukalkulieren.

Die Zeitungen hielten mit ihrer Enttäuschung nicht zurück. Hünefeld ließ sich daraufhin mit dem Londoner Büro der „United Press" verbinden, erläuterte die Gründe der Verzögerung und sagte zu, daß er die Presseagentur rechtzeitig vor dem Start benachrichtigen würde.

In der Nacht zum Mittwoch schliefen die Piloten in unmittelbarer Nähe der versiegelten Flugzeughalle. Irische Posten schritten vor den Eingängen auf und ab. Man wollte jede Beschädigung durch Neugierige oder andenken-

Die „Bremen" wird in Baldonnel aufgetankt

wütige Leute verhindern. Der Major hatte das ganze Lager mit Stacheldraht
einzäunen lassen, allerdings weniger aus Sicherheitsgründen, sondern weil
er wußte, daß die Besatzung vor solch einem anstrengenden Langstreckenflug Ruhe brauchte.

Welches Interesse dieser Ozeanflug auch in der englischen Öffentlichkeit
fand, mag man daraus ersehen, daß die Wetten bei Lloyd's in London fünf zu
zwei für das Gelingen standen.

In der folgenden Nacht wurde wieder durchgearbeitet. Die am Abend einge-
laufenen Wetterberichte lauteten nicht sehr günstig, trotzdem wollte man
am Donnerstag starten. Kurz vor 4 Uhr wurden die Flieger geweckt. Schnell
nahmen sie das Frühstück zu sich, doch kurze Zeit später ging schwerer
Regen nieder. Die Tropfen prasselten nur so auf die leichten Dächer der
Unterkünfte. Es schien, daß der Himmel gegen den Flug war. Als sie nach
draußen traten, begann es auch noch zu schneien. Mit Taschenlampen
leuchteten sie in die Finsternis: Schlackerschnee bedeckte den Boden.

Hünefeld versuchte, die zahlreichen Vertreter der Presse und der Behörden
zu benachrichtigen, daß der Start noch immer nicht erfolgen konnte.

Jetzt erst wurde es allen Beteiligten klar, welche Vorteile die betonierte Startbahn in Dessau geboten hatte. Der Platz mußte befestigt werden, wenn man nicht endlos warten wollte, bis der Boden austrocknete. Die „Grüne Insel" hieß nicht umsonst so, bei derartig reichlicher Feuchtigkeit mußten ja Wiesen und Weiden grünen.

Hünefeld trieb eine Dampfwalze auf, Lastwagen fuhren Schlacke heran, und dann schnaufte das tonnenschwere Ungetüm los, um die Schlacke festzuwalzen. Aber der Erfolg enttäuschte derartig, daß die Walze so schnell wie möglich wieder nach Hause geschickt wurde. Durch ihr Gewicht hatte sie nämlich die Nässe aus dem Boden herausgedrückt, so daß die Pfützen nur noch beharrlicher auf der Oberfläche standen.

Es half also nichts, es galt, sich zu gedulden. Man mußte auf besseres Wetter vertrauen, auf den Wind warten, damit er den durchweichten Platz soweit austrocknete, daß die „Bremen" auch mit der schweren Zuladung über den Rasen rollen konnte.

So wurde der Treibstoff in mühsamer Arbeit wieder aus den Tanks herausgelassen. Dadurch verminderte man das Abfluggewicht auf weniger als die Hälfte. Da in den nächsten Tagen sowieso nicht an den Ozeanflug gedacht werden konnte, wollte Köhl mit dem wesentlich erleichterten Flugzeug zumindest noch einige Probestarts durchführen. Er lud den Kommandeur ein, sich an diesen Versuchen zu beteiligen. Freudig überrascht stimmte Fitzmaurice zu. Er war begierig, die Junkers W 33 auch in der Luft kennenzulernen.

Am Freitag rollte die „Bremen" mit dröhnendem Motor über den feuchten Platz. Die Räder hinterließen noch verhältnismäßig tiefe Spuren. Aber ohne allzugroße Schwierigkeiten konnte Hermann Köhl abheben. Von dem rechten Pilotensitz aus beobachtete Fitzmaurice gespannt das Verhalten der W 33. Jeder Flugzeugtyp hat seine besonderen Eigenschaften, seine Vorteile und seine Nachteile. Aber diese Konstruktion schien ihm besonders robust zu sein. Seine Blicke hingen am Höhenmesser. Köhl zog kräftig. Der Zeiger des Gerätes begann langsam zu kreisen. Die beiden Flieger lachten sich zu. Dann ging Köhl auf Strecke, mit einer einladenden Handbewegung forderte er den Offizier auf, mitzusteuern. Spielend ließ sich die „Bremen" regieren. Fitzmaurice war begeistert.

Als sie landeten, erwartete Hünefeld sie schon mit Zeitungen und Briefen unter dem Arm: Post aus der Heimat. Sein Gesicht schien nichts Gutes zu verheißen.

„Na, Hünefeld, wie ist die Lage?"

"Schlecht, ausgesprochen schlecht, Köhl. Ihnen hat man das Tempelhofer Abenteuer mehr als übel genommen!"

„Hab' ich mir gedacht! Schreiben alle Zeitungen in diesem Sinne?"

„Nein, nein, das kann man nicht sagen. Die meisten verhalten sich abwartend. Hier ist übrigens ein Brief von Ihrer Frau."

„Mann, das sagen Sie erst jetzt? Her damit!"

Hermann Köhl riß den Umschlag auf und las. Seine Frau war jedenfalls, wie nicht anders zu erwarten, mit seiner Handlungsweise einverstanden.

Noch ein anderes Schreiben war an ihn adressiert. Irgend jemand hatte sich veranlaßt gefühlt, von dem Fluge dringend abzuraten:

„Ihr Vorhaben, den Ozean vom Osten nach dem Westen zu überqueren, ist nicht nur, wie die Blätter sagen, tollkühn, sondern schlichtweg irrsinnig! Ihr Plan verdient mit den schärfsten Worten verurteilt zu werden, weil er völlig zweck- und sinnlos ist. Ein tolles und blindes Rennen in den sicheren Tod, dem nur blanker Zufall zu entrinnen erlauben würde, ist keine verantwortungsvolle Angelegenheit, sondern ein läppisches, kindisches Unterfangen, das nur ein Verblendeter sich selbst zum Verdienst auslegen wird. – – –

Ihre ‚wagemutige Tat' wird als üble Rekordjägerei aufgefaßt, und weiter ist sie auch nichts. Es kommt ja schließlich nicht darauf an, ob zu den abgesoffenen 34 Ozeanfliegern noch zwei oder drei hinzukommen. Was spielt überhaupt ein Menschenleben für eine Rolle! – – –

Gerade wenn ich in Ihnen einen Kerl von echtem Schrot und Korn vermuten darf, hoffe ich, daß die Besinnung in letzter Stunde eintreten wird und Sie Ihr albernes, zweckloses und zu sicherem Mißlingen von vornherein verurteiltes Vorhaben aufgeben werden."

Darüber, daß man ihn so gering einschätzte, wurde Köhl für Augenblicke rot vor Zorn. Hünefeld, selber sehr erregt, wollte seinen Gefährten beruhigen.

„Ach was, Hünefeld, wir sind uns doch einig. Nichts wird aufgegeben. Wir fliegen! Einer muß der erste sein, der den Nordatlantik von Ost nach West überwindet. Und wir werden die ersten sein. Daß wir noch einige Tage warten müssen, ist eine andere Sache. Der Probeflug hat nämlich ergeben, daß die Startstrecke bei voller Zuladung nur sehr knapp ausreicht."

Und schon war Hermann Köhl wieder der alte kühle Rechner, der mit kaum zu überbietender Sachlichkeit an die Probleme heranging.

„Kommen Sie, Hünefeld, ich zeig' Ihnen das mal. Sehen Sie dort zwischen den Hallen den zementierten Platz?"

„Natürlich, was haben Sie vor?"

„Wie lang mag er sein, was schätzen Sie?"

„Na, vierzig, fünfundvierzig Meter?"

„Ja, und da stellen wir die Kiste hin. Dann Pulle 'rein und Vollgas. Auf diese Weise kriegen wir so viel Fahrt drauf, daß – – –"

„– – – die „Bremen" nicht so tief in den Rasen einsinkt!"

„Genau das, Hünefeld. Dann starten wir also nicht in Ost-West-, sondern in Nord-Süd-Richtung. Die südlichen Winde scheinen ja sowieso zur Zeit vorzuherrschen. Es stört nur noch die Mauer dahinten, die muß eingerissen werden, dann haben wir noch einmal siebenhundert Meter zur Sicherheit. Wie finden Sie das, Hünefeld?"

„Ausgezeichnet, Köhl, das ist *die* Idee. – Klar, so geht es!"

„Vielleicht muß man noch hier an der Zementbahn den Boden einebnen, vielleicht mit Balken befestigen."

„Vor einer Woche wird es dann also nichts mit dem Flug?"

„Nein, kaum. Gehen wir auf Sicherheit!"

„Restlos einverstanden, lieber Köhl, lassen wir also alle Ungeduldigen warten."

„Was lange währt – – –, na, Sie wissen ja."

Am Sonnabend teilte Hünefeld der Presse mit, daß die „Bremen" vorläufig nicht starten würde, jedenfalls nicht zum Ozeanflug. Auf dem Platz begann eine emsige Tätigkeit. Verhandlungen wegen der Mauer gestalteten sich schwierig, da der Besitzer der angrenzenden Weiden sie sehr ungern beseitigen wollte. Schließlich kaufte Hünefeld die Mauer kurz entschlossen für fast tausend Mark, und die Soldaten machten sich daran, sie auf einer Länge von siebzig Metern restlos umzulegen. Und die Steine mußten dann auch noch abgefahren werden.

Am Anfang der Startbahn verlegten andere Trupps Eisenbahnschwellen dicht an dicht und verlängerten so die zementierte Anlaufstrecke. Gräben, die in der Startrichtung den Flugplatz und die dahinter liegenden Weiden durchzogen, wurden zugeschüttet. Köhl überwachte diese Arbeiten, besonders achtete er darauf, daß die Erde festgestampft wurde, damit die Maschine beim Start nicht darin steckenblieb und einen unfreiwilligen Kopfstand machte. Bei den Versuchsflügen vermied er es, die vorbereitete Bahn zu benutzen. Obwohl nur mit wenig Treibstoff in den Tanks geflogen wurde, ließ es sich kaum vermeiden, daß die Räder bei Start und Landung Spuren hinterließen.

Der endgültige Abflug mußte also ohne praktische Erprobung des zulässigen Startgewichts erfolgen. Das belastete Köhl sehr stark. In Dessau hatten sie sich, noch dazu unter wesentlich besseren Bedingungen, an das größtmögliche Startgewicht herantasten können. Sie hatten genau gewußt, welche Zuladung sie der Maschine zumuten durften. Aber hier? Eines stand fest, der Start war einer der gefährlichsten, wenn nicht überhaupt der riskanteste Augenblick des ganzen Fluges. Langsam schlichen die Tage dahin. Hünefeld wurde immer ungeduldiger. Köhl aber bremste den Tatendrang seines Gefährten.

Warten auf günstiges Wetter

Der Flugplatz mußte erst fix und fertig sein. Dank der Hilfe der irischen Soldaten gingen die Arbeiten den Umständen entsprechend schnell voran. Der Eifer dieser Männer war bewundernswert. Man konnte denken, daß es sich um einen irischen Flug handelte.

Besonders Fitzmaurice war zu jeder Hilfe bereit. Eigentlich galten Köhl und Hünefeld doch als seine Konkurrenten; denn natürlich hatte auch der Major seine Ozeanflugpläne noch nicht aufgegeben. In diesen Tagen wußte er, daß er seine eigenen Pläne gerade durch die großzügige Unterstützung, die er den Ausländern gewährte, mit großer Wahrscheinlichkeit zum Scheitern brachte. Denn nur einer konnte der erste sein.

Köhl und Hünefeld dachten daran, was wohl in dem Manne vorgehen mochte, dem die Fliegerkameradschaft wichtiger war als der eigene Ehrgeiz, wichtiger als der persönliche Erfolg. So boten die beiden Deutschen dem irischen Kommandeur eines Abends an, mit ihnen nach Amerika zu fliegen. Dem Major verschlug es für Sekunden die Sprache. Erst mußte er einige Male schlucken: Das war ja nicht zu fassen – mit *dem* Flugzeug. Fast wollte er den beiden, von denen ihn eigentlich nichts als die fremde Sprache trennte, um den Hals fallen. War das denn möglich? Unfähig, auch nur ein einziges Wort zu sagen, nickte er eifrig mit dem Kopf. Ein Leuchten ging über sein Gesicht. Angenommen! Selbstverständlich angenommen! Da gab es doch keine andere Entscheidung. Umständlich schnaubte er sich die Nase.

Natürlich mußte der Major noch seine vorgesetzte Dienststelle um Zustimmung bitten. Aber der Urlaub dürfte wohl genehmigt werden. Freiherr von Hünefeld und Hermann Köhl freuten sich über die Bereitwilligkeit des Kommandeurs und versprachen aus begreiflichen Gründen, die Sache vorläufig noch geheimzuhalten.

In den nächsten Tagen sah man die drei immer wieder beisammen. Ein Dolmetscher unterstützte sie bei den Gesprächen, denn jetzt kam es darauf an, daß keine der technischen Erläuterungen falsch verstanden wurde. Einen regelrechten Schnellkursus ließ Fitzmaurice mit Freude über sich ergehen. Er mußte sich mit der technischen Einrichtung der W 33 vertraut machen. Sie hockten in der Kabine, und Köhl ließ nicht eher locker, bis der Ire alle Handgriffe beherrschte und die Ausschläge der deutschen Instrumente richtig deuten konnte. Die Arbeitsweise der Blindfluggeräte lernte er bei der praktischen Erprobung in der Luft kennen. Als altem Flieger fiel ihm das nicht schwer, aber Hermann Köhl drängte auf genaue Kenntnis, damit Mißverständnisse in entscheidenden Flugstunden nicht zur Katastrophe führten.

Zu Ostern traf auch noch Ingenieur Schinzinger in Baldonnel ein. Die Junkers-Werke hatten ihm einen längeren Festurlaub gewährt, damit er die Piloten bei den letzten Vorbereitungen unterstützen konnte.

So verging Tag auf Tag. Wenn doch nur dieses Warten, dieses elende Warten nicht gewesen wäre.

Bremsklötze weg

Am Abend des 11. April trat James C. Fitzmaurice mit seinen beiden deutschen Gefährten aus dem Offizierskasino. Köhl blickte zum Himmel. Im Westen leuchtete die Sonne goldigrot. Um den Wind zu prüfen, bückte er sich, zupfte einige Grashalme ab und warf sie in die Höhe. Der Freiherr rauchte mit Genuß seine Zigarre und beobachtete das zufriedene Gesicht des Bayern, dem das lange Warten nichts auszumachen schien.

Seit sechzehn Tagen lebten die Deutschen nun schon als Gäste des irischen Fliegerkorps in Baldonnel. Die Zeit wurde lang. Am frühen Morgen hatten sie sich den Platz genau angesehen. Die Rollbahn war soweit abgetrocknet, daß man an einen Start denken konnte.

Der Major meinte, daß die Wolken keinen Regen mehr erwarten ließen. Statt einer Antwort nickte Hünefeld nur und dachte:

„Hoffentlich kommen keine dieser wasserreichen Schauer mehr, die einen in Minutenschnelle bis auf die Haut durchnässen."

Da hörten die drei Männer eilige Schritte hinter sich. Eine Ordonnanz trat auf den Kommandeur zu und überreichte ihm die eben eingelaufene Wettermeldung des britischen Luftfahrtministeriums. Aus dem Gesicht des Iren versuchten die Deutschen zu erraten, was sie diesmal brachte. Hünefeld kaute auf seiner Zigarre und begann vor Ungeduld zu paffen. Seit Tagen war er gewohnt, daß der Major mißmutig den Kopf schüttelte.

Fitzmaurice las zum zweiten Mal, dann winkte er vergnügt blinzelnd den Dolmetscher heran. Aufmerksam horchten Köhl und Hünefeld auf die Übersetzung des Textes:

„Über der Osthälfte des Ozeans ein Hoch in Bildung. Windstärke über der Wasseroberfläche nur noch etwa zwanzig bis fünfundzwanzig Meilen in der Stunde, wahrscheinlich weiterhin abflauend. Östlich und nördlich von Neufundland starke, niedrige Bewölkung, die bis nach New York herunterreicht. Ausgedehnte Regenzonen zwischen Labrador und New York. Zwischen Grönland und Kanada ein Tiefdruckgebiet, das sich anscheinend nach Süden schiebt."

Der Dolmetscher hatte geendet. Drei Männer sahen sich in die Augen, sekundenlang. Mit seiner ruhigen Stimme unterbrach Hermann Köhl die Stille – jedes einzelne Wort betonend:

„Wir werden fliegen, morgen früh!"

Und jetzt überstürzten sich die Worte. Fitzmaurice lachte, die drei waren wie verwandelt.

Der Freiherr schlug Köhl auf die Schulter. Die beiden Deutschen hakten ihren irischen Freund ein und eilten ins Kasino zurück.

Übermütig stießen sie die Tür auf, und Fitzmaurice brüllte in den Raum:

„Die Peitsche knallt, die Pferde ziehen an, die Räder drehen sich!"

Wie elektrisiert starrten die Offiziere ihn an, so hatten sie ihren Kommandeur lange nicht gesehen.

„Um 5 Uhr morgen früh geht es nach den guten alten USA."

Der Jubel übertönte jedes weitere Wort. Ein Stuhl stürzte um – was tat es. Im Nu waren die drei umringt, der Wetterbericht wurde noch einmal verlesen.

In Blitzesschnelle verbreitete sich die Kunde im Lager. Ordonnanzen stellten den Abschiedstrunk bereit. Pfropfen knallten.

Hünefeld eilte hinaus, um zu telefonieren. Ungeduldig schlug er auf die Hörergabel, als sich das Amt nicht sofort meldete. Dann ließ er sich mit dem Hotel in Dublin verbinden. Hier, in der Nähe von Baldonnel, wohnte sein Freund, der Journalist Kurt Jentkiewicz.

95

„Ja, Fräulein, geben Sie mir bitte Herrn Jentkiewicz."

Es dauerte eine ganze Weile, bis er erfuhr, daß man ihn nicht finden konnte.

„Fräulein, hören Sie? Ich warte hier in Baldonnel auf ihn. Es ist eilig, sagen Sie ihm, er soll sofort auf dem Flugplatz anrufen."

Ärgerlich legte der Freiherr den Hörer auf und suchte nach einer neuen Zigarre. Er war erregt. Der sonst so geheiligte Ritus des Zigarrenabschneidens fiel weg, der Einfachheit halber biß er die Spitze kurzerhand ab.

„Diese Zeitungsleute, wenn man sie braucht, sind sie nicht da. Natürlich, ausgerechnet jetzt irgendwo in Dublin!"

Wenige Minuten später griff Hünefeld erneut nach dem Hörer. Schnell kam er zum Hotel durch.

„Ja, Fräulein, ich möchte Herrn Jentkiewicz. Und sagen Sie ihm, es ist verdammt eilig. Ja, hier Hünefeld."

Er horchte in den Apparat. Noch immer nichts? Blitzartig hellte sich dann sein Gesicht auf:

„Ja, Menschenskind, Jenky, hab' ich Sie endlich. Eine Ewigkeit telefoniert man hinter Ihnen her. Ich möchte wissen, wofür Sie bezahlt werden."

Mehr scherzhaft als ernst war das gemeint.

„Also, Jenky, es geht los. Wenn das Wetter so bleibt, starten wir. Südöstlich von Neufundland liegt ein Tief, aber das wird davongezogen sein, bis wir hinkommen."

Hünefeld horchte auf die Antwort. Dann nickte er lebhaft.

„Ja, wir starten morgen früh um 5 Uhr. – – – Auf morgen denn, gute Nacht, Jenky!"

Befriedigt legte Hünefeld auf. Schon bald wollte er zu Bett gehen, denn jetzt war Ruhe nötiger denn je. Ob er wohl schlafen konnte?

In der Offiziersmesse saß der Major mit seinen Kameraden zusammen. Er nippte nur am Glase. An der Unterhaltung, die sich um die kommenden Ereignisse drehte, beteiligte er sich kaum.

Allmählich kam eine richtige Abschiedsstimmung auf, und die Offiziere begannen zu singen. Klänge einer Handharmonika begleiteten Soldatenlieder und Volksweisen.

Von draußen trat ein Captain ein. Wassertropfen glitzerten auf seinem Mützenschirm. Besorgt zog Fitzmaurice ihn zu sich heran:

„Was? Regnet es?"

„Ist nicht so schlimm, wird bald vorübergehen", erwiderte der Captain und begleitete seinen Kommandeur nach draußen. Durch die geöffnete Tür fiel Licht auf den Vorplatz. Diesig war es. Der Regen klatschte hernieder, und kleine Blasen standen auf dem Pflaster.

„Endlich ist die Rollbahn soweit abgetrocknet, daß wir starten können – – –, und nun dieser Regen!"

Das eben noch so frohe Gesicht des Majors verfinsterte sich. Er fröstelte in der Nachtkühle, wandte sich wieder zum Eingang und lud den Captain ein: „Komm 'rein, wir trinken noch ein Glas."

Die Zeit verging. Der Kommandeur liebte diese Abende unter seinen Offizieren. Schließlich mahnten sie aber:

„Es wird spät, Fitz. Geh' zu Bett."

„Ja, Sie müssen ausschlafen, Sie sind müde."

Fitzmaurice fuhr auf:

„Nicht die Spur, erstens ist es lächerlich, so früh schlafen zu gehen, und zweitens weiß ich, daß ich doch nicht schlafen kann. Warum soll ich mich heute um das kümmern, was morgen ist. Wir wollen weitermachen wie immer!"

Keiner konnte etwas daran ändern. Im Kameradenkreis wollte der Kommandeur die letzten Stunden des Tages verbringen. Erst kurz nach Mitternacht begab er sich zur Ruhe.

Gegen 3 Uhr morgens näherte sich ein Wagen dem Flugplatz. Über die einsame Straße huschten die Strahlen der voll aufgeblendeten Scheinwerfer. Singende Reifen spritzten das Pfützenwasser nach beiden Seiten. Zum Glück hatte es wenigstens aufgehört zu regnen. Der Wagen bog in den Weg zum Lager ein. Neben dem Fahrer saß Jentkiewicz, er sah sich nach den Lichtern des Camps um, in dem englische, irische und amerikanische Zeitungsleute seit Tagen lebten. Auf keinen Fall wollten sie den Start versäumen. Das war ein elendes Warten. Sie hockten in ihren zugigen Wagen, fest in warme Decken eingedreht – – – arme Kerle!

Vor dem Eingang zum Fliegerlager hielt der Wagen. Aus der Dunkelheit tauchte ein Offizier auf und wollte dem nächtlichen Besucher höflich, aber bestimmt den Zugang verwehren. Der Erlaubnisschein, vom Kommandeur Fitzmaurice unterschrieben, wirkte Wunder. Zuvorkommend wurde der Journalist durchgelassen. Er schlug den Mantelkragen hoch und ging ins Lager. Die Fenster des Kasinos waren hell erleuchtet. Stimmengewirr tönte ihm entgegen. Vorsichtig den Wasserlachen ausweichend, stapfte er weiter.

In einer Baracke brannte auch noch Licht. War das nicht Köhls Zimmer? Er ging heran und reckte sich, um über die Milchglasscheibe hinwegsehen zu können. – – – Richtig! Ingenieur Reginald Schinzinger und Hermann Köhl unterhielten sich leise. Köhl lag flach ausgestreckt, aber schon halb angezogen auf seinem Feldbett. Jentkiewicz klopfte an die Scheibe:

„Guten Morgen!"

„He! Was machen Sie denn da draußen in der Dunkelheit?" fuhr Köhl hoch. Freundlich lachte ihn der Journalist an.

„Sagen Sie, wie steht der Wind?" fragte der Bayer sofort hinterher und klopfte auf sein Taschenbarometer.

Jentkiewicz schüttelte den Kopf, zuckte die Achseln und entgegnete:

„Nein, nichts! Kein Wind!"

Hermann Köhl sprang auf und sah aus dem Fenster. Im Osten wurde der Himmel schon ein klein wenig hell.

„Wenn kein Wind aufkommt, kriege ich die ‚Bremen' nicht hoch, das ist unmöglich!"

Reginald Schinzinger machte ein bedenkliches Gesicht:

„Hoffentlich ist der Platz nicht wieder vollkommen aufgeweicht."

Köhl schüttelte unwillig den Kopf:

„Wie lange sollen wir denn hier noch herumsitzen!"

Auch Kurt Jentkiewicz sorgte sich, aber er wollte die beiden allein lassen, er konnte ihnen nicht helfen, nicht einmal raten. So wandte er sich nach den Flugzeughallen, die jenseits des Lagers im Lichte einiger heller Scheinwerfer weithin zu erkennen waren. Unter Anweisung der deutschen Monteure hatten etwa fünfzig irische Soldaten die „Bremen" schon aus der Halle herausgeschoben und sie auf dem zementierten Platz abgestellt. Als der Journalist näherkam, konnte er gerade noch beobachten, wie das Kühlwasser aufgefüllt wurde. Weller stand auf einer Leiter und ließ sich einen vollen Behälter anreichen. Ein Posten achtete darauf, daß niemand rauchte.

Der Flugplatz bot ein eigenartiges Bild. In Richtung der Startbahn liefen viele Soldaten mit Lampen umher. Jedes, auch das kleinste Hindernis mußte entfernt werden, war es nun ein Stück Draht oder ein Stein. Noch einmal ging Jentkiewicz die gesamte Strecke ab. So wie er es von den Piloten gesehen hatte, probierte er mit dem Absatz die Festigkeit des Bodens. Ob der nächtliche Regen etwas geschadet hatte? Ob die „Bremen" wohl heute zum Start ansetzten würde? Noch immer regte sich kein Wind. Gemächlich zog eine Schafherde über den Platz. Die Tiere sollten das Gras kurz halten; eine einfache und zuverlässige Methode. Jede Kleinigkeit registrierte Jentkiewicz, um alle Geschehnisse dieses Morgens ausführlich nach Deutschland kabeln zu können. Dann schlenderte er wieder auf das Lager zu.

Geschäftig eilten Offiziere und Soldaten hin und her. Als der Journalist wieder an Köhls Fenster kam, rief ihm Hünefeld zu:

„Guten Morgen, Jenky. Einen Augenblick, ich komme!"

Bereits für den Flug gerüstet, trat er wenig später aus der Tür. Bedächtig zog der Freiherr an seiner Zigarre. Ruhig und beherrscht schien er, jedenfalls

Soldaten der irischen Luftwaffe bringen die „Bremen" zum Startplatz

äußerlich. Der kurze Pelz konnte seine schlanke Gestalt kaum verbergen. Grüßend dippte er mit der Hand an seine blaue Jachtmütze: ein etwas merkwürdiger Aufzug für einen Ozeanflieger – aber praktisch.

Die Freunde drückten sich die Hand. Hünefeld sagte nicht viel. Die aufgekratzte Lebendigkeit, die man sonst von ihm gewohnt war, fehlte fast vollständig. So kannte man ihn gar nicht. Langsam gingen die beiden hinüber zum Kasino. Erbarmungslos hätte jetzt jeder andere Reporter die Gelegenheit genutzt und den Flieger ausgefragt, über seine Gedanken, über die Aussichten, über das Wetter und über Belanglosigkeiten, die vielleicht kaum etwas mit dem Flug zu tun haben. Jentkiewicz hielt sich zurück. Und Hünefeld war ihm dankbar dafür. Er brauchte jetzt jemanden, der ihn verstand, einfach jemanden, der bei ihm war – auf keinen Fall aber einen Menschen, der auf ihn einredete. Der Journalist hörte auf die leise, aber feste Stimme seines Freundes, einige Bekannte sollte er grüßen.

„Sehen Sie noch einmal in meinem Zimmer nach, Jenky – – – und die Zigarren, die da liegen, stecken Sie sich ein."

Dann wieder Schweigen. Beim Kasino angekommen, dankte Hünefeld seinem Freunde. Wofür, war nicht ganz klar. Vielleicht für die wenigen Minuten der Ruhe?

„Und Jenky, wir wollen uns hier verabschieden, nicht nachher dort oben. Ich liebe diese Abschiedsszenen nicht."

Ein fester Händedruck – zwei Männer blickten sich in die Augen.

„Leben Sie wohl!"

„Sie schaffen es, Hünefeld!"

Betont und voller Gewißheit setzte Jentkiewicz hinzu:

„Auf Wiedersehen!"

Hünefeld nickte, ein Lächeln huschte über sein Gesicht, und dann wandte er sich ab.

Hermann Köhl betrat kurz nach 4 Uhr das Kasino. Von den irischen Offizieren, die sich die Nacht um die Ohren geschlagen hatten, wurde er mit Hallo begrüßt. Den neuesten Wetterbericht gab ihm James C. Fitzmaurice während des gemeinsamen Frühstücks herüber. Halblaut übersetzte der Dolmetscher:

„Wind bis 15 Grad westlicher Länge hauptsächlich zwischen Süd und Ost mit Windstärke 5 (28–35 km/h) an der Meeresoberfläche und Windstärke 8 (56–66 km/h) in 600 Meter Höhe.

Westlich des 30. Längengrades abnehmende Winde gegen New York zu. Auf der ganzen Strecke wolkig bis bedeckt. Wolkenhöhe zumeist 300 bis 600 Meter über dem Meeresspiegel.

Auf dem 20. Längengrad leichter bis mäßiger Regen wahrscheinlich. Allgemeine Sicht 10 bis 20 Kilometer, abgesehen von Niederschlagsgebieten. Keine Gefahr für Nebel, Eisbildung oder Hagel. Barometerschwankungen sind derart, daß ein Irrtum in der Höhenmessung zugunsten der ‚Bremen'-Besatzung sein wird."

Köhl sah zum Major hinüber: Kein Zweifel mehr, es wurde geflogen. Einen etwas übernächtigten Eindruck machte Fitzmaurice. Der Freiherr ließ sich beim Essen Zeit. Seinen überempfindlichen, durch Operationen geschwächten Magen durfte er nicht überanstrengen. Auch Hermann Köhl nahm nur wenig zu sich, schlürfte aber in langen Zügen den ausgezeichneten Tee. Zwischendurch schrieb er noch einen herzlichen Gruß an seine Frau ins Tagebuch. Schinzinger nahm es an sich und versprach, die Aufzeichnungen, es handelte sich hauptsächlich um Wetterbeobachtungen, an Frau Köhl weiterzuleiten.

Nach dem Frühstück brachte ein Auto die drei Flieger in schneller Fahrt zum Flugplatz. Soldaten salutierten. Der erste Blick galt dem Windsack, der noch immer schlaff herabhing. Hermann Köhl ging um das silbergraue Flugzeug herum und reichte dem Werkmeister Weller und dem Monteur Lengerich die Hand. Er prüfte, ob alles in Ordnung war, und strich mit der Hand über das spiegelglatte Metall des Propellers. Wegen des Starts sorgte er sich. Würde der Motor es bei der Windstille schaffen? Nach einer kurzen Beratung mit dem Ingenieur entschloß er sich, hundert Kilo Treibstoff abzulassen. Es half nichts, das Risiko war sonst zu groß. Ein leeres Benzinfaß wurde herangerollt, das weitere geschah in wenigen Minuten. Die Einbuße an Reichweite mußte in Kauf genommen werden.

Um die Steuerung zu kontrollieren, stieg Hermann Köhl in den Pilotensitz. Die Querruder an den Flächenenden bewegten sich wechselseitig beim

Eine halbe Stunde vor dem Start

Drehen des Handrades. Als es nach vorn gedrückt wurde, zeigte das Höhenruder nach unten. Draußen winkte Lengerich: In Ordnung! Köhl zog das Handrad. Wieder winkte der Monteur, als er sah, daß sich das Höhenruder nach oben drehte. Dann trat Köhl abwechselnd in die beiden Pedale, das Seitenruder schwang hin und her. Lengerich gab das Handzeichen: Alles klar!

Köhl stieg wieder heraus. Einige Seekarten breitete er auf der Tragfläche aus. Seine rechte Hand fuhr über das glatte Papier. In tiefes Nachdenken war er versunken, der rege Betrieb, der um ihn herum herrschte, konnte ihn nicht stören. So, wie er sich in seinem verschossenen Soldatenpelz an das Flugzeug lehnte, bot er ein eigenartiges Bild. Als Reginald Schinzinger auf ihn zutrat, murrte der Bayer mit einem Blick zum Windsack:

„Noch immer kein Wind!"

„Es wird auch so gehen, die Startbahn reicht aus!" entgegnete der Ingenieur und nickte ihm ermutigend zu.

Die Fähnchen, die die Startbahn kennzeichneten, waren noch nicht alle zu erkennen. Nur langsam wich die Dämmerung, der Abflug verzögerte sich noch etwas. Hünefeld sah zum Himmel, die letzten Minuten schienen ihm, dem das Warten so schwer fiel, endlos lang. Allmählich wurde er nervös. Fast ein Jahr hatte er sich gedulden müssen. Untätig sein war ihm seit jeher ein

Greuel gewesen. Dieses Warten! Wenn nur das Warten, diese aufreibende Spannung vor dem Start, nicht gewesen wäre.

Der deutsche Konsul trat auf den Freiherrn zu. Jetzt mußte er, der mit seinen Gedanken ganz woanders war, auch noch repräsentieren. Der irische Staatspräsident reichte ihm die Hand. Er wurde Regierungsbeamten vorgestellt. Äußerlich gefaßt und liebenswürdig verabschiedete er sich von all' den bekannten und unbekannten Persönlichkeiten, die nach Mitternacht aus Dublin herbeigeeilt waren.

Die Bevölkerung drängte sich hinter den prominenten Vertretern der irischen Öffentlichkeit. Kopf an Kopf standen die Menschen, von einer starken Postenkette zurückgehalten. Mit allen möglichen Verkehrsmitteln, Lastwagen, Autos und Fahrrädern hatten sie sich auf den Weg gemacht, um die drei Flieger starten zu sehen.

Pressevertreter versuchten, an Hünefeld heranzukommen, aber es war vergeblich, er schwieg höflich. Auch Köhl mußte die Abschiedszeremonie über sich ergehen lassen. Herzlich wünschte ihm der Staatspräsident ein gutes Gelingen des Fluges. Dann kletterten die beiden über die linke Tragfläche in die „Bremen", verteilten Kissen auf alle drei Plätze und verstauten die Thermosflaschen und die Verpflegungspakete in Hünefelds Reichweite.

Köhl saß am Steuer. Lengerich und Weller drehten mit kräftigen Griffen den Propeller. Auf das dritte „Frei" sprang der Motor an. Kurze Flammen schlugen aus den Auspuffstutzen. Einige wenige unregelmäßige Explosionen knallten über den Platz. Dann begann der Motor rund zu laufen. Köhl zog das Höhensteuer und trieb ihn auf Touren. Das Flugzeug zitterte hinter den Bremsklötzen. Der Propellerwind fegte den Platz hinter der „Bremen" leer. Menschen hielten ihre Hüte fest, Hosen flatterten. Als vielfaches Echo warfen die Hallenwände das Motorengebrüll zurück. Sein eigenes Wort konnte man nicht verstehen. Minutenlang ging das so. Alles schien in Ordnung zu sein. Köhl nahm den Gashebel zurück. Der Lärm ebbte ab. Langsam lief der Motor weiter.

Unterdessen verabschiedete sich Fitzmaurice von Frau und Tochter. Mit totenblassem Gesicht sagte seine Lebensgefährtin:

„Viel Glück, Fitz, ich weiß, daß du es machen wirst!"

Schon einmal hatte sie ihn zum Ozeanflug starten sehen. Damals hatte ihn ein gnädiges Schicksal zurückgeleitet.

Buchstäblich im letzten Augenblick eilte ein Reporter, dem es gelungen war, die Absperrungsmannschaften zu überlisten, auf den Kommandeur zu:

„Herr Major, glauben Sie an das Gelingen des Fluges? Wann werden Sie in New York landen? Werden Sie eine Fluglinie eröffnen, wenn Sie Erfolg haben?"

Begierig zückte der Berichterstatter den Bleistift. Seine Blicke hingen an den Lippen des Kommandeurs. Aber dem fiel just im rechten Augenblick die berühmte Bemerkung des ersten Motorfliegers Wilbur Wright ein. Und so antwortete er mit einem spitzbübischen Lächeln:

„Der Papagei ist der Vogel, der am meisten spricht und am schlechtesten fliegt!"

Mit diesen Worten drehte sich Fitzmaurice um, winkte seiner Frau und seiner kleinen Tochter zu und eilte mit federnden Schritten an das Flugzeug.

„Glückauf und Erfolg, Jungs!" schallte es ihm nach.

„Grüßt uns die Yankees!"

Auf der Tragfläche stehend, schwenkte er noch einmal seine Offiziersmütze. Dann zwängte er sich in den Pilotensitz. Köhl half, denn der Pelz mit dem großen Kragen hinderte ihn etwas.

Die Soldaten begannen den Platz zu räumen, alles mußte zurück. Zwei Militärautos fuhren pausenlos die Postenkette auf und ab, um ein Vordrängen der vielen Zuschauer zu verhindern. An der „Bremen" standen nur noch die Monteure und zwei Geistliche, ihre Kleidung flatterte im Propellerwind. Hünefeld konnte aus seinem Fenster erkennen, wie drei Lastwagen, besetzt mit Mannschaften, auffuhren. Er biß die Lippen zusammen. Ein nicht gerade beruhigender Anblick: Feuerlöschgeräte, Äxte, Sägen und Krankentragen.

Köhl verriegelte die Einstiegklappe. Jetzt war alles fertig. Er gab Fitzmaurice einen freundschaftlichen Stoß. An den fünf Fingern der linken Hand zählten sie gemeinsam ab, was der Ire in den nächsten Minuten noch zu tun hatte. Er nickte, alles war klar. Hünefeld zog die deutsche Handelsflagge und die irische Nationalflagge ein. Das galt als Zeichen für die Lastwagenkolonne, die Motoren anzuwerfen.

Köhl sah auf Weller, der mit gespanntem Blick aus übernächtigten Augen auf ihn starrte. Ein knappes Winken mit der Hand. Der Monteur zog die Bremsklötze weg. Dann das Armzeichen Wellers:

„Bremsklötze sind weg! Frei!"

Köhl dreht sich noch einmal nach Hünefeld um, der zwischen den Tanks liegt, nickt seinem irischen Gefährten zu und schiebt den Gashebel vor. Der Motor heult auf. Schwerfällig setzt sich die „Bremen" in Bewegung und durchrollt, immer schneller werdend, die vierzig Meter der zementierten Anlauffläche. In den ersten Augenblicken will das Flugzeug nach rechts ausbrechen. Köhl steuert dagegen. Die Tragflächen schwanken, als sie die Grasfläche erreichen. Immerhin hat die „Bremen" schon so viel Fahrt, daß die Räder nicht wesentlich einsinken.

Die Lastwagen, auf denen die Rettungsmannschaften sitzen, beginnen ein Wettrennen mit dem startenden Eindecker. Unter ihren Rädern zersplittert eine Begrenzungsflagge.

Die Menschenmenge starrt nach Süden, wo die „Bremen" die leichte Erhebung hinaufrollt. Noch einmal versucht das Flugzeug, diesmal nach links, auszubrechen. Die Geschwindigkeit ist aber nach den ersten dreihundert Metern schon so groß, daß Köhl es völlig in der Hand hat. An den Fähnchen entlang geht die Fahrt. Vierhundert Meter sind geschafft. Jetzt senkt sich der Platz.

Die Zuschauer verlieren das Flugzeug aus den Augen. Die Anhöhe verdeckt die Sicht. Sekundenlang beherrscht unerträgliche Spannung die Zurückbleibenden. Sie sehen den letzten Wagen verschwinden. Was spielt sich dort hinten ab? Wenn nicht gleich der Silbervogel auftaucht – – –. Augenblicke werden zu Ewigkeiten. Mit gespannter Aufmerksamkeit horchen alle auf das immer schwächer werdende Motorengeräusch.

Köhl hofft, daß er bergab so viel Fahrt gewinnt, daß er die „Bremen" hochziehen kann. 130 Kilometer pro Stunde sind mindestens erforderlich. Die Nadel des Geschwindigkeitsmessers tanzt um 80. Nur langsam steigt sie weiter; 100 Kilometer zeigt sie jetzt – und 130 müssen es sein. Schinzinger hatte es vorgerechnet.

Nach dem hellen Strich, den die eingerissene Mauer zurückgelassen hat, sind es noch 700 Meter.

Die Geschwindigkeit steigt auf 110 Kilometer pro Stunde. Immer kürzer wird der Rest der Startbahn.

Es sind Augenblicke höchster Erregung. Hastige Blicke auf den Geschwindigkeitsmesser, dann sehen die Piloten wieder zu den Fenstern hinaus.

Der Motor dröhnt auf vollen Touren, das ganze Flugzeug vibriert.

Plötzlich schreit Fitzmaurice auf:

„Da, die Herde! – Ein Schaf!"

Er reißt das Handrad an sich. Die überlastete „Bremen" hebt sich ein bis zwei Meter hoch, kann sich aber in der Luft noch nicht halten und sackt durch.

Unheimlich hart stoßen die Räder auf den Boden auf. Die Federung des Fahrwerks wird bis zum Anschlag zusammengepreßt, dehnt sich wieder aus und schnellt die „Bremen" erneut hoch.

Teuflisch hart war dieser Aufschlag. Über zweitausend Liter in den Tanks! Wenn sie jetzt Bruch machen und der Treibstoff sich über den heißen Motor ergießt?

Die Männer haben keine Zeit zum Denken. Sie klammern sich fest. Die „Bremen" springt in immer kürzeren Abständen.

Der Start zum Ozeanflug in Baldonnel

Hünefeld hat das alles nicht begriffen, wie sollte er auch.

Köhl will schon fast die Zündung ausschalten. Aber in Sekundenbruchteilen kann man keinen klaren Gedanken fassen. Er glaubt nur, daß alles zu Ende ist. Es gibt keine Hoffnung mehr. Das Fahrwerk muß ja knicken! Bei diesen gewaltigen Schlägen – – – aber das Material hält!

Es ist unfaßbar: Die „Bremen" rollt, holt schon wieder Fahrt auf. Nur noch wenige hundert Meter!

Die Nadel des Geschwindigkeitsmessers klettert weiter.

Der vier Meter hohe Erdwall mit den Bäumen, der die Abflugbahn begrenzt, kommt erschreckend schnell näher. Jetzt können sie nicht mehr bremsen. Es gibt keine Möglichkeit mehr: Der Start muß gelingen.

Köhl, in Schweiß gebadet, das Gesicht kalkweiß, krampft die Hände um das Handrad und zieht es langsam heran.

Noch hundertfünfzig Meter bis zum Erdwall.

Plötzlich spüren die Piloten das Rollen der Räder nicht mehr. Noch zweifeln sie. Und doch, die „Bremen" fliegt.

Jetzt Fahrt gewinnen! Ganz dicht über dem Boden bleiben und im letzten Augenblick vor dem Erdwall noch einmal Höhenruder. Das Flugzeug bäumt sich auf. Fast streifen die Räder die Baumkronen. Nach diesem verwegenen Sprung sackt es noch einmal durch. Köhl kann es aber gerade noch in der Luft halten.

In der Flugrichtung erhebt sich ein Berg. – Unmöglich, ihn zu bezwingen. Sie steuern in eine Rechtskurve. Die rechte Tragfläche neigt sich. Die Piloten glauben, daß sie die Grasnarbe berührt und ein Stück aus einer Hecke herausschlägt. Dem Berg sind sie entgangen und steuern in das Tal hinein. Fitzmaurice blickt nach dem Geschwindigkeitsmesser. 170 Kilometer pro Stunde, jetzt 180. Innerhalb kürzester Frist zeigt die Nadel auf 220. Dann steigen sie. Die Bäume werden kleiner.

Kein Zweifel, der Start war geglückt!

Die Zuschauermenge, die kaum die ganze Dramatik dieses Abfluges begriffen hatte, blieb noch einige Minuten stumm stehen.

Weit draußen auf dem Platz kletterte der Fahrer eines Hilfswagens vom Fahrersitz.

Er schüttelte den Kopf, konnte sich gar nicht beruhigen und versuchte vergeblich, sich mit zitternden Händen eine Zigarette anzuzünden. Das war das tollste Ding, das er je erlebt hatte, nie würde er diese Augenblicke vergessen.

Die Mannschaften sprangen vom Wagen. Sie hatten hinten gesessen, hatten kaum etwas gesehen.

„Menschenskind, die Kiste fliegt doch, was ist denn los?"

„Ja, sie fliegt!" lachte der Fahrer unbeholfen, „ich sah sie fast schon zu Bruch gehen. Dieses Schaf, das da in die Quere lief. Da hat nicht viel dran gefehlt, dann wäre das Fahrgestell im Eimer gewesen. Wie verrückt sprang die Maschine. Ob wir da jemanden 'rausbekommen hätten? Wenn die bei der Fahrt auf die Schnauze geflogen wären, die wären zum Teufel gegangen. Du kannst tausendmal erzählen, was es heißt, wenn eine Maschine überlastet ist. Das kann doch keiner verstehen. Aber wenn du das eben gesehen hättest, wie die ‚Bremen' abrauschte, dann wüßtest du, was das heißt: Die Kiste ist überladen."

Hermann Köhl ließ den Motor noch auf vollen Touren laufen. Sie mußten Höhe gewinnen. Die Blicke der Piloten begegneten sich, lachend nickten sie einander zu. Das Schwierigste war fürs erste geschafft. Um Haaresbreite war es gutgegangen. Noch lag Hünefeld im Kabinengang zwischen den großen Tanks. Auch er, der von dem ganzen Startmanöver nichts hatte sehen können, nur die entsetzlich harten Stöße verspürt hatte, atmete erleichtert auf.

Die Nerven entspannten sich. Hermann Köhl drosselte den Motor. Dann schrieb er auf einen Zettel:

„Fünfzig Meter mehr, und es wäre schief gegangen. Wir drosseln schon feste, haben zweihundert Kilometer drauf. Werfen Sie eine Meldung über Galway ab mit diesen Mitteilungen. K."

Bestätigend nickte Hünefeld.

Eine fast ausgelassene Heiterkeit herrschte im Pilotenraum. Überglücklich waren sie, schüttelten sich die Hände und riefen sich Worte zu, die allerdings vom Motorenlärm und vom Scheppern der Blechwände verschluckt wurden. Aber was machte das? Sie fühlten alle das Gleiche. Hermann Köhl nahm die Füße von den Seitensteuerpedalen und ließ auch das Handrad los. Mit lachendem Gesicht und einer Handbewegung veranlaßte er den Major, ebenso zu handeln. Und richtig, die „Bremen" flog von ganz allein. Trotz der ungewöhnlich schweren Belastung war sie genau ausgetrimmt. Das wäre ein Vergnügen, wenn man so über den großen Teich rutschen könnte.

Dann übernahm James C. Fitzmaurice das Steuer. Bei solch schönem Wetter war das keine Kunst, zumal auch das Kurshalten keine Schwierigkeiten machte. Man suchte sich einfach einen Punkt am Horizont und hielt darauf zu. Der Bayer nutzte die Zeit aus und berechnete Abdrift und Geschwindigkeit über dem Grund. Solange das Land noch wie eine Karte unter einem lag, war das verhältnismäßig einfach.

In den Tälern zwischen den Hügeln wallte der Morgennebel. Dörfer mit niedrigen, weißgekalkten Häuserwänden tauchten auf. Wo der Dunst den Blick freigab, leuchteten grüne Wiesen, eingezäunt von Hecken oder Steinwällen. Gerade diese Mauern, die von den Bauern aus zusammengesuchten Steinen errichtet worden waren, machten jede Notlandung gefährlich. Der Schatten des Flugzeuges glitt über den Boden und übersprang Bäche und Flüsse im lustigen Spiel.

Nach kurzer Zeit änderte sich das Bild. Das bisher vorherrschende Grün wich einer bräunlichen Tönung. Der Untergrund wurde moorig. Wasserflächen einzelner Seen blinkten hier und da in den Strahlen der frühen Sonne. Das war die Heimat des Iren Fitzmaurice. Zu jeder Jahreszeit drückten die Westwinde vom Atlantik massige Wolken heran. Ein schweres Leben hatten hier die Menschen, man sah es jetzt den immer seltener werdenden Hütten an. Aus einigen Schornsteinen quoll schon Rauch. Das Tagewerk begann.

Weiter zog die „Bremen" nach Westen. Sie mußte klettern. Am Horizont zeichneten sich Höhen ab. Unten wand sich eine Straße den Flußlauf entlang. Das Land machte einen fast gespenstischen Eindruck, Bäume und Sträucher fehlten fast vollständig. Und als sie die kegelförmigen Berge erreichten, konnten sie auch dort keinen Wald entdecken. Teilweise bedeckten Felsen und Geröll die Abhänge.

Die Stadt Galway lag im Nebel. Nur eine Kirchturmspitze erhob sich aus den Dunstschleiern. Nach wenigen Augenblicken waren sie über einer Bucht und flogen die schroffe Felsenküste entlang. Die Brandung des Weltmeeres schlug an die steilen Ufer. Unterseeische Klippen brachen die Gewalt der Wellen und lösten die Wasserfläche in eine Gischt- und Schaumzone auf.

Von der Höhe der Küste grüßten die saftiggrünen Wiesen. Dort entlang flog die „Bremen". Die Besatzung genoß noch einmal den glückhaften Rausch der Bewegung, der Geschwindigkeit. Wenn sie erst über dem Ozean waren, würden sie die Anhaltspunkte für Schnelligkeit und raumgreifendes Vorwärtskommen vermissen. Dann würde es ein Flug gegen die Uhr sein.

Fern im Süden ragten die schroffen Felsen der Aran-Inseln aus den Fluten.

Nach wenigen Minuten lag auch die Küste hinter ihnen. Von einer Klippe grüßte der Slyne-Head-Leuchtturm, für sie die letzte Landmarke Europas. Dicht flog die Maschine daran vorbei. Die Flieger winkten hinüber, aber sie wußten nicht, ob der Wärter sie gesehen hatte. Irland lag hinter ihnen.

Das große Abenteuer konnte beginnen.

Über dem Atlantik

Eine mehr als dreitausend Kilometer breite Wasserwüste lag vor den drei Fliegern. Die Sicht war gut. Einige wenige Wolken hingen am Himmel. Die „Bremen" flog in mäßiger Höhe über die langen Atlantikwellen dahin. Nach all den Vorbereitungen und nach dem überaus gefährlichen Start wirkte das gleichmäßige Dröhnen des Motors entspannend. Die Blicke der Piloten glitten suchend in die Ferne.

Hünefeld hatte sich nach hinten zurückgezogen. Sein Platz war enger als eine Schulbank. Am liebsten hätte er sich die unvermeidliche Zigarre angesteckt. Aber über tausend Liter Treibstoff umgaben ihn. Seine Beine ragten in den Mittelgang. Durch das rechte Seitenfenster, das kaum so groß wie sein Kopf war, sah er hinaus. In der Ferne schwebte eine Wolke, ihre Ränder glänzten hell im Sonnenlicht. Erinnerungen an den ersten Sturmflug zum Atlantik wurden wach. Jetzt war alles so anders, kaum schwankte die Tragfläche. Ruhig zog die „Bremen" ihre Bahn.

Als sich Köhl umdrehte und nach hinten blickte, entdeckte er am Horizont in südöstlicher Richtung einen Dampfer. Der Wind trieb ihm den Qualm über den Bug, so daß die Rauchfahne wie ein Wolkenstrich zwischen Himmel und Wasser lag. Zufrieden lächelte Köhl: südlicher Wind! Das konnte nur günstig sein. Durch Zeichen machte er den Iren darauf aufmerksam. Lachend nickten sie sich zu. Auch Hünefeld kam nach vorne, um zu sehen, was es gäbe. Fitzmaurice faßte ein wenig fester ins Steuer, schon die geringfügige Bewegung in der Kabine störte das Gleichgewicht der „Bremen".

Dann saß der Freiherr wieder hinten und schaute dem letzten Zeichen menschlichen Lebens nach. Bald entglitt es seinen Augen.

Mit ungestümer Geschwindigkeit ging es weiter. 170 Kilometer in der Stunde; Reiseflug, Sparflug. Und doch war das Geschwindigkeit! Vielleicht würde man zwanzig Jahre später diese 170 Sachen mit einer Handbewegung abtun. Aber 1928, der Motorflug war noch kein Vierteljahrhundert alt, bedeutete dies schon die Erfüllung der Schnelligkeit. Das war nicht einfach Rekordsucht, sondern ein uraltes menschliches Streben. Kein Gegenwind hinderte das vorwärtsstürmende Flugzeug. Ob die drei noch einmal einem Dampfer begegnen würden? Das schien ziemlich ausgeschlossen, weil sie nördlich der allgemeinen Schiffahrtsroute flogen.

Kurz nachdem Köhl das Steuer wieder übernommen hatte, mehrten sich die Wolken. Sie hingen tief, und Regen rieselte hernieder. Die Sonne schien nicht mehr in die Kabine herein, es wurde kälter. Die Wasseroberfläche begann sich zu kräuseln. Nach einer Weile erkannten die Piloten an den schaumigen Windadern, die in langgestreckten Bahnen über die Wellen zogen, daß der Wind sich gedreht hatte. Die „Bremen" stemmte sich ihm entgegen.

Ein Wink Köhls an Fitzmaurice, und schon griff der Ire zu und steuerte. Darauf konnte Köhl sein Handrad loslassen und anfangen zu rechnen. Die Abdrift mußte er einkalkulieren, wenn sie nicht Gefahr laufen wollten, abgetrieben zu werden. Köhl blickte in die Runde, sah nach unten. Dann griff er nach dem Handrad und drückte es ein wenig nach vorne. Sofort sah Fitzmaurice herüber und begriff, daß Köhl herunterwollte, weil der Gegenwind dicht über den Wogen erfahrungsgemäß am geringsten war. In zehn bis zwanzig Metern Höhe brauste die „Bremen" dahin.

Doch das ungünstige Wetter dauerte nicht lange. Bald sahen sie in der Ferne einige hellere Flecken auf der dunkelgrauen Wasseroberfläche. Die Sonne schien durch Wolkenlöcher hindurch. Für kurze Augenblicke erhellten einzelne Strahlen die Kabine. Am Horizont tauchte ein breiter Lichtstreifen auf, der sich schräg aufs Wasser senkte. Zuversichtlich sah Köhl zu dem Iren hinüber. Fitzmaurice nickte bestätigend, und nach wenigen Minuten stieß die Maschine durch eine Lücke aus der Wolkenzone heraus.

Eben noch hatten sie gefröstelt, jetzt wurde ihnen wieder wärmer. Wohlig rekelte sich Köhl in seinem Sitz, drehte sich um und winkte auch dem Freiherrn zu. Der gab Zeichen, ahmte das Kauen nach und tat, als ob er aus einem Becher tränke. Beide Piloten wandten sich grinsend nach hinten: selbstverständlich! Frühstück! Hünefeld schob sich mit einer Thermosflasche und belegten Brötchen nach vorne. Der heiße Tee war eine Wohltat, schade um jeden Tropfen, der beim Eingießen auf den Boden schwappte.

Kameradschaftlich wanderte der Becher von Hand zu Hand. Jeder bekam ein Brötchen und ein hartes, abgepelltes Ei. Fitzmaurice verzog beim ersten Biß das Gesicht. Das schmeckte scheußlich nach Benzin. Nur widerwillig aß er zu Ende. Aber als Köhl fragend herüberblickte, winkte er ab: „Ist ja schon gut!"

Weiter ging es. Von Zeit zu Zeit mußte der Kurs geändert werden. Der jeweils zu fliegende Kompaßstrich war auf einer Tafel mit großen Ziffern verzeichnet. Hermann Köhl rechnete immer wieder, schätzte den gegenwärtigen Standort mittels Koppelkurs, beobachtete den Wind und verfolgte den Treibstoffverbrauch aus den verschiedenen Tanks. Um 9.35 Uhr wurden die beiden rechten Kabinentanks abgeschaltet. Die durchschnittliche Tourenzahl in den ersten vier Flugstunden hatte 1440 Umdrehungen pro Minute betragen. Nach seinem genau vorbereiteten Plan schaltete jetzt Köhl die Flügeltanks ein. Durch den Benzinverbrauch änderten sich allmählich die Gleichgewichtsverhältnisse im Flugzeug. Wenn man zuerst die Kabinenbehälter ganz leergeflogen hätte, würde das eine Kopflastigkeit zur Folge gehabt haben, und die Piloten wären gezwungen gewesen, ständig gegenzusteuern. Jede Schwerpunktverlagerung machte sich sofort bemerkbar. Die „Bremen" sollte doch möglichst leicht, gleichsam wie von selbst fliegen.

Plötzlich fing der Motor an zu spucken. Köhl und Fitzmaurice starrten auf die Instrumente. Der Motor rumpste. Die Nadel des Drehzahlmessers sprang hin und her: 1000, 500 Umdrehungen, 1400, 1200 Umdrehungen. Kleine Qualmwolken stießen aus den kurzen Auspuffstutzen. Was war los? Gasgemisch zu mager? Hinten saß Hünefeld mit kalkweißem Gesicht bolzengerade aufgerichtet. Der Ire sah zu Köhl herüber. Erregung konnte man dem Bayern kaum anmerken. Nur die Ruhe bewahren! Ein Griff: drosseln, Zusatzluft weg – – –. Der Motor lief wieder gleichmäßig. Wie lange hatte er gespuckt? Waren es Sekunden gewesen? Minuten? Den dreien schien es eine Ewigkeit gedauert zu haben.

Köhl horchte scharf und gespannt auf die nun wieder regelmäßigen Explosionen. Fitzmaurice beobachtete ihn mit zusammengepreßten Lippen. Der Drehzahlmesser beruhigte sich: 1500 Propellerumdrehungen. Köhl behielt die Instrumente im Auge und stellte die Drosselklappe nach. Er horchte weiter.

Mehrere hundert Kilometer vom Land entfernt; das war ein ziemlich kitzeliges Gefühl. Fitzmaurice hatte sich blindlings dem deutschen Flugzeug anvertraut; doch er kannte den Motor und seine Eigenheiten nicht. Das Herz schlug ihm bis zum Halse. Wie lange machte der Motor noch mit? Was würde geschehen, wenn er aussetzte und die „Bremen" niedersank und schließlich auf das Wasser aufklatschte oder sich gar überschlug? Mit den aufgeblasenen Gummibehältern würde sie vielleicht noch eine Weile schwimmen. Aber was würde es denn wirklich nützen, wenn das todwunde Flugzeug auf der langen Dünung rollte. Ein winziger Punkt auf dem riesigen Atlantik, fernab jeder Dampferroute!

Noch immer horchte Köhl. Endlich setzte er sich zurück. Fitzmaurice bemerkte, wie er zuversichtlich wieder nach draußen auf den Ozean sah. Das Schlimmste schien vorüber zu sein. Alle drei wußten, daß sie sehr gefährliche Augenblicke durchstanden hatten.

So flog die „Bremen" weiter. Etwa alle zwei Stunden lösten sich die Piloten ab. Der Motor lief wie ein Uhrwerk. Fitzmaurice sah über die weite Wasserfläche. In der Ferne schwebten einige Schönwetterwolken, deren Ränder sich scharf vom Blau des Himmels abhoben. Er behielt den Kompaß im Auge und spähte dann immer wieder zum Horizont. Voraus, in der Flugrichtung, entdeckte er zwei kugelförmige Haufenwolken, deren unterer Rand waagerecht abgeplattet war. Genau steuerte er darauf zu. Es war gut, einen Blickpunkt zu haben und nicht dauernd den Kurszeiger kontrollieren zu müssen. Lässig konnte der Ire das Handrad halten. Wie von allein zog die „Bremen" über die endlose Wasserwüste dahin, als wäre es ein alltäglicher Spazierflug. Ja, es begann schon fast langweilig zu werden. Kein Schiff, keine Rauchfahne zeigte sich.

Langsam kroch die Sonne hinter dem Flugzeug her. Die ersten Strahlen spielten schon seit einiger Zeit auf dem Instrumentenbrett. Aber es dauerte lange, bis sie die „Bremen" so weit eingeholt hatte, daß sie den Piloten seitlich ins Gesicht scheinen konnte. Die Borduhr zeigte schon zwölf – irischer Zeit –, aber die Sonne hatte den Mittagspunkt noch längst nicht erreicht. Hermann Köhl beobachtete sorgfältig; wenn sie genau im Süden stand, ließ sich die seit dem Start zurückgelegte Entfernung leicht und zuverlässig berechnen. Als die Uhr ein Viertel vor zwei zeigte, war es soweit. Danach hatten sie den dreißigsten Längengrad überschritten. Köhl rechnete. Die Durchschnittsgeschwindigkeit von 170 Kilometern pro Stunde hatten sie trotz der zeitweiligen Gegenwinde halten können. Etwa anderthalbtausend Kilometer waren zurückgelegt, und noch etwa zweitausend Kilometer mußten sie fliegen, um die amerikanische Küste zu erreichen. Immer wieder horchte Köhl auf den Motor, der aber lief ohne das geringste Nebengeräusch weiter. Der Schrecken, den er den Fliegern eingejagt hatte, war schon fast wieder vergessen.

Nun wurde es Zeit zum Mittagessen. Hünefeld quetschte sich gebückt zwischen den Kabinentanks nach vorne, kniete am Ende des kurzen Ganges, denn zwischen den Sitzen der Piloten war dazu kein Platz, und „reichte" starke Bouillon aus der Thermosflasche. Wieder gab es Schinkenbrötchen und zum Nachtisch einige Bananen und Schokolade. Stückweise schob der Bayer dem Iren die Leckerbissen in den Mund; denn Fitzmaurice steuerte gerade. Bedächtig kauten sie beim Essen. Es machte ihnen nichts aus, daß die Bananen bräunlich angegangen waren; die Schale hatte man nämlich, um Gewicht zu sparen, in Irland gelassen.

Danach wollte Köhl etwas schlafen. Die Nacht würde lang werden. Es hieß Kräfte sparen. Aber schon nach zehn Minuten schlug er die Augen wieder auf. Die ersten Blicke galten den Instrumenten: Kurszeiger, Kompaß, Höhenmesser und Drehzahlmesser. Es war alles beim alten. Er sah nach Süden hinaus. Wie Quecksilber glitzerte das Wasser im Sonnenschein. Alles ging so glatt, so unerhört reibungslos, und die freudige Erregung ließ ihn nicht los. Er konnte einfach nicht schlafen. Schade wäre es gewesen, wenn er etwas von diesem herrlichen Seeflug versäumt haben würde. Nach der hoffentlich glücklichen Landung blieb noch genug Zeit, sich auszuruhen. Aber er dachte doch daran, in Zukunft, bei einem ähnlichen Fluge, Schlaftabletten mitzunehmen; denn vielleicht war es doch besser, den Gefahren der Nacht frisch und ausgeruht entgegenzutreten. Fitzmaurice gab das Ruder wieder ab. In den Stunden vor dem Start hatte er kaum ein Auge zugetan. So konnte er etwas länger schlummern, falls man das bei dem dröhnenden Motorenlärm so bezeichnen durfte.

Gegen 16 Uhr frischte der Wind auf. Nach den Wellenkämmen zu urteilen, kam er von achtern. Fitzmaurice blickte mehrfach nach unten. Dann zeigte er fragend auf eine der mitgeführten Rauchbomben. Köhl nickte ihm zu, schob das Seitenfenster auf, riß die Zündung ab und warf. Im gleichen Augenblick gab der Ire Querruder, trat ins Seitenruder und flog einen Bogen, so daß der ganze Horizont zu kippen schien. Trotz angestrengten Suchens konnten sie nichts entdecken. Köhl zuckte mit den Schultern, das schien ein Versager gewesen zu sein, der ohne jede Qualmentwicklung in den Bach gerauscht war.

Noch ein Rauchkörper flog hinterher. Wie ein gelbes Band malte der Rauch die Fallstrecke. Als die Bombe auf dem Wasser aufschlug, trieb der Wind den Qualm in nordwestlicher Richtung davon, ziemlich schnell sogar.

Schiebewind! Nach Köhls Schätzung etwa zwanzig Kilometer in der Stunde. Beiden Piloten war klar, was sie zu tun hatten. Fitzmaurice gab mehr Gas und zog den Steuerknüppel langsam zu sich heran. Die „Bremen" hob die Schnauze und stieg bis auf etwa sechshundert Meter. Die günstige Luftströmung mußte voll ausgenutzt werden.

Hünefeld beobachtete durch sein kleines Fenster das seltsame Spiel der Wellen. Solange sie noch dicht über das Meer hinweggebraust waren, hatte er die Bewegung der Wogen sehen können. Das unruhige Heben und Senken erkannte man deutlich. Diese Eindrücke glichen denen, die man von Bord eines Schiffes empfindet. Das ruhelose Spiel der See, die hellen, sich überschlagenden Wellenkämme ließen die Kraft des nassen Elementes ahnen.

Aber nun stieg die „Bremen". Die einzelnen Bewegungen waren nicht mehr so deutlich auszumachen. Auf der graugrünen Oberfläche begann sich die Ordnung der vielen aufeinanderfolgenden Wellen abzuzeichnen. Das Flugzeug stieg noch höher. Schon konnte man die Richtung, in der das Wasser vom Winde dahingetrieben wurde, nicht mehr feststellen. Hünefeld überblickte ein immer größeres Gebiet. Merkwürdig war es, wie die See, deren Wellen doch mit Schaum gekrönt waren, zu einem mattsilbernen Muster erstarrte. Wie eine ungeheuer weite, in mühsamer Handarbeit gehämmerte Metallplatte sah die Meeresoberfläche aus. Die kraftvollen Wogen wurden zu zarten Linien; die Gischtkämme betonten das noch besonders. Die Flieger sahen das Wasser aus einem halben Kilometer Höhe als etwas Festes, Unbewegtes.

Das Wetter war gut, der Rückenwind kam wie gerufen. Auf ein Stückchen Papier schrieb Fitzmaurice:

„Wir werden die Leuchttürme auf Neufundland anscheinend noch bei Beginn der Nacht sichten."

Er reichte den Zettel zu Köhl hinüber. Der nickte und schrieb darunter:

„Gott ist mit uns und mit unserem Werk."

Doch blieb die Freude gedämpft; die „Bremen"-Besatzung hatte den Sieg noch nicht errungen.

Zu viele Piloten hatten schon versucht, den Ozean in westlicher Richtung zu überqueren. Namen wie Nungesser und Coli, Hamilton, Minchin und Prinzessin Löwenstein-Wertheim, Hinchcliffe und Fräulein Mackay bildeten eine stete Mahnung und Warnung. Diese tapferen Flieger waren im Unbekannten verschollen. Auch sie hatten versucht, Amerika im direkten Fluge zu erreichen, und niemand weiß, wo und unter welchen Umständen sie scheiterten. Waren sie vom Unwetter oder durch technische Mängel bezwungen worden? Hatten sie sich verflogen oder waren sie übermüdet abgestürzt? Wohl kein Mensch würde das je erfahren.

Kumuluswolken mit ihren freundlichen, runden Formen hingen in der sonnigen Luft. Ganz anders als auf den Erdenmenschen wirken diese zusammengeballten, riesigen Wattebäusche auf den Flieger. Er steuert sein Flugzeug zwischen ihnen hindurch. Er erlebt sie in ihrer ganzen Gestalt, wie sie frei im Raum schweben.

Den Piloten der „Bremen" blieb allerdings weder Zeit noch Muße, die Wolkenberge spielerisch zu umkreisen oder die Wolkentäler zu durchfliegen.

Der Kompaßkurs mußte gehalten werden. Dennoch hatten die drei Männer offene Augen für diese geheimnisvoll bewegten Wesen. Hier stieg ein neuer, herrlich weißer Turm auf. Dort flogen sie für einige Augenblicke durch den Wasserdampf. Jetzt huschte und sprang der Flugzeugschatten über die wogenden Rundungen einer im Sonnenglanz leuchtenden Wolke. Dann wieder eine Lücke. Der Wasserspiegel tief unten erschien glatt wie ein See und scheckig wie ein riesiges Leopardenfell. Die großen, unregelmäßigen, dunklen Flecken rührten von den Schatten der Wolken her.

Die gischtigen Bahnen, die der Wind über das Meer trieb, drehten sich. Es dauerte nicht lange, und die Schaumstreifen kamen den Fliegern aus Nordwest schlangenartig entgegen. Die Zeit des Schiebewindes war vorbei. Die Geschwindigkeit der „Bremen" über Grund verringerte sich dementsprechend. Eine Wetteränderung kündigte sich an.

In der Ferne sahen Köhl und Fitzmaurice graue Regenstreifen, die schräg in der Luft hängend bis auf die Meeresoberfläche reichten. Noch gab die Sonne all dem einen zauberhaften Glanz. Die Wolken wurden dunkler, massiger und verloren ihr freundliches Aussehen. Köhl versuchte beim Näherkommen, diesen Schauern auszuweichen. Erhöhte Aufmerksamkeit war geboten. Jede Kursänderung nach links mußte mit einem entsprechenden Bogen nach rechts ausgeglichen werden. Der Kurszeiger registrierte die Größe der Abweichungen.

Noch brannte auf Köhls Seite die Sonne in den Pilotensitz hinein. Aber wenn Fitzmaurice aus dem rechten Fenster blickte, sah er auf Regen- und Schneeschauer, die in langen Bahnen auf die See niedergingen. Die „Bremen" streifte dicht an diesen Wolken entlang. Schnee und Eis peitschten die Wogen. Ein wunderbares Schauspiel bot sich den Piloten. Bei einigen dieser örtlichen Stürme schien es so, als ob ein gewaltiger Sprühregen aus dem Ozean aufstieg. Die scharf umrissenen Grenzen dieser Niederschläge gaben dem ganzen etwas Märchenhaftes.

Fitzmaurice vermutete Eisberge in der Nähe. Er suchte nach einer Erklärung, wie diese Schneewolken entstanden, und flog dicht heran, um besser beobachten zu können. Dort, ganz weit voraus, war das nicht ein Eisberg? Er hob das Fernglas und mühte sich, es in dem vibrierenden Flugzeug ruhig zu halten. Aber nein – keine Eisberge! Das waren einfach Wolkenschatten auf dem Wasser.

Trotz aller Erhabenheit des Wolkenbildes bedeuteten die Stürme doch eine Warnung. Noch konnten sie einige Stunden bei Tageslicht fliegen. Aber was geschah, wenn die „Bremen" in der Dunkelheit unversehens in solch einen eisigen Hagelsturm hineingeriet? Würde sich das Eis an den Flächenkanten ansetzen und so das Flugzeug gefahrdrohend belasten? Würde der Eisansatz das Flächenprofil so verändern, daß sich die „Bremen" nicht mehr in der Luft halten konnte? Gab es ein Mittel, um sich durch derartige Unwettergebiete hindurchzukämpfen?

Der Mond würde nicht scheinen. Die Probleme waren ganz anders als über dem Festland. Dort hieß es einfach Startverbot. Zumindest würden die Eisstürme durch den Wetterdienst frühzeitig gemeldet werden. Wenn man wußte, was kam, konnte man Vorkehrungen treffen, sich über Funk nach der Wetterlage erkundigen, und wenn ein Durchkommen wirklich unmöglich erschien, landete man eben auf einem Ausweichflughafen. Es gab so viele Möglichkeiten auf dem Festland. Dort stand man nicht vor der Notwendigkeit, ins Unbekannte zu fliegen, das wäre Leichtsinn gewesen. Aber hier über dem Ozean lagen die Verhältnisse doch anders. Die drei Flieger wußten um die drohenden Gefahren, mit denen sie in der Dunkelheit rechnen mußten. Würde auch dieser Ozeanflug damit enden, daß die Welt drei mutigen Männern nachtrauerte? An Warnungen hatte es nicht gefehlt.

Die Gesichter waren ernst. Besonders Hünefeld litt unter diesen unheilverheißenden Erwägungen. Er konnte nichts machen, untätig saß er zwischen den Kabinentanks. Und doch wäre gerade ohne ihn der Flug niemals zustande gekommen. Fitzmaurice und Köhl hatten es besser, waren sie es doch, die am Steuer dem Schicksal die Stirn bieten konnten. Sie packten zu, sie handelten; in ihren Händen lag das Gelingen oder das Verderben.

Die Zeit verging, das Wetter besserte sich wieder. Allmählich stellten sich die ersten unangenehmen Folgen des nun fast zwölfstündigen Fluges ein. Die Augen fingen an zu brennen. Stundenlang hatten sie auf die glitzernde Wasserfläche hinausgeblickt. Besonders Köhl, der seinen Platz an der Sonnenseite hatte, litt unter den grellen Strahlen, die jetzt immer weiter von vorne kamen. Die Sonne hatte die „Bremen" überholt und schien voll durch die schmalen Scheiben. In regelmäßigen Abständen mußten die beiden Piloten mit ihren von der gleißenden Helligkeit geblendeten Augen den Kompaß und die anderen Instrumente suchen, die im Schatten lagen. Es galt den Kurs zu überprüfen und zu berichtigen. Dann sahen sie wieder hinaus auf die spiegelnde Wasserfläche, die das Licht vervielfachte. War es ein Wunder, daß die Augen brannten, daß sie schmerzten?

Hünefeld wollte seinen gewohnten Fünfuhrtee selbst mitten über dem Ozean nicht missen. So kam er mit der Thermosflasche nach vorne und schenkte seinen Kameraden ein. Der noch heiße Tee frischte die Geister etwas auf. Dazu gab es belegte Brötchen, Bananen und Schokolade.

Gestärkt sah die Besatzung dem Abend entgegen. Im gleichmäßigen Rhythmus brummte der Motor sein Lied.

Das helle Singen der Metall-Luftschraube mischte sich mit dem Motoren-lärm. Anerkennend streichelten die Piloten den Drehzahlmesser. Nur weiter so! Wenn der Motor durchhielt, würde die „Bremen" es schon schaffen. Zwölf Stunden hatte er unermüdlich gearbeitet, warum sollte er es nicht noch weitere dreißig Stunden tun!

Hermann Köhl warf wieder eine Rauchbombe. Es zeigte sich, daß ein recht starker Nordwestwind wehte. So verbesserten sie ihren Kurs und flogen fünf-zehn Grad nördlicher.

Ein kurzes Handzeichen, und James C. Fitzmaurice übernahm das Steuer. Er drückte die „Bremen" auf das Meer hinab, so daß sie im Tiefflug über die Wogen dahinbrauste. Hier unten war der Gegenwind um ein geringes schwächer.

Köhl breitete wieder die Seekarte auf seinen Knien aus, vermerkte die Korrektur und schrieb Windrichtung und -stärke auf, dazu dann noch die Uhrzeit. Die zurückgelegte Strecke und der jeweilige Standort konnten nur durch dauernde Beobachtung von Fluggeschwindigkeit, Windrichtung, Uhrzeit und Sonnenstand berechnet werden. Der Kompaß dagegen war in diesen nördlichen Gebieten wegen der Nähe des magnetischen Pols ein recht unzuverlässiger Helfer.

In zehn Metern Höhe flog die „Bremen" über die langen Atlantikwogen. Angesichts der bevorstehenden Nacht beschloß die Besatzung, noch ein kräftiges Mahl zu sich zu nehmen: die üblichen belegten Brötchen, geschäl-te Orangen und Bananen. Ruhig und langsam kauten sie und spülten einen Schluck belebenden Kaffees hinterher. Besonders Köhl aß mit sichtlichem Genuß. In Gedanken beschäftigte er sich damit, wo ihm wohl das erste warme Essen und das erste Bier wieder angeboten würden. Programmgemäß hätte das auf dem New Yorker Flughafen sein müssen. Aber sicher war das noch nicht. Und Hünefeld sehnte sich nach einer Zigarre.

Nur Fitzmaurice würgte erneut an seinem Essen. Köhl sah herüber. Das Gesicht des Iren war weiß, aber er schüttelte den Kopf: „Nicht so schlimm, nur keine Aufregung." Und doch fühlte er sich hundselend. Dicht vor ihm lagen die Auspuffstutzen der sechs Zylinder. Die Schwaden der verbrannten Gase drangen in die Kabine und beeinträchtigten den Geschmack der Kost. Fitzmaurice spürte zum ersten Male in seinem Leben so etwas wie Luftkrankheit. Der Magen wollte revoltieren und krampfte sich zusammen. Aber dann ging es vorbei. Er bekam langsam wieder Farbe, und die Gefähr-ten waren beruhigt.

Eines aber nahm der Ire sich vor, wenn er einmal seine jetzigen Erfahrungen aufschriebe, dann wollte er alle künftigen Ozeanflieger warnen. Sie sollten darauf achten, daß der Motorenauspuff nicht vor der Kabine lag. Man hätte natürlich auch den Raum für die beiden Piloten so vollkommen abdichten können, daß kein Luftstrom hereindrang. Aber wer wollte sich schon als Flieger hermetisch von der Außenluft abschließen! Wenn die Kabine einigermaßen verglast war, dann genügte das normalerweise. Was darüber hinausging, war überflüssiger Luxus. – – Ja, später einmal, wenn anspruchsvolle Passagiere über das Weltmeer geflogen werden wollten – – –. Aber bis dahin dürfte wohl noch manches Jahr vergehen.

Inzwischen wurde es Zeit, sich wieder um den Treibstoff zu kümmern. Die Benzinuhren waren nicht gut, sie zeigten nur ungefähre Werte an. Vor allen Dingen fiel es schwer, festzustellen, ob die Tanks auch gänzlich leergeflogen waren. In dem verwirrenden System von vierzehn Tanks konnte allerhand Treibstoff zurückbleiben. Der ungefähre Verbrauch ließ sich zwar nach der Umdrehungszahl schätzen, aber letzte Zuverlässigkeit bot diese Methode auch nicht, denn was der Motor tatsächlich schluckte, hing davon ab, ob man mit mehr oder weniger Zusatzluft flog. Im Augenblick waren noch die Flächentanks angeschlossen. Nach Köhls Berechnungen mußten sie kurz vor 20 Uhr leergeflogen sein. Beide Piloten beobachteten schon geraume Zeit vorher das Kontrollglas.

Um 19.20 Uhr blieb plötzlich das Benzinkontrollrad stehen, das bisher durch den darüberlaufenden Treibstoff angetrieben worden war. Von diesem Augenblick an erhielt der Motor seinen Treibstoff aus dem verhältnismäßig kleinen Falltank. Die Flächentanks wurden abgestellt und die Kabinentanks eingeschaltet. Köhl arbeitete sofort an der Handpumpe, um den Falltank wieder zu füllen, sonst konnte es bei einer der nächsten Umschaltungen eine böse Überraschung geben. Nach drei Minuten war die fehlende Menge ergänzt, und die Treibstoffversorgung lief wieder normal.

Eines stand fest, die Tanks leerten sich schneller als vermutet. Das hatte sich schon auf den Probeflügen gezeigt. Theoretisch sollten die fast zweitausend Liter für achttausend Kilometer Flugstrecke reichen. Praktisch konnten etwa siebentausend Kilometer herausgeflogen werden, aber das auch nur, wenn kein Gegenwind herrschte.

Immer noch rechnete Köhl. Die Kabinentanks müßten jetzt eigentlich den Motor für die nächsten vierzehn Stunden versorgen können. Auf die zweite Borduhr zeichnete Köhl mit seinem roten Tintenstift einen breiten Strich. Wenn der kleine Zeiger bis dahin vorrückte, mußten sie damit rechnen, daß die Kabinentanks geleert waren. Und vier Stunden vorher warnte ein weiterer Strich die Besatzung. Die Nacht würde lang werden; Müdigkeit drohte, und ein Vergessen oder Übersehen konnte den Motor leicht zum Stehen bringen.

So unrühmlich durfte der Flug nicht enden.

Weiter strebte die „Bremen" nach Westen. Der Gischt auf den Wellen zeigte, daß der Gegenwind anhielt. Vor vierundzwanzig Stunden war um diese Zeit die Sonne in Baldonnel untergegangen. Vom höchsten Punkt des Flugplatzes hatte Köhl das beobachtet. Jede vier Minuten, die sie jetzt noch bei Tageslicht flogen, entsprach einer zurückgelegten Strecke, die so lang war wie der Abstand zweier Längengrade. Zur Zeit stand die Sonne noch ziemlich hoch, so daß die Piloten hofften, eine ganz ansehnliche Zahl von Graden zusammenzubringen.

Wenn dann die Sonne ins Meer sank, würden sie ziemlich genau wissen, welchen Längengrad sie erreicht hatten. Diese Ortsfeststellung konnte die Navigation in der Nacht wesentlich erleichtern. Das Gelingen des Fluges hing von so vielen Faktoren ab, und einer der wichtigsten war die einwandfreie Kursberechnung. Ohne Funkgerät mußten sie den richtigen Weg über den Nordatlantik finden. Bisher hatte man hauptsächlich nach der Sonne navigiert.

Die schwache Hoffnung, daß die Besatzung sich während der Dunkelheit nach den Sternen orientieren konnte, sollte bald enttäuscht werden. Man muß stets damit rechnen, daß in der Gegend von Neufundland mehr oder weniger ungünstiges Wetter herrscht. Dort, wo der kalte Labrador-Strom mit dem Golfstrom zusammentrifft, bilden sich häufig Nebel. Es ist die Gegend, wo im April 1912 die „Titanic" auf einen Eisberg lief und mit anderthalbtausend Menschen in den Fluten versank. Die Neufundlandbänke sind berüchtigt, die Schiffahrt meidet sie.

Angesichts der möglichen Wetterverschlechterung lösten sich Köhl und Fitzmaurice alle halbe Stunde ab. Einige hundert Kilometer vor der Küste veränderte sich plötzlich die lange Lichtbahn, die die Sonne auf das Wasser malte. Hatte diese langgezogene Sonnenspiegelung bisher dort begonnen, wo sich in unendlicher Ferne das Meer mit dem Himmel verband, so erschien der glühende Streifen jetzt am Horizont wie abgeschnitten.

Fragend sah Fitzmaurice zu Köhl hinüber. Äußerlich völlig ruhig, nickte der Bayer. Ganz fern zeichnete sich ein weißlicher Streifen ab. Als sie näher herankamen, erkannten sie eine von Norden nach Süden durchlaufende Dunstschicht. Der Nebel, dieser gefährliche Wegelagerer des Luftmeeres, war unvermittelt aufgetaucht, als ob er den Weg versperren wollte. Köhl griff zum Fernglas.

Fitzmaurice suchte aus dem Gesicht seines deutschen Gefährten zu lesen, wie die Lage zu beurteilen sei. Aber es gab keine Umkehr, ein Ausweichen schien unmöglich. Köhl entdeckte, wie sich hinter dem milchigen Nebelstreif bizarr geformte Wolkengebilde erhoben, dunklen Bergen gleichend.

Köhl gab mehr Gas. Dann übernahm Fitzmaurice das Steuer und zog die „Bremen" langsam hoch. Der Bayer griff wieder nach seinem Glas. Im Pilotenraum herrschte eine unbeugsame Entschlossenheit. Nur Hünefeld, zwangsweise hinten in der Kabine zwischen den Tanks sitzend, erfaßte die neue Lage noch nicht in ihrer ganzen Tragweite; aber er spürte, daß es ernst wurde.

So mochte denn der Tanz beginnen. Waren die Wolkenberge zu überfliegen? Noch konnte man im dämmerigen Licht alles gut erkennen. Die „Bremen" stieg weiter.

Etwa die Hälfte des Treibstoffes war verbraucht; trotzdem blieb das Flugzeug noch so schwerfällig, daß man kaum hoffen durfte, die mehrere Tausend Meter emporragende Wolkenwand zu überwinden. Wie entwickelten sich die Temperaturen? Fitzmaurice sorgte sich. Konnte man überhaupt in so großer Höhe im Wolkendunst fliegen? Setzten sich nicht die winzigen unterkühlten Wassertröpfchen auf der Vorderkante der Flächen fest? Konnte nicht das entstehende Eis die Steuerung blockieren?

Jetzt halfen nur noch das Glück und die langjährige Erfahrung des Nachtflugleiters der Lufthansa. Wenn überhaupt jemand diese schwierige Lage zu meistern vermochte, dann war das Hermann Köhl. Er gab sich keinem voreiligen Optimismus hin, daß er in ein nur begrenztes Nebelfeld hineinstieß. Seine Kenntnisse und sein Fingerspitzengefühl sagten ihm, daß es sich um ein ausgedehntes Tiefdruckgebiet handelte. Wohl jeder Flieger würde bei einer Ozeanüberquerung durch solch ein Gebiet niedrigen Luftdrucks hindurchsteuern müssen. Waren verschollene Flieger an diesem Hindernis gescheitert? Wer wollte das beantworten!

Alle diese Erwägungen waren müßig. Jetzt hieß es: fertigmachen! Soweit wie möglich noch einmal alles durchkontrollieren. Die wichtigste Waffe für den Kampf war der Wendekreisel. Er mußte den Piloten im Nebel den Gleichgewichtssinn ersetzen. Das eine Gerät hatte bisher einwandfrei gearbeitet. Fitzmaurice beugte sich nun aus seinem Fenster, um auch die Luftdüse für den zweiten Wendekreisel an der Außenwand anzubringen. Sie lagerte bisher in der Kabine, um den Luftwiderstand möglichst klein zu halten. Gewiß, das machte nur wenig aus, aber das Sparen in vielen Kleinigkeiten ergab doch eine gewisse Flugreserve. Es war gar nicht so einfach, die Düse richtig einzurasten. Eisiger, scharfer Wind durchkühlte seine Hand. Vier Minuten dauerte das. Dann begann das Instrument zu arbeiten. Wenn erst der Luftstrom den Kreisel auf volle Touren gebracht hatte, würde die Richtung der Drehachse unverändert beibehalten werden. Die Lage des Flugzeuges zum wirklichen Horizont war dann zuverlässig abzulesen, mochten Tragflächen und Rumpf noch so sehr schwanken.

Sie kamen dem Nebel immer näher. Die Männer am Steuer reichten einander die Hand und blickten sich ernst in die Augen. Jetzt galt es in treuer Kameradschaft bis zum letzten Augenblick durchzuhalten. Man mag das für sentimental halten, aber für sie war das mehr als eine Geste. Selbst wenn das Motorengedröhn nicht jeden Laut verschluckt hätte, wäre es banal gewesen, Worte zu wechseln; Worte, die die Männer zweier Völker doch nur unvollkommen hätten erfassen können. Ein kräftiger Händedruck sagte mehr.

Köhl verwarf den naheliegenden Gedanken, vor dem Nebel nach links auszuweichen. Es hätte zu leicht geschehen können, daß der kräftige Nordwind die „Bremen" so weit über die Wasserwüste des Atlantik nach Süden trieb, daß sie die weit zurückspringende Küste der Vereinigten Staaten nicht mehr erreichten.

Bald tauchten sie hinein in die „Waschküche". Der Tag war schon anstrengend gewesen, welche ungeheuren Kräfte und welch ein Durchstehvermögen würde die lange Dunkelheit von ihnen fordern? Der deutsche Pilot bangte etwas um den guten Ausgang des Fluges. Die Furcht, die in ihm heraufsteigen wollte, mußte er überwinden. Furcht oder gar Angst war das, was am wenigsten helfen konnte. So versuchte er zu lächeln und sich selbst Mut zu machen. Wenn sie erst den Nebel erreichten, würde er zum Zweifeln keine Zeit mehr haben.

Draußen war es noch immer etwas hell. Die Ortsbestimmung, das Zählen der Grade von vier zu vier Minuten, entfiel – unmöglich bei dieser Sicht, den genauen Zeitpunkt des Sonnenuntergangs festzustellen. Wo waren sie? Vierhundert, fünfhundert, gar siebenhundert Kilometer vor Neufundland? Jetzt fehlte das Funkgerät!!

Der Nebelstreifen, der zunächst flach auf dem Wasser lag, wuchs unerbittlich in die Höhe. Die „Bremen" stieg. Mehr Gas! Sie versuchten, nach oben auszuweichen. Tausend Meter; kein Ende war abzusehen. Eintausendfünfhundert Meter; immer mächtiger türmten sich die Wolken vor ihnen auf. Zweitausend Meter; ein weiteres Klettern konnte Köhl mit dem noch verhältnismäßig schweren Flugzeug kaum verantworten. Der Motor durfte nicht stundenlang mit voller Kraft laufen. Einige wenige hundert Meter hätten sie zusätzlich gewinnen können. Aber das war zwecklos; denn die Wolkenberge reichten bis in ungeahnte Höhen. Für eine Weile schlängelte sich die „Bremen" zwischen ihnen hindurch. Nebelschwaden flogen an den Fenstern vorbei, suchten das Flugzeug gleichsam zu umklammern. Für Augenblicke ging es durch den Dunst. Wann kamen sie wieder heraus? Es galt Kurs zu halten.

120

Das ewige Kurvenfliegen erschwerte die Navigation erheblich. Nach einer halben Stunde öffneten sich unter ihnen plötzlich Wolkenlöcher. Bis auf das Meer sahen sie überrascht hinab. Aber wie hatte es sich verändert! Das erkannte man sogar aus zweitausend Metern Höhe. Weißliche Gischtstreifen überzogen die See. Selbst von hier oben konnte man das Toben der Wasserfluten ermessen. Die Elemente waren entfesselt.

Vorbei, Dunst schob sich dazwischen. Ständiges Kurven um geballte Wolkenhaufen. Sie stiegen noch etwas. Für Sekunden öffneten sich wieder einige Durchblicke auf die zerwühlte See. Eine zweite geschlossene Wolkendecke schob sich in großer Höhe heran. Fitzmaurice biß sich auf die Lippen. Jetzt wurde es unmöglich, weiter zu klettern. Fragend sah der Ire zu Köhl hinüber. Er bewunderte den Bayern, der seine Ruhe wiedergefunden hatte.

Da die Flieger das Meer aus so großer Höhe hatten toben sehen, vermuteten sie, daß der untere Wolkenrand wahrscheinlich nicht allzu dicht über der See lag. Köhl überlegte kurz, sollte er umkehren und durch die Wolkenlöcher abwärtsstoßen? Aber die konnten sich schon längst geschlossen haben. Wenden und Suchen würden nur unnötig Zeit und Treibstoff kosten. So zögert er nicht lange und weist nach unten. Im selben Augenblick fühlt Fitzmaurice den Druck des Handrades, das sich langsam nach vorne schiebt. Er weiß Bescheid. Die „Bremen" senkt sich mit der Schnauze nach unten in den wallenden Dunst. Ohne Sicht müssen sie sich jetzt an die Meeresoberfläche herantasten.

Sie fliegen nur nach den Instrumenten. Selbst für den erfahrenen Blindflug-Piloten Köhl ist die Situation kitzlig. Langsam fällt der Höhenmesser. Wendekreisel beobachten. Fliegen ohne Sicht, ohne Kontakt, kostet Nerven. Wie ist die Außentemperatur? Können nicht die beiden Düsen der Wendekreisel vereisen? Der Motor wird gedrosselt. Dieses milchige Grau ist auf die Dauer unheimlich. Sogar die markanten, etwas nach oben gebogenen Tragflächenenden kann man nicht mehr sehen. Kälte und Nebelfeuchtigkeit kriechen in die Kabine. Der widerliche Dunst der Auspuffgase verstärkt sich.

Etwa tausend Meter zeigt der Grobhöhenmesser an. Die Nadel zittert weiter abwärts. Die „Bremen" schaukelt im Wind. Ab fünfhundert Meter arbeitet auch der Feinhöhenmesser mit. Immer vorsichtiger steuern Köhl und Fitzmaurice.

Noch knapp hundert Meter. Wann kommt die untere Wolkengrenze? Noch achtzig Meter. Beide Piloten sind darauf vorbereitet, die „Bremen" blitzschnell hochzureißen.

Noch sechzig Meter. Nur keine Wasserberührung!

Noch vierzig Meter. Wendekreisel beobachten, die linke Fläche hängt.

Dreißig Meter. Etwas mehr Gas.

Fünfundzwanzig Meter. Nichts zu sehen.

Kaum zwanzig Meter. Immer noch dicke Waschküche.

Fünfzehn Meter. Wie hieß es doch im Wetterbericht?

„Barometerschwankungen sind derart, daß ein Irrtum in der Höhenmessung zugunsten der ‚Bremen'-Besatzung sein wird!"

Zehn Meter. Es wird kritisch.

Fünf Meter. Nur nicht durchdrehen. Dauernd gehen die Blicke von den Instrumenten nach draußen und wieder zurück.

Jetzt ist der Höhenmesser auf Null angekommen!

Plötzlich tauchen aus dem Nebel graue und schwarze Zacken auf. Da sind weiße Striche. Die Piloten starren nach unten auf das wogende Meer. Sie blicken sich an. Noch einmal Glück gehabt!

Sie gehen tiefer, um nicht dauernd halb im Nebel zu fliegen. Nach einer Weile zeigt der Höhenmesser mehr als hundert Meter unter Null an. Das Flugzeug ist also in das schönste Tief hineingeraten. Dicker Regen prasselt gegen die Fenster. Nur undeutlich kann man die hochgehende See erkennen. Die Wogen bäumen sich auf. Der Sturm fegt den Gischt von den sich überstürzenden Wellenbergen. Was ist noch Regen, was ist hochgepeitschter Gischt? Das Meer will sein Opfer haben. Die Neufundlandbänke fordern ihren Tribut.

Zwischen den tobenden Elementen schwankt die „Bremen" dahin. Beide Piloten halten das Steuer fest in der Hand. Ihre ganze Kraft müssen sie aufbieten, um nicht in die hochgehende See geschleudert zu werden. Ausweichen? – Unmöglich! Sie müssen mit Sicht fliegen oder nach oben steigen – und im Nebel hin- und hergeworfen werden. Es ist ausgeschlossen, daß man völlig blind das tanzende Flugzeug halten kann. Welch ein vermessener Gedanke, das auch nur zu erwägen. So jagt die „Bremen" über die aufgewühlte Wasserfläche dahin.

Am ärgsten hat es Hünefeld erwischt, er kann sich nur schlecht zwischen den Tanks halten; die Hände an einigen Streben verkrallt, bemüht er sich krampfhaft, nicht zum wehrlosen Spielball des schlingernden Apparates zu werden, wie etwa die leere Thermosflasche, die zerbeult im Gang umherscheppert – winzig kleine Glassplitter springen über den Boden. Fast hilflos wird er geschüttelt. Wann hört endlich dieser Wahnsinn auf?

Das Flugzeug zittert in allen Fugen. Die Tragflächen schwingen und biegen sich: Es ist die Hölle. Das Handrad schlägt heftig. Wie lange soll das noch so weitergehen? Wann sind die Kräfte der Männer erlahmt? Werden sie dort unten in einem der tiefen Wellentäler enden? Berge von Wasser rollen heran. Es strudelt und wirbelt. Es geht um Leben oder Tod. Aber solange noch ein Funke in ihnen glüht, werden sie kämpfen. Schwache Menschen gegen die Allgewalt der Natur. Wenn nur der Motor – – –.

Angst? Was heißt hier Angst? Die Männer, die am Steuer hocken, haben keine Zeit, sich zu fürchten. Sie werden von dem gewaltigen Erleben mitgerissen. Noch bestimmen sie! Noch haben sie ihr Schicksal und das ihres Gefährten Hünefeld in der Hand.

Köhls Gesicht zeigt grimmige Entschlossenheit! Sein Körper schmerzt. Er versucht sich zu strecken. Die Muskeln sind verkrampft. Von Zeit zu Zeit schiebt er die Fliegerbrille hoch, um seine geröteten Augen zu reiben. Fitzmaurice geht es nicht anders.

Die „Bremen" wird herumgeworfen und gerüttelt. Unerbittlich wütet der Sturm, wann hat er sich ausgetobt? Das Kurshalten wird immer schwieriger. Der Kompaß schwankt und stößt unter den Böen. Ob er noch zuverlässig anzeigt, ist die Frage; aber er zeigt an, und die Piloten richten sich danach.

Oftmals schlägt der Kurszeiger wie wild über die Skala. Das Tageslicht ist noch nicht ganz verloschen. Immer wieder vergleichen und die Richtung verbessern. Nicht selten wird die Maschine bis 30 Grad aus dem Kurs geworfen.

Sicherlich wäre die brave „Bremen" zerfetzt worden, wenn sie keine metallene Außenhaut hätte. Lindbergh überquerte mit einem stoffbespannten Flugzeug den Ozean. Aber bei diesem Unwetter ist die Junkers-Metallbauweise vielleicht die Rettung.

Je länger der Kampf dauert, desto sicherer glaubt Hermann Köhl, daß sie über die entfesselten Elemente siegen werden. So reicht er seinem Gefährten Fitzmaurice die Hand: „Wir müssen es schaffen!"

Schlagzeilen

Axel Arnholm war gerade zum Dienst gekommen. Die Meldungen, die nach dem nächtlichen Redaktionsschluß der Frühausgabe eingelaufen waren, sah er durch. Wie gewöhnlich schien nichts Besonderes dabei zu sein. Erfahrungsgemäß hatte er auch genügend Zeit, um noch einen Blick in die Konkurrenzblätter zu werfen.

Da kam plötzlich der Chefredakteur in sein Zimmer geplatzt:

„Die ‚Bremen' ist unterwegs! Heute morgen in aller Frühe abgeflogen."

„Donnerwetter! Bringen wir auf der ersten Seite, ja?"

„Klar, Schlagzeile. Als oberste Meldung. Groß aufmachen! Bis die Abend-
ausgabe 'rausgeht, haben Sie ja Zeit genug. Hier ist der Text: ,Wie aus
Baldonnel gemeldet wird, sind die Ozeanflieger 5.38 Uhr gestartet.'"
„Das ist nicht viel."
„Ach was, bis Mittag werden wir schon weitere Meldungen 'reinholen."
„Soll die Atlantikkarte in die Abendausgabe?"
„Selbstverständlich, wie verabredet! Sagen Sie mal, Herr Münkel teilte mir
vor einigen Tagen mit, daß er einen Leitartikel zum Start vorbereitet hätte.
Wie ist es, können wir den bringen?"
Axel Arnholm zuckte vielsagend mit den Schultern und meinte grinsend:
„Ich halte nicht viel davon, aber Sie können sich ihn ja mal angucken. Hier
ist er!"
Wort für Wort las der Chefredakteur das Manuskript durch.
„Trotz vielfacher Warnungen, trotz Abratens der Lufthansa, trotz des un-
glücklichen Ausganges, den das Unternehmen des englischen Fliegeroffiziers
Hinchcliffe nahm, hat sich Hermann Köhl nicht davon abhalten lassen, zum
Transozeanflug zu starten. Die prinzipielle Einstellung zu diesen Todesflügen
kann sich natürlich nicht dadurch ändern, daß nun von deutscher Seite wieder der Versuch gemacht wird, von Osten nach Westen den Ozean zu überqueren."
„Na, was meinen Sie?"
„Nee, nee, mein Lieber, so geht es nicht. Das ist ja ein ,Leidartikel'!"
Arnholm lachte seinem Chefredakteur zu. Die beiden Männer wußten, was
sie wollten.
„Anständig und fair berichten, nicht wahr! Aber eines müssen Sie noch
'reinholen, Arnholm: den Wetterbericht der Seewarte. Ich glaube, das wird
unsere Leser interessieren. Und dann lassen Sie so viel Platz, daß wir jede
einlaufende Meldung unterbringen können. Haben ja noch Zeit genug."
„In Ordnung, wird gemacht."
Am frühen Nachmittag hatte Arnholm voll zu tun. Der angeforderte Wetterbericht sah alles andere als rosig aus. Er sprach von einem „Tiefdrucksystem
südlich von Grönland", „Regen- und Graupelschauer", dann „ein Tiefdruck-
wirbel vor der amerikanischen Küste", der über Neufundland „eine erhebliche Wetterverschlechterung" bringen würde.
Eine Meldung des Wolff'schen Telegraphenbüros lautete ähnlich:
„Nach Schiffsmeldungen haben die deutschen Flieger auf der ganzen
Strecke mit West- und Nordwestwinden in Stärke 4 bis 7 zu rechnen."
Der Bürstenabzug des Leitartikels kam aus der Setzerei herauf. Arnholm sah
ihn durch. Wenn Zeit war, wollte er noch einige Zeilen über die Wetterlage
hinzufügen.

124

Ein Reporter, der einen bekannten Piloten über die Aussichten des Ozean-fluges hatte interviewen sollen, kehrte unverrichteter Dinge zurück. Das war ärgerlich, denn der Start hatte sich auf Grund der Rundfunkmeldungen inzwischen herumgesprochen, und deshalb mußte die Zeitung zum Abend mehr Einzelheiten bringen.

Dann rief der Chefredakteur an, was es Neues gäbe. Leider konnte ihm Arnholm keine befriedigende Auskunft erteilen, und schließlich ging es ja auch nicht an, sich etwas aus den Fingern zu saugen.

Doch wenig später trafen gleich zwei Meldungen ein:

„New York. Die Nachricht vom Abflug der ‚Bremen‘ hat hier in Amerika großes Aufsehen erregt. Die Zeitungen veröffentlichten schon bald nach dem Eintreffen der Nachricht Extrablätter, so daß das Wagnis der Flieger trotz der frühen Morgenstunde in kurzer Zeit in allen Stadtteilen bekannt war.

Die Hoffnungen auf Gelingen des kühnen Unternehmens sind in Anbetracht der wenig günstigen Wettermeldungen vom Atlantischen Ozean jedoch ver-mischt mit ernster Besorgnis um das Schicksal der Flieger. Trotzdem werden schon jetzt seitens der hiesigen Behörden Maßnahmen erwogen, um den Fliegern einen gebührenden Empfang zu bereiten.

Major Fitzmaurice hat kurz vor dem Abflug dem Vertreter der Associated Press eine Mitteilung für Amerika übergeben, in der er seine Freude darüber äußert, daß es ihm durch Großmut des Freiherrn von Hünefeld vergönnt sei, an dem Amerikaflug teilzunehmen. Die ‚Bremen‘ sei seiner Ansicht nach das beste Flugzeug, das die Technik für den Flug über den Atlantischen Ozean herzustellen vermochte.“

Die zweite Meldung war als Sonderdienst unmittelbar aus New York herü-bergekabelt worden und allein für die Zeitung bestimmt, bei der Axel Arnholm arbeitete. Kein anderes Blatt würde also diesen bezeichnenden Stimmungs-bericht bringen:

„New York, 12. April. Die Nachricht vom Start der ‚Bremen‘ wurde kurz nach 1 Uhr nachts bekannt. Dies wurde von den Scharen der Nachtschwärmer auf dem Broadway mit großem Jubel und großer Begeisterung aufgenommen. Man riß den Zeitungsjungen die Zeitungsblätter aus den Händen, und vor den Redaktionen sammelten sich Menschenmengen an, die auf weitere Nachrichten warteten. – Die Flugplätze in Nordamerika haben Anweisung bekommen, alle Vorbereitungen für den Empfang der Flieger zu treffen und die Flugplätze und die Strecke schon von heute abend ab zu beleuchten.“

Axel Arnholm beschloß, beide Meldungen fast unverändert aufzunehmen. Zusammen mit den Lebensläufen und Bildern der Flieger war damit der reservierte Raum ausgefüllt. Er lief nach unten und gab die New Yorker Berichte in die Setzerei.

Noch eine halbe Stunde bis Redaktionsschluß. Diese Minuten waren jedesmal die anstrengendsten und aufreibendsten. Es mußte noch Korrektur gelesen werden, und danach konnte man endlich aufatmen. Wenn erst die Schnellauf-Rotationsmaschine zu arbeiten begann, hatte der Redakteur nichts mehr zu melden.

Da schnarrte das Telefon:

„Noch eine Meldung zum Amerikaflug! Kommt gleich per Rohrpost. – – Etwa zehn bis fünfzehn Zeilen freihalten!"

Auf der ersten Seite war kein Platz mehr. Vielleicht unter „Letzte Meldungen". Fiebernde Hast. Ein Setzer wartete schon. Da fiel die Kapsel aus dem Rohr. Arnholm riß den Zettel heraus. War das wichtig? Mußte das noch unbedingt in der Abendausgabe mitgenommen werden?

„Die Meldungen über die Witterungsverhältnisse an der amerikanischen Atlantikküste sind sehr widerspruchsvoll. Während noch vor wenigen Stunden das Wetter als ausgesprochen ungünstig bezeichnet wurde, berichtet soeben der englische amtliche Rundfunk, daß die Wetterverhältnisse zur Zeit bei leichten Winden gut sind, daß aber ein östlicher Sturm mit Regen bevorsteht. Auch aus New York wird eine erhebliche Besserung des Wetters gemeldet. Der seit heute morgen anhaltende Regen und Schneefall habe aufgehört."

Also war das Wetter doch nicht so schlecht. Selbstverständlich mußte diese Meldung noch mit, trotz der ziemlich unbestimmten Angaben. Am besten setzte man darüber: „Bei Redaktionsschluß wird uns gemeldet".

Nach kurzer Zeit begann die Rotationsmaschine zu laufen. Und in spätestens einer Stunde würden die Straßenhändler mit lauter, heiserer Stimme die Schlagzeilen ausrufen:

„Start der Ozeanflieger!"

„Neuester Ozean-Wetterbericht!"

„Amerika erwartet die ‚Bremen'!"

Nachtflug

Weiter ging der Flug. Bis Neufundland konnte es nicht mehr lange dauern. Oder hatte der Sturm die „Bremen" derart abgetrieben, daß die Küste wieder in weite Ferne gerückt war? Das Unwetter hatte alle ernsthaften Navigationsversuche scheitern lassen. Sie steuerten westwärts, wie der Kompaß es anzeigte. Einmal mußte ja Land auftauchen. Allmählich brach

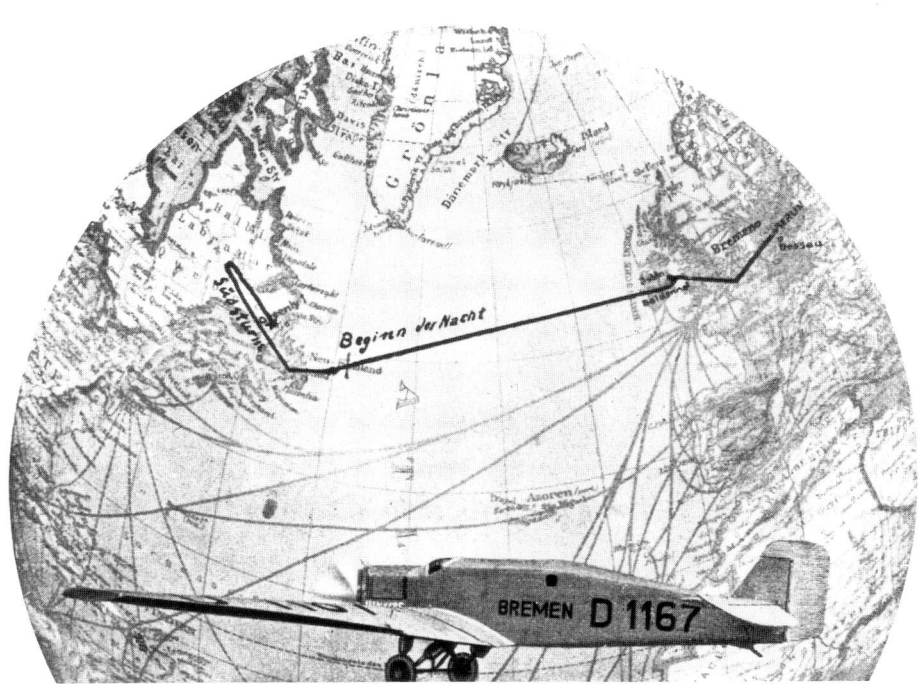

jetzt die Nacht herein. Noch erkannte man die Instrumente einigermaßen, trotzdem nahm James C. Fitzmaurice zuweilen schon die Taschenlampe zu Hilfe.

Der Sturm ließ kaum nach. Eine Aufwindbö riß die „Bremen" zwanzig, dreißig Meter hoch. Es machte Mühe, das Steuer zu halten, die Handgelenke schmerzten. Unglücklicherweise fiel die Taschenlampe zu Boden und rollte irgendwohin. Der Ire konnte sie nicht entdecken und tastete nach ihr. Der Boden war naß, schmierig. Noch immer fand Fitzmaurice sie nicht, er beugte sich nieder, glitt mit der Hand über das kalte Metall und suchte den Boden ab. Da fühlte er die Lampe. Beim Hochnehmen rutschte sie ihm fast wieder weg, so verschmiert war sie. Aber als er die Lampe anschaltete, funktionierte sie noch. Der Ire sah verblüfft auf seine Finger. Woher kam der Dreck? – – – Das ist ja Öl! Mißtrauisch leuchtet er nach unten. Dort schillern große Öllachen. Die kostbare Flüssigkeit schwappt hin und her. Aschfahl wird sein Gesicht. Ein Leck im Tank? Ein Leck in der Leitung?

Hünefeld sieht plötzlich, wie der sonst so beherrschte Ire seinem Gefährten Köhl an den Arm greift und ihm etwas zuschreit. Köhl versteht nicht, was los ist. Fitzmaurice brüllt gegen den Lärm an und zeigt ihm die ölbesudelten Hände. Sein Gesicht ist verzerrt. Jeder Laut wird von dem Vibrieren der Wellblechbeplankung, vom Dröhnen des Motors und vom Singen der

Luftschraube übertönt. Fiebernd vor Aufregung reißt der Ire einen Zettel von einem Formularblock und schreibt mit Rotstift:

„Irgendwo verlieren wir Öl."

Köhl liest den Satz und starrt seinen Gefährten an. Richtig: Das Ölschauglas war noch vor einer halben Stunde voll. Und jetzt ist nur noch ein kleiner Rest darin. Aber der Motor-Öltank ist doch schon aus dem Reserve-Öltank nachgefüllt worden! Während des ganzen Tages trat zwar etwas Öl an der Tourenzählerwelle heraus. Aber das bißchen, das am Instrumentenbrett herunterläuft, ist doch kaum der Rede wert. Oder – – – kalt läuft es Köhl über den Rücken: Der Hauptöltank hatte auf dem Überführungsflug von Berlin nach Baldonnel leicht geleckt, sollte etwa – – –? Fitzmaurice steht von seinem Sitz auf. Das Flugzeug schwankt im Sturm hin und her. Der Ire stolpert in den Mittelgang, er muß sich an den Tanks festhalten. Dann kauert er auf dem Boden und leuchtet mit der Taschenlampe unter die Sitze. Ist eine Leitung gebrochen? Er kann nichts erkennen. Dieser starke Ölverlust muß doch eine Ursache haben, aber an das Leck scheint er nicht heranzukommen. Er weiß ja nicht einmal, wo es sein könnte. Trotz der großen Erregung, die sich seiner bemächtigt, sucht er so gut es geht weiter. Noch einmal tastet er alles ab. Dann richtet er sich mühsam auf. Eine Bö faßt die „Bremen" von der Seite. Noch gerade kann er sich an einer Strebe festkrallen. Verzweifelt läßt er sich auf den Sitz fallen. Köhl blickt immer wieder herüber. Fitzmaurice zuckt mit den Schultern und schreibt auf den Zettel unter die erste Bemerkung:

„Versuche so schnell wie möglich zu landen, wir verlieren schrecklich viel Öl."

Köhl schließt das Reserveöl an. Nach kurzer Zeit ist das Ölstandglas wieder voll.

Während der nächsten Minuten erforderte der Sturm die ganze Aufmerksamkeit der Piloten. Nach einer Weile war das Ölstandglas wieder dreiviertel leer. Man hätte verzweifeln können. Blieb denn gar keine Hoffnung? Jetzt dunkelte es mehr und mehr. Kleine elektrische Birnen ließen die Instrumente schwach aufleuchten; hell genug, um die Zeigerausschläge noch zu erkennen, dunkel genug, um die Piloten nicht zu blenden; denn es hieß aufpassen, wenn draußen in der Finsternis die Lichter der Küstenleuchttürme auftauchten.

Kurz bevor das Versagen der Ölversorgung entdeckt worden war, hatte Köhl mit dem Gedanken gespielt, weiter nach Süden zu drehen, um aus dem Tief und dem Unwetter herauszukommen. Er wollte den New Yorker Flughafen Mitchellfield vom Meere aus anfliegen. New York lag von Neufundland aus im Südwesten. Sie hätten in dem Falle zwar während der ganzen Nacht über

Führerstand der „Bremen" mit den beiden Handrädern und den Instrumenten. Über dem linken Handrad der Askania-Wendekreisel, der den Nebel- und Nachtflug ermöglichte

dem Meere bleiben müssen, brauchten bei Tagesanbruch aber nur nach Nordwesten zu drehen, um dann an irgendeiner Stelle die Küste zu überfliegen. An eine Landung durften sie während der Dunkelheit sowieso nicht denken. Jetzt aber waren diese Überlegungen überflüssig. Im Augenblick blieb New York gänzlich unwichtig. Es galt, überhaupt erst einmal Land zu erreichen.

Wieviel Kilo Öl enthielt der Reservetank wohl noch? Aber das reichte doch höchstens für einige wenige Stunden. Also wurde der alte Kurs weitergeflogen. Wenn dann das Öl verbraucht war, wenn sich die Kolben im Motor festfraßen, dann – – –? Selbst wenn sie bereits über dem Festland flogen, ein Niedergehen in der Finsternis? – Irgendwo? – – – Es war nicht auszudenken. Sollte der Flug an einem kleinen Fehler in der Ölleitung scheitern? Der Motor hatte bisher durchgehalten. In Nebel und Sturm hatte sich die „Bremen" bewährt. Die tobenden Elemente hatten Mensch und Material nicht zu besiegen vermocht – und jetzt die Ölleitung? Aber allzuweit konnte das Land nicht mehr entfernt sein.

Fitzmaurice starrte in die Nacht. Quälende Minuten schlichen wie Stunden dahin. Er war übermüdet. Aus Sicherheitsgründen suchten sie größere Höhen auf, denn sie wußten nicht, wie hoch die Berge an der amerikanischen Küste sind. Immer dunkler wurde es, kein Stern ließ sich blicken. Nur das stete Aufglimmen der heißen Abgase in den sechs Auspuffstutzen sah Fitzmaurice unmittelbar vor sich. Die Augen wollten ihm zufallen. Mit rasendem Herzklopfen schreckte er auf, wenn er merkte, daß die Müdigkeit ihn überwältigen wollte.

Die Kälte kroch in die Kabine. Durch den anhaltenden Luftzug entzündeten sich die Augen. Die Arme schmerzten, und die Gedanken irrten ab. Fitzmaurice fröstelte. War die Kälte vielleicht gefährlicher als das langsam versiegende Öl? Um den Eisansatz zu vermeiden, hatten die Monteure in Baldonnel Tragflächen und Rumpf mit Paraffin und Öl eingerieben. Das war einigermaßen beruhigend. Ein plötzlicher Einfall ließ ihn auf die Kreiselgeräte blicken. Wenn sich jetzt die Düsen, die draußen in den Luftstrom ragten, mit Eis zusetzten? Er öffnete das Fenster, griff hinaus und tastete die Düsen ab. Ein Glück, kein Eis. Befriedigt setzte er sich und war wieder der Eintönigkeit des Kampfes mit den Elementen ausgesetzt. Die Windrichtung ließ sich nicht mehr feststellen. Hermann Köhl hoffte, daß sie bald die Rückseite des Tiefs erreichten. Dort mußten Winde aus Nord und Nordwest vorherrschen, und dann würden sie auf die Küste zugetrieben, nach Neufundland oder weiter über den Kontinent. Köhl nahm den Kurs noch etwas nördlicher.

Im unbändiger Wut heulte und tobte der Sturm. Die „Bremen" taumelte wie betrunken hin und her, von den Männern immer wieder auf den richtigen Kurs gerissen. Köhl machte sich Gedanken um Frau und Tochter seines irischen Gefährten. In diesen Augenblicken, in denen die Not am größten war, lastete die Verantwortung schwer auf ihm, denn er war es gewesen, der auf dem Flugplatz Baldonnel zuerst zu Hünefeld gesagt hatte, daß sie ihn mitnehmen wollten. Auf den Bayern wartete in der Heimat zwar auch seine Frau; aber der Ire hatte eine Familie. Als einziger unter den dreien war Hünefeld ungebunden.

Allmählich wurde die Kompaßlampe schwächer. Ein Unglück kommt selten allein. Schließlich fiel die ganze Instrumentenbeleuchtung aus. Wo lag der Fehler? Hatte die eindringende Nebelfeuchtigkeit die Isolierung undicht werden lassen? Die Versuche, die Lampen wieder zum Brennen zu bringen, blieben in dem schwankenden, vom Sturm geschüttelten Flugzeug erfolglos. Wie sollte man jetzt noch Kurs halten? Köhl nahm die Taschenlampe zu Hilfe. Das war ein elender Behelf. Von Zeit zu Zeit blitzte sie auf. Immer wieder mußte die Flugrichtung kontrolliert werden. Wenn der Schein auf die

Geräte fiel, spiegelten die Abdeckgläser das Licht zurück und blendeten beide. Für die geröteten Augen bedeutete das eine immer neue Qual. Den Kompaßkurs zu halten fiel unendlich schwer. Die ganze Nacht mußten sie das grelle Aufleuchten der Taschenlampe ertragen. Wenn man sie doch nur befestigen und dauernd blendungsfrei hätte brennen lassen können; leider würde die Batterie das nicht aushalten.

Der größte Teil der Nacht lag noch vor ihnen. Wo würden sie am Morgen herauskommen? Würden sie Leuchttürme ausmachen können? Hermann Köhl hatte den Reserve-Öltank noch einmal geöffnet. Im Schauglas war der Ölstand etwas gestiegen. Er hoffte, daß sie doch noch längere Stunden, vielleicht sogar bis zum Morgengrauen mit dem Öl auskämen.

24 Uhr irischer Zeit! Fast neunzehn Stunden waren sie schon in der Luft. Immer nach Westen. Ja, mehr wußten sie eigentlich auch nicht. Dieses Warten, bis es wieder tagte, zermürbte die Besatzung. Wo würden sie herauskommen? Diese Frage beherrschte ihr ganzes Denken. Wenn doch wenigstens der Nebel aufhörte, dann wäre es möglich gewesen, nach dem Polarstern zu navigieren. Bei klarer Sicht hätten sie vielleicht schon feststellen können, ob sie sich über dem Festland befanden. Wie würden sie gejubelt haben, wenn tief unten die Straßenlaternen einer Stadt oder auch nur die vereinzelten Lichter kleiner Ortschaften aufgeleuchtet wären. Sie wurden die Furcht nicht los, daß bei Tagesanbruch der Nebel bis auf den Boden reichte. Dann müßten sie sich hinabtasten. Wehe, wenn sie mit dem Fahrwerk an Bäumen oder Häusern hängenblieben, wenn das Flugzeug sich überschlüge und für die Besatzung zum Sarg würde.

Das Gefühl, ohne jede Sicht zu fliegen, war scheußlich. Solange man die Erde oder jedenfalls die Wolkendecke sah, flog die „Bremen" von allein geradeaus. Aber dieser Nebelflug zerrte an den Nerven. Die Taschenlampe blitzte auf – zum ungezählten Male. Die Instrumente zeigten eine erhebliche Kursabweichung. Durch Steuerausschläge brachte Köhl sie wieder in die Nullstellung. Das Licht verlöschte. Nun bemühte er sich, die Steuerung möglichst wenig zu bewegen. Es mußte doch eigentlich gelingen, für etwa hundert Sekunden die gerade Richtung einzuhalten. Er wußte um die Gefahren des Blindfluges. Kein Pilot konnte sich in dieser Situation auf sein Gefühl verlassen. Es war wie verhext. Köhl stieß Fitzmaurice an. Augenblicklich leuchtete die Lampe auf. Die Nadel des Wendekreisels hing schräg, der Kompaß drehte, die Nadel des Geschwindigkeitsmessers zeigte hohe Fahrt an. Köhl biß sich auf die Lippen. Behutsam steuerte er dagegen. Bald lag das Flugzeug wieder richtig. Lampe aus!

Nach kurzer Zeit mußte er im Lichtschein erneut korrigieren. Obwohl die Nadel des Wendekreisels schnell wieder in der Senkrechten zitterte, hatte

Köhl das Gefühl, als ob die linke Fläche hinge. Alle Verstandeskraft mußte er zusammennehmen, um dieser Einbildung nicht nachzugeben. Blindflug ist eine Sache der kühlen Überlegung, nicht die des Gefühls. Genauso wie ein geblendeter Vogel nicht fliegen kann, ist auch kein Pilot im Nebel fähig, nach seinen Sinnen zu steuern. Er *muß* den Instrumenten vertrauen. Sie allein können ihm sagen, was er zu tun und zu lassen hat. Hermann Köhl wußte das aus seiner langen Blindflugerfahrung. Und doch machte es ihm ungeheure Mühe, so lange Zeit ausschließlich nach den Anzeigegeräten zu steuern. Immer wieder sagte ihm sein Gleichgewichtssinn: „Du fliegst falsch!" Er zwang sich, diese trügerischen Warnrufe nicht zu beachten. Das kostete unerhört viel Kraft.

Erneut blendete die Lampe auf. Der Kompaß drehte langsam, und wieder stieg die Geschwindigkeit. Nach dem Höhenmesser verloren sie an Höhe. Hatte die „Bremen" etwa schon eine volle Runde geflogen? Wenn das so weiterging, jagte sie auf Korkenzieherkreisen ins Meer.

Doch Köhl wurde stur, unheimlich stur. Er fing sich. Jetzt kam ihm seine Nachtflugerfahrung zugute. Nach kurzer Zeit war die Gefahr abgewendet und überwunden. Im Aufblitzen der Lampe erkannte er, daß die Abweichungen von der Flugroute von Mal zu Mal geringer wurden. Er hatte seine Ruhe wiedergefunden und grinste Fitzmaurice an. Der Ire nickte ihm aufmunternd zu. Auch er wußte das Wagnis eines Blindfluges unter so erschwerenden Umständen richtig einzuschätzen. Das erforderte fast übermenschliche Nervenkraft. Beide Piloten wurden durch den Ausfall der Instrumentenbeleuchtung bis an die Grenze des Möglichen belastet.

Köhl wußte nicht, wie lange er noch diese höllische Art zu steuern aushalten mußte und aushalten konnte. Jedes Mal, wenn der Lichtschein von den Glasscheiben der Geräte zurückgeworfen wurde und ihn blendete, kniff er die Lider zusammen. Es flimmerte, stets mußte er sich wieder an die Helligkeit gewöhnen. Das dauerte mehrere Sekunden. Instrumente ablesen, Kurs berichtigen. Dann war es wieder finster. Nichts konnte er nun erkennen. Der scharfe Luftzug, der durch die Ritzen der Kabine pfiff, trieb ihm die Tränen in die Augen. Kurz darauf blinkte die Taschenlampe erneut auf. Und doch, Hermann Köhl gewöhnte sich daran, drehte nicht durch und bekam keinen Nervenkrampf. Nur das unerschütterliche Wesen des Bayern ermöglichte es allen Widerständen zum Trotz, daß entschlossen weitergeflogen wurde. Einmal mußte es ja Tag werden!

Köhl stieß den Iren an und gab ihm zu verstehen, daß er trinken wollte. Kaffee war das letzte Mittel zum Durchhalten. Es ging hart auf hart. Der Kaffee wirkte, er belebte die Geister und verscheuchte die Müdigkeit für eine Weile.

132

Noch versiegte das Öl nicht. Wie es schien, war noch eine Menge vorhanden. Man hätte glauben können, daß der Ölvorrat doch nicht so schnell zur Neige ging.

In diesen schweren Stunden hielt Hermann Köhl das Schicksal der Besatzung in seinen Händen. Der Kampf mit den Naturgewalten stumpfte ab. Die Gefahr, die gerade von dieser Seite drohte, durfte man nicht unterschätzen. Die beiden Piloten reichten sich zuweilen die Hände, um sich gegenseitig Mut zu machen, um sich zu geloben, daß sie das Ringen um die erfolgreiche Vollendung des Fluges nicht aufgeben wollten. Menschen verschiedener Völker werden nicht durch Worte, sondern durch Taten Gefährten und Freunde.

Stundenlang nichts als Nacht, stockfinstere Nacht. Nicht einmal der Nebel war zu sehen. In regelmäßigen Abständen huschte der Schein der Taschenlampe über das Instrumentenbrett. Der Drehzahlmesser zeigte an, daß der Motor normal arbeitete. Treibstoff war noch genügend vorhanden. Es schien sicher, daß die „Bremen" vom Kurs abgekommen war und daß sie von nicht festzustellenden Luftströmungen abgetrieben wurde. Aber das konnte mit dem reichlichen Treibstoffvorrat ausgeglichen werden, wenn es zu tagen begann. Köhl schloß zuweilen die schmerzenden Augen.

Langsam stieg die „Bremen". Das Außenthermometer fiel. Noch war es zwei Grad über Null, eine Vereisung drohte nicht unmittelbar. Wahrscheinlich flogen sie schon über dem amerikanischen Kontinent. Das dunkle Wolkenmeer, das die Piloten in der Finsternis nur erahnen konnten, blieb undurchdringlich. Nicht der Schimmer eines Lichtes wurde gesichtet. Und doch vermeinten sie, bald hier, bald dort etwas aufblitzen zu sehen. Strahlte da unten nicht ein Scheinwerfer oder weiter links ein Leuchtturm?

Es blieb gefährlich, diesen Trugbildern zu folgen. Von Lindbergh wußten die Piloten, daß mitten auf dem Ozean Küstenlinien vor ihm aufgetaucht waren, die sich mit klar umrissenen Baumreihen vom Horizont abgehoben hatten.

Wenn die Augen vom langen Fliegen überanstrengt sind, glauben sie die seltsamsten Dinge zu sehen. Diese Wunschträume spielen dem Menschen einen Streich. Und wehe dem Piloten, der das nicht weiß, der das nicht erkennt. Er ist verloren, wenn er leichtsinnig vom Kurse abweicht und sich von einer „Fata Morgana der Seele" betrügen läßt.

Der grelle Lichtstrahl der Taschenlampe glitt zum Kompaß, hielt einen Augenblick bei der Borduhr inne. War sie stehengeblieben? Nein, nein, der große Zeiger kroch nur sehr langsam dahin – keine Abwechslung! Es kam jetzt nur darauf an, bis zum Tagesgrauen auszuhalten. Was mochte der erste Sonnenstrahl für Überraschungen bringen?

Zu diesem Zeitpunkt vermißten sie Männer wieder das Funkgerät. Wenn sie ihren Standort gewußt hätten, würden sie schon in Richtung New York steuern können. Um die Frage, ob ein Gerät für drahtlose Telegrafie mitgenommen werden sollte, war lange gerungen worden. Weder aus Leichtsinn noch aus Unüberlegtheit hatten sie darauf verzichtet. Neunzig Kilogramm wog solch eine Funkausrüstung, das hieß neunzig Kilogramm weniger Treibstoff. Und Köhl setzte nun einmal auf Treibstoff. Das bedeutete ihm Sicherheit. Neunzig Kilogramm entsprachen etwa 120 Flugminuten – und zwei Stunden konnten entscheidend sein. Auch Lindbergh hatte keinen Funkapparat mitgenommen.

Schon vor dem Start hatten Köhl, Hünefeld und Fitzmaurice gewußt, daß der Verzicht auf jede Verbindung mit der Außenwelt ein schwacher Punkt ihres Unternehmens war. Aber erst im nächtlichen Nebel wurde ihnen die ganze Tragweite ihres Entschlusses klar. Jetzt hätten sie von den Stationen der Küstenwache Windrichtung und Windgeschwindigkeit erfahren können. Über Funk wäre es kaum schwierig gewesen, sich nach New York einweisen zu lassen. Empfangsstationen hätten den Flugzeugsender anpeilen und den genauen Standort berechnen können. Die Welt würde erfahren haben, wo sich die „Bremen" befand. Man hätte gewußt, wo bei einer etwaigen Katastrophe das Flugzeug zu suchen war.

Wenn die „Bremen" unter diesen erschwerten Umständen ihr Ziel nicht erreichte, wenn eine glückliche Landung nicht gelänge, würde alles vergeblich sein. Die erste Besatzung, die der Welt ihre Flugerfahrungen mitteilen konnte, erwies der Luftfahrt einen unschätzbaren Dienst; dagegen war jeder mißlungene Ozeanflug völlig nutzlos. Es kam darauf an, Erfahrungen zu sammeln, wissenschaftlich stichhaltige Erfahrungen. Und das alles hätte der Welt schon über Funk zuverlässig mitgeteilt werden können, wenn auch nur in Stichworten.

Diese Gedanken gingen den Männern durch den Kopf. Verbissen steuerten sie weiter durch die Finsternis. Sie wollten, daß der Flug gelänge, nicht nur um zu leben, sondern um die Bahn für Passagierflugzeuge freizumachen, um dem transatlantischen Verkehrsflug den Weg zu ebnen.

Stunden vergingen. Allmählich wurde der Flug ruhiger. Die „Bremen" bockte nicht mehr so stark. Der Sturm hatte etwas nachgelassen. Hermann Köhl rechnete noch mit mindestens acht Stunden Dunkelheit. Wenn sie mit der Nacht, die um den Erdball reiste, sehr weit nach Westen flogen, konnten es auch neun oder zehn Stunden werden.

Bald mußten die Kabinentanks leergeflogen sein. Der Stundenzeiger der Borduhr hatte den ersten roten Kontrollstrich schon fast erreicht. Sie mußten scharf aufpassen. Wenn die angeschlossenen Tanks leergeflogen waren, hatten sie nur eine kurze Frist, während der Motor aus dem Falltank mit Treibstoff versorgt werden würde. Und wenn sie es versäumten, während dieser Frist auf die anderen Tanks umzuschalten, würde die Luftschraube stehenbleiben. Es gab kein Mittel und keinen Kniff, um den L5-Motor wieder in Gang zu bringen. Wenn er aussetzen sollte, wäre alles zu Ende.

Wie erwartet, fiel auf einmal der Treibstoff im Schauglas. – Umschalten! Der Falltank mußte mit der Hand aufgepumpt werden, und wenige Minuten später war die Treibstoffzufuhr wieder gesichert.

Das Umstellen auf die gefüllten Tanks hatte die Besatzung voll in Anspruch genommen. Als Köhl nun auf die Instrumente blickte, sah er, daß der Kompaß langsam rotierte. Die „Bremen" lag wieder einmal in der Kurve und zog Kreise. Fitzmaurice hielt die Lampe, während Köhl abwechselnd links und rechts ins Seitenruder trat. Allmählich beruhigte sich der Kompaß und zeigte bald den richtigen Kurs an, soweit man im Bereich des magnetischen Nordpols von „richtig" reden konnte.

Unendlich langsam rundete der Minutenzeiger das Zifferblatt. Mit Sicherheit konnte jetzt angenommen werden, daß die „Bremen" den amerikanischen Kontinent erreichen würde. Sehr wahrscheinlich hatten sie schon Land unter sich. Hermann Köhl, der während des Tageslichtes verhältnismäßig sicher nach der Sonne navigiert hatte, sorgte sich um den Kurs, den sie mit Hilfe des Kompasses während der bisherigen Nachtstunden eingehalten hatten. Noch war es dunkel. Welche Überraschungen würde der Morgen bringen?

Es dauerte nicht mehr lange, bis es etwas heller wurde. Köhl sah fragend zu seinem Gefährten hinüber. Sie verglichen die Uhren. Nein, der beginnende Tag konnte das noch nicht sein.

Plötzlich stieß Fitzmaurice den Bayern an und zeigte nach oben. Er sah Lichter, nur einen Augenblick. Nein, vorbei. Köhl blickte suchend aufwärts. Da wieder! Kaum eine Sekunde dauerte es. Da waren Sterne! Auf ein Zeichen kam Hünefeld nach vorne. Dort – das waren doch Sterne. Aber schnell wurden sie von neuen Nebeln verdeckt. Köhl wußte, was er zu tun hatte. Vorsichtig gab er Gas und zog die Maschine langsam nach oben. Die Wolken konnten nicht mehr allzu hoch sein. Nur heraus aus dieser Waschküche, in der sie seit einer Ewigkeit flogen. In immer kürzeren Zwischenräumen öffneten sich Durchblicke zum Firmament. Doch was war das? Beide Piloten erkannten es gleichzeitig: Lichter voraus. Sie riefen es sich zu und lachten. Was tat es, daß der Lärm die Worte verschluckte. Lichter! Leuchttürme? Städte? Scheinwerfer von Autos, die auf der Landstraße dahinfuhren?

Aber schnell genug kam die Enttäuschung. Dort standen Sterne, nichts als Sterne. Das wirkte ernüchternd. Dennoch: Es ging vorwärts. Wieder tauchte alles im Dunst unter. Die „Bremen" verschwand in einem Wolkenturm. Die Nadel des Höhenmessers kletterte stetig weiter. Durch den Treibstoffverbrauch war das Flugzeug schon fast um eineinhalb Tonnen leichter geworden. Es stieg gefügig und leicht. Seit vierundzwanzig Stunden dröhnte nun der Motor sein eintöniges Lied.

Minutenlang glitzerten die Sterne. Noch einmal flogen sie in die Nebelschwaden hinein. Zweitausend Meter zeigte der Höhenmesser. Nach wenigen Augenblicken wölbte sich der Nachthimmel in seiner Erhabenheit über dem Wolkenmeer, das weißlich unter dem dahinbrausenden Flugzeug schimmerte. Sie machten den Großen Bären aus, rechts davon blinkte der Polarstern. Köhl verglich die Nordrichtung mit dem Kompaß und schüttelte mißbilligend den Kopf. Dem Iren legte er die Hand auf die Schulter und weckte ihn aus seiner ergriffenen Andacht auf: „Fitz, nimm das Steuer!"

Zum ersten Male seit dem Dunkelwerden hatte Hermann Köhl einen Anhaltspunkt für die Navigation. Er holte Tabellen heraus, rechnete und korrigierte im Schein der Taschenlampe den Kurs. Aus der Abweichung des Kompasses von der wirklichen Nordrichtung versuchte er den Standort zu berechnen. Das schien aber völlig unmöglich. Der Flug durch die magnetischen Störungsfelder war offenbar dem Kompaß nicht gut bekommen. Nach einer Weile ergab sich, daß sie wahrscheinlich nach Norden abgetrieben worden waren; wie weit, das blieb eine andere Frage. Auf jeden Fall änderte Köhl erst einmal den Kurs und steuerte genau nach Westen, er war ziemlich am Ende seiner Kunst. Zwar gaben ihm die Sterne einige Hinweise, aber im großen und ganzen tappte er mit seiner Ortsfeststellung noch immer im dunkeln.

Auf den Kompaß war kein Verlaß mehr, das wurde beiden klar. So legten sie die Richtung nach den Sternen, die dicht über dem Wolkenhorizont standen, fest und flogen darauf zu. Es erwies sich als eine Wohltat für die Augen, daß die Taschenlampe nicht mehr dauernd aufleuchten mußte. Nur Tourenzähler und Benzinuhr waren noch von Zeit zu Zeit zu überprüfen.

Köhl wurde von der Müdigkeit übermannt. Für wenige Minuten nickte er ein. Aber selbst im Schlaf sah er noch die Sterne aufglitzern. Diese kurze Ruhepause erfrischte ihn. Der Rest des Kaffees tat sein übriges. Er war jetzt wieder fähig, einzelne Sterne als Richtungspunkte fest im Auge zu behalten. Nun konnte auch Fitzmaurice ein wenig schlafen. Auch bei ihm machte sich die Erschöpfung durch den langen Sturm- und Nebelflug bemerkbar.

Freitag, 13. April

„Freitag, 13. April, wenn das kein Datum für abergläubische Menschen ist, dann weiß ich es nicht!" dachte Axel Arnholm beim Aufblättern der Morgenzeitung, die er eben am Bahnhofskiosk gekauft hatte.

Die Hochbahn war zu dieser Zeit, kurz vor 8 Uhr, wie immer ziemlich besetzt.

„Zurückbleiben! Vorsicht an der Bahnsteigkante! Der Zug fährt ab!" hörte man von draußen rufen. Und schon schlossen sich die automatischen Türen. Im gleichen Augenblick setzte sich der Zug in Bewegung.

Mit einem Blick überschaute Arnholm die erste Seite, die im wesentlichen dem Ozeanflug vorbehalten war. Irgendwelche positiven Nachrichten durfte man allerdings kaum erwarten, weil seit dem Start noch nicht einmal dreißig Stunden vergangen waren. So überflog er den Leitartikel.

„Wir erinnern uns der Tatsache, daß dasselbe Flugzeug schon im vorigen Jahre den kühnen Flug über das Meer angetreten hatte. Hermann Köhl und Freiherr von Hünefeld waren auch damals die Insassen. Nach einem Sturm-flug, der in der Geschichte des Flugwesens seinesgleichen sucht, faßten sie den wohlerwogenen Entschluß zur Umkehr. Auch jetzt sind die Flieger ent-schlossen, falls sie ungünstigen Witterungsbedingungen begegnen sollten, den Mut zur Umkehr aufzubringen, um später unter günstigeren Umständen erneut zu starten."

Der Mann, der neben Arnholm auf der Bank saß, redete ihn an:

„Na, was Neues? Sind die Flieger bald in Amerika?"

„Wollen wir hoffen, aber vor heute nachmittag ist nicht damit zu rechnen."

„Dauert ja ziemlich lange. Aber man muß doch irgendwo die ‚Bremen' gese-hen haben. Es sind doch genug Schiffe auf See!"

„Nein, das stände bestimmt hier drin, wenn man sie gesichtet hätte. Und zur Zeit ist es ja noch dunkel über dem Atlantik!"

„Ach so. – Na, ich drück' jedenfalls die Daumen, daß sie heil drüben ankom-men – wär 'ne dolle Sache. Die haben Schneid, die Brüder."

Ein anderer Fahrgast, der dem Gespräch zuhörte, meinte mißbilligend:

„Ob Schneid oder nicht, ich halte von der ganzen Sache nicht viel. Ich habe gehört, daß der Hünefeld ziemlich krank sein soll. Wissen Sie, was ich glau-be? Der will nur noch so ein bißchen Reklame mit seinem heldenhaften Tod machen!"

Erstaunt riß Axel Arnholm die Augen auf. War denn so etwas überhaupt möglich? Die Gesichter der anderen Mitreisenden zeigten nur zu deutlich, was sie über diesen Mann dachten.

„Aha, das ist ein ganz Kluger!"

„So was nennt sich Maulheld, was?"

Arnholm hielt sich zurück, erstens mochte er nicht darin verwickelt werden – einfach, weil es sich nicht lohnte –, zum anderen merkte er an der Stimmung im Abteil, welches Interesse der Ozeanflug in der Bevölkerung fand. Ihm kam es darauf an, die Reaktion der Leute zu beobachten. Und die war so, daß der Miesmacher es vorzog, sich in einen anderen Teil des Wagens zu verdrücken.

„Nee, so einfach ist das nun wieder auch nicht. Wissen Sie, ich bin Krankenpfleger. Wenn das stimmt, was der da gesagt hat, daß Hünefeld so krank ist, dann hängt er am Leben. Alle Menschen, die wissen, daß sie bald sterben müssen, klammern sich an ihr Leben. Ich bin zwar nur Krankenpfleger, aber ich muß das schließlich wissen – – können Sie mir glauben."

Beifälliges Nicken bestätigte die Worte des Mannes.

„Da sind immer solche, die es selbst zu nichts gebracht haben und die es anderen nicht gönnen, daß sie ganze Kerle sind."

„Wenn der Köhl mitfliegt und der irische Major, dem doch alle Militärflieger in Irland unterstehen, dann ist da schon etwas dran."

„Und ich habe gelesen, daß der Flug niemals zustande gekommen wäre, wenn Freiherr von Hünefeld nicht alles organisiert hätte."

„Klar, einer muß ja da sein, der Schwung in die Sache bringt."

„Richtig! Hermann Köhl ist der alte Flieger, dem man nichts vorzaubern kann. Und der Hünefeld ist der Feuerkopf, der das Unmögliche möglich macht!"

So dachten also die Menschen dieser großen Stadt über die Flieger. Sie sorgten sich um den Ausgang des Wagnisses und hofften mit ganzem Herzen, daß alles gut ginge. Sie warteten auf die Nachricht der glücklichen Landung in New York.

Und Axel Arnholm wußte jetzt, daß er so dachte wie seine Leser, und er war glücklich über diese erregte Unterhaltung, die ihm das bestätigte. So wandte er seine Aufmerksamkeit wieder der Zeitung zu.

Waren diese Worte des Freiherrn nicht bezeichnend für dessen Gesinnung?

„Dublin, 12. April. Vor dem Abflug der ‚Bremen' übergab Herr von Hünefeld der Presse eine an die Bevölkerung Irlands gerichtete Erklärung, in der es unter anderem heißt:

Wir haben hier in Irland guten Ratschlag und tatkräftige Hilfe gefunden, und nicht nur das, sondern auch sowohl bei den Behörden wie beim irischen Volke allgemeines Verständnis und große Sympathie für unser Unternehmen.

Es ist uns eine ganz ungemeine Freude und Ehre, unseren Flug in Gesellschaft des Befehlshabers der irischen Luftstreitkräfte anzutreten, um so mehr, als seine Offiziere, Unteroffiziere und Soldaten uns bei unseren Vorbereitungen mit vorbildlicher Kameradschaft unterstützt haben."

Gerne hätte Arnholm statt dieses Auszuges die vollständige Botschaft gelesen. Er hoffte, daß wenigstens in der Redaktion der Originaltext noch vorlag.

Weiter unten stand ein Artikel mit der Überschrift: „Eine Kundgebung des Professors Junkers". – Ja, was sagte der Flugzeugkonstrukteur zu dem Wagnis?

Prof. Hugo Junkers

„Professor Junkers hat nach dem Start der ‚Bremen' folgende Botschaft an die amerikanische Presse gerichtet:

Währenddem Köhl, Hünefeld und Fitzmaurice abfliegen, ist es mir eine Ehrenpflicht, ihnen mit dem herzlichen Gruß zu folgen, den ein Flieger dem anderen wünschen kann: ‚Glück ab!'. Sie haben der Gefahr entgegengeschaut und mit kühler Überlegung alles vorbereitet, was bei dem gegenwärtigen Stand der Technik möglich ist. Ihre Tat zeugt von großem Mut. *Ob es ihnen gelingt oder nicht, ich bewundere solche Menschen.* Als Pioniere der Luftfahrt setzen sie ihr Leben aufs Spiel, um die Herrschaft des Menschen über die Elemente zu stärken. Eine solche mutige Tat bringt alle Menschen näher zusammen in dem Bewußtsein einer gemeinsamen Einheit."

Zum Fliegen verdammt

Die Sicht wurde immer klarer, und auf einmal verschwanden auch die Wolken, die bisher den Blick auf die Erdoberfläche verhindert hatten. Köhl weckte seinen Gefährten. Die „Bremen" legte sich in eine Linkskurve, so daß sich der Horizont hob und die Landschaft über der geneigten linken Tragfläche im Fenster erschien. Suchend glitten ihre Augen über viele weiße

Stellen. Das war eigenartig. Was das zu bedeuten hatte, wußten sie nicht. Köhl drückte die Maschine mit der Schnauze nach unten und drosselte den Motor etwas. Aus einer Höhe von etwa 2200 Metern schwebten sie hinab. Was für schwarze Flecken mochten das sein, die das Weiß unterbrachen? Die Besatzung starrte hinaus.

Noch war die Sonne nicht aufgegangen. Mit dem Unterarm wischte Köhl das beschlagene Fenster sauber. Sollte man es für möglich halten, immer noch Wasser? Und die weißen Flecken? Seenebel?

Fitzmaurice nahm das Fernglas. Auch Hermann Köhl glaubte Wasser zu sehen, war sich aber über die Flecken noch nicht im klaren. Eisberge auf dem Meer? Ja, zum Teufel, wo befanden sie sich denn! Sollten sie so weit nach Norden geflogen sein?

Der Ire reichte seinem deutschen Gefährten das Fernglas, über sein fragendes Gesicht huschte ein schwaches Lächeln. Hatte er recht, oder spielten ihm die Augen einen Streich? Hermann Köhl drehte am Fernglas, blickte hindurch, setzte wieder ab und wischte die Okulare sauber. Hatte er richtig gesehen? Noch einmal. Fast eine Minute hielt er das Glas vor den Augen. Dann setzte er sich zurück. Ein breites Lächeln zog über sein Gesicht. Das war Land! Die „Bremen" flog einwandfrei über Nordamerika. Aber wo? Amerika ist groß. Fitzmaurice nahm die Taschenlampe und leuchtete nach hinten, um Hünefeld darauf aufmerksam zu machen, daß es unten etwas zu sehen gäbe. Dann lachten sie und winkten sich gegenseitig zu. Köhl ging auf Südwestkurs. Er orientierte sich nach dem Polarstern. Immer tiefer sank die „Bremen".

Fitzmaurice griff nach der Leuchtpistole und schob eine Patrone hinein, öffnete das Fenster und schoß ab. Köhl trat sofort ins Seitenruder und ging in die Rechtskurve. Aller Augen suchten nach dem gleißenden Licht der Leuchtkugel. Dort, ja dort. Aber auf der Erde konnten sie nichts erkennen. Im engen Bogen kreiste das Flugzeug. Der Ire versuchte es noch einmal mit einer neuen Patrone. Wieder senkte sich eine weiße Leuchtkugel nach unten. Da schien ein großer Hügel zu sein. Zwei weitere Leuchtkugeln gaben die Gewißheit: eine bewaldete Kuppe. Schnee bedeckte den Boden, und die Baumäste sahen bereift aus. Dieses Ergebnis konnte wenig beglücken: eine Waldlandschaft im tiefen Winter.

Bei Tagesanbruch würde man weiter sehen. Nun begann das Warten auf die Sonne. Der große Zeiger rückte unendlich langsam vorwärts. Jede Minute, die geflogen wurde, kostete unersetzbaren Treibstoff. Sollten sie den Kurs ändern? Die Entscheidung fiel schwer. Links schob sich der Mond über den Horizont. Im Osten hellte der Himmel langsam auf. Immer deutlicher trat die Landschaft unter den drei einsamen Fliegern aus der Dunkelheit hervor.

140

So weit das Auge reichte, erkannten sie schneebedeckte Wälder. Wenn jetzt der Motor aussetzte, konnten sie die „Bremen" wohl kaum sicher auf den Boden bringen.

Mußte das denn immer so weitergehen? Erst der Nebel, dann die stürmische Nacht, und nun, als sie endlich wieder etwas sahen: unermeßliche Wälder! War das Amerika mit seinem dichten Straßennetz, mit seinen großen Industriestädten? Nirgends konnten sie auch nur das geringste Anzeichen von Leben entdecken. Der Ire suchte nach einem Stück Papier, fand aber nur einen Umschlag und schrieb darauf das unheilvolle Wort „Labrador?" Hermann Köhl zuckte mit den Schultern. Sollte dieses Gebiet, abgesehen vielleicht von einigen Fallenstellern, wirklich unbewohnt sein? Hünefeld suchte nach Wegen oder Schneisen. Irgendein Zeichen menschlichen Schaffens mußte doch erkennbar sein. Köhl rechnete, prüfte die Instrumente und verglich.

Blutrot ging die Sonne hinter den Bergen auf. Köhl blickte auf die Uhr und überlegte. Es bestand kaum ein Zweifel; sie flogen mitten über Labrador. Fitzmaurice stimmte der Entscheidung seines Gefährten zu, sie verließen den alten Kurs und drehten nach Südosten. Nur heraus aus dieser mitleidlosen Winterlandschaft, weiter nach dem Süden. Unter Umständen mußten sie versuchen, die Küste zu erreichen, weiter nach dem Osten.

Besorgt beobachteten sie das Außenthermometer. Wenn jetzt Nebel aufkam, drohte Vereisung. Hagel und Regen hatten die Fettschicht längst weggewischt, die vor dem Start von den Monteuren über Flächen und Leitwerk gestrichen worden war. Die Besatzung fror. Sie versuchten, sich die Hände warm zu reiben, und bemühten sich, ihre Zehen in den Schuhen zu bewegen. Der Kaffee war verbraucht. Es schien, als sollte der Flug an Erschöpfung und Ermüdung der drei Flieger scheitern.

Langsam stieg die Sonne empor. Ihr blutigroter Aufgang war ein böses Zeichen. Jetzt setzte der Sturm aufs neue ein. Hermann Köhl bot seine letzte Kraft auf, um das bockende Flugzeug auf dem Kurs zu halten. Ein Gebirge zwang zum Steigen. Für kurze Zeit lief der Motor auf vollen Touren. Zwischen zwei weiß verschneiten Felsengipfeln mogelte sich die „Bremen", von Windstößen geschüttelt, hindurch. Weiter Vollgas, minutenlang! Vor einem besonders hohen Berg wurden sie von einer überaus heftigen Bö erwischt. Die Piloten schlugen mit dem Kopf gegen die Decke. Nichts blieb ihnen erspart.

Sie flogen nur noch nach der Sonne. Keine Wolke, kein Nebel durfte jetzt die Sicht behindern. Der Kompaß konnte zum alten Eisen geworfen werden. Bedingt durch die Nähe des magnetischen Pols, waren die Abweichungen grotesk; es bedurfte keiner Erklärung, wodurch sie während der Dunkelheit so weit nach Norden verschlagen wurden. Die Sonne war jetzt lebensnotwendig, damit sie bewohntes Gebiet erreichen konnten.

Angestrengt sah Hünefeld nach unten. Aber er konnte nichts entdecken, kein Haus, kein Dorf und auch keine Eisenbahnlinie, an der sie bis zur nächsten Stadt entlangfliegen konnten – nur Wald. Nirgends kräuselte sich der Schornsteinrauch eines Sägewerkes. Dort, der gerade Strich, ein freier Streifen inmitten der Bäume; hatten da Menschen eine Schneise angelegt? Vielleicht für eine Hochspannungsleitung? Nein! Nur der Sturm hatte eine Bresche in den Wald geschlagen; ein Windbruch narrte Hünefeld. Jetzt konnte er es erkennen. Vorbei! Weiter hasteten seine Augen über den Boden. Schlängelte sich dort nicht eine Straße am Bergeshang entlang? Absätze im Felsgestein täuschten ihn. Dieser Mann, der die Schönheit liebte, der sich für alles Große begeistern konnte, empfand jetzt nichts von der erhabenen Landschaft. Seine Blicke suchten nach einem Zeichen, das auf Menschen hindeutete.

Hermann Köhl wandte sich den Instrumenten zu. Der Öltank war wieder voll. All die Sorgen, die er sich darum gemacht hatte, wären ihm erspart geblieben, wenn man vor dem Flug das Überlassen des Öls vom Reservetank in den Haupttank geübt hätte. Beim Überlassen lief nämlich das Öl direkt ins Schauglas und täuschte viel zu schnell einen vollen Tank vor. Wenn das Öl deshalb abgestellt wurde, sank es sehr bald, weil es sich im Tank verteilte. Dadurch wurde das rasche Sinken bedingt. Dieser Zwischenfall bestätigte, daß ein solcher Flug nicht sorgfältig genug vorbereitet werden konnte. Und das Öl am Boden? Nun, anscheinend war wohl doch mehr, als sie dachten, aus der Tourenzählerwelle herausgesickert.

Fitzmaurice sah ständig nach draußen. Die „Bremen" flog in sicherer Höhe. Sorgen machte ihm der Wind, wahrscheinlich wehte er aus der falschen Richtung. Wie gut hätten sie jetzt Schiebewind gebrauchen können. Der Treibstoffvorrat ging zur Neige. Eine Rauchbombe? Köhl nickte zustimmend. Der Ire zog ab und wartete, bis der erste Rauch hervorzuquellen begann, und warf dann schnell. Hermann Köhl legte das Flugzeug in die Kurve; als er den schräg in der Luft stehenden Rauchstreifen sah, biß er sich auf die Lippen: Gegenwind von halbrechts. Tiefer gehen! Dicht am Boden war die Windgeschwindigkeit geringer.

Ein vereister Flußlauf tauchte auf. In zehn Metern Höhe folgte die „Bremen" den weitläufigen Windungen. An beiden Seiten ragten die Berge steil empor. Dort eine Flußschleife. Köhl wollte abschneiden, gab mehr Gas und fegte dicht über die Wipfel der Bäume dahin. Dann öffnete sich das Tal. Die Piloten erkannten mehrere langgestreckte Seen. Das Eis lag unter tiefem Schnee verborgen.

Nach etwa einer Viertelstunde kam ein großer See in Sicht. Suchend irrten drei Augenpaare an den Ufern entlang. Es war zum Verzweifeln: kein Haus, kein Weg. Ein bizarr geformter Felsblock ließ für einen Augenblick hoffen, bis es sich herausstellte, daß das kein Blockhaus war. Wenn irgendwo ein Herdfeuer brannte, hätte man den Rauch in der klaren Luft erkennen müssen.

Unvermittelt schrie Fitzmaurice auf, schlug Köhl auf die Schulter, zeigte freudig erregt querab nach rechts und nickte seinem Gefährten heftig zu. Der Bayer gab Gas, zog die „Bremen" hoch und ging in eine Rechtskurve. Sie starrten nach vorne. Die Erwartung trieb ihnen das Blut in die blassen Gesichter. – – – Nein, das war nichts. Das war keine Ortschaft. Einige schräg liegende Bäume, ein Windbruch hatte ihnen eine Ansiedlung vorgetäuscht. Unglücklich lächelnd bat Fitzmaurice um Verzeihung. – – – Die Nerven, wenn nur die Nerven noch mitmachten.

Stetig und zuverlässig dröhnte der Motor. Die Weite dieses menschenleeren Landes wirkte mit der Zeit unheimlich. Jede Flugminute kostete fast einen Liter Treibstoff. Unermüdlich drehte sich das Benzinkontrollrad – wie lange noch?

Fitzmaurice reichte die Karte von Labrador herüber. – Es handelte sich um eine Seekarte, auf der weder Berge noch Höhenlinien, sondern nur Meere, Flüsse und Seen eingezeichnet waren. Wer hatte auch vorher ahnen können, daß man in diese eisige Wildnis verschlagen werden würde. Welchen Fluß flogen sie nun entlang? Wie sollte man das erkennen? Die Halbinsel Labrador ist etwa so groß wie England, Frankreich und Spanien zusammen. In diesem ungeheuren Gebiet mußte der Versuch scheitern, den Standort nach überflogenen Seen zu bestimmen. Die Vielzahl der Wasserflächen, die es hier gab, machte das unmöglich.

Jetzt bog der Fluß nach Norden. Die „Bremen" verließ das Tal und stieg, um die plateauartigen Berge zu bezwingen. Wieder wurde sie von Böen geschüttelt. Mit ganzer Kraft hielten die Männer das Steuer fest. Abwinde rissen das Flugzeug in die Tiefe. Im nächsten Augenblick wieder wurde es von der Luftströmung emporgedrückt. Zusatzluft verringern. Der Motor heulte auf, er soff das Benzin. Sparsamkeit war jetzt fehl am Platz, wenn die Berge überwunden werden sollten. Dahinter mußte doch endlich das Meer auftauchen oder der St.-Lorenz-Golf.

Der Ire glaubte eine Insel im Meer zu erkennen; aber dort war kein Meer. Das überaus starke Verlangen, endlich gerettet zu werden, ließ vor seinen Augen trügerische Bilder entstehen, die nichts mit der Wirklichkeit zu tun hatten. Wald, Wald und immer wieder Wald – im Schnee erstarrt. Kein Haus, kein Weg, keine Eisenbahnschienen!

11 Uhr irischer Zeit war es geworden. Der Himmel bezog sich; hinter Strichwolken sah man gerade noch das fahle Blau. Der Kompaß zeigte eine um neunzig Grad falsche Richtung an. Er kreiste hin und her, der Sturm tobte, das Flugzeug bockte. Hermann Köhl zog es hoch: 1000 Meter, 1300, 1700, 2000 Meter, bis 2200 Meter. Abwechselnd hielten die Männer das Fernglas vor die geröteten Augen. Wo war das Meer? Wo lag die Küste mit ihren Hafenstädten? Statt dessen nichts als Bergketten, Täler und unendliche Wälder, alles tief verschneit. Wie sollte das enden?

Hünefeld hockte zwischen den Kabinentanks. Durch das wenige Quadratzentimeter große Fenster wanderte sein Blick über die öde Wildnis. Hatte überhaupt je der Fuß eines Weißen dieses Land betreten? Vor dem Start in Baldonnel hatten ihm gläubige Iren zahlreiche kleine Heiligenbilder, Münzen und Andenken geschenkt. Hünefeld war nicht Katholik wie seine beiden Gefährten, aber er hatte diese rührenden Gaben der Sympathie mit Stecknadeln an den stoffumspannten Stäben des Mittelgerüstes befestigt. Vor ihm hing ein kleines schwarzes Kreuz, geschnitzt aus dem uralten Stubbenholz eines vor Jahrhunderten im Moor versunkenen Eichbaums. In vielen irischen Häusern findet man dieses Zeichen des Christentums, das in der Mitte das Wappenbild der „Grünen Insel" trägt: die Harfe. Irische Freunde hatten es ihm vor dem Abflug in die Hand gedrückt; Freunde, die nicht nach der Konfession fragten.

Diese kleinen Geschenke hielten den Mann aufrecht, der untätig hinten im Flugzeugrumpf sitzen mußte. Er war zur Tatenlosigkeit verurteilt und litt deshalb am meisten unter der Ungewißheit. Er hielt sich für unerschütterlich ruhig, obgleich ihn der Gedanke quälte, daß er vielleicht den nächsten Tag nicht mehr erleben könnte. Dann kamen aber auch Augenblicke, in denen Hünefeld völlig in sich zusammensank. Zeitweise war er niedergeschlagen und mutlos – soweit ein anständiger Mensch das sein kann, ohne sich selbst zum Ekel zu werden.

In seiner Brieftasche lag ein kleiner Zettel mit wenigen Zeilen, darüber war ein vierblättriges Kleeblatt befestigt. Dieser Talisman hatte seine Geschichte. Als die Deutschen vor wenigen Tagen starten wollten, hatte Fitzmaurice dem Freiherrn den Glücksbringer überreicht und der „Bremen"-Besatzung ein gutes Gelingen des ersten Ost-West-Fluges gewünscht. Dieses vertrocknete und vergilbte Blättchen hatte den Iren auf See hinaus begleitet, als er im Herbst 1927 versucht hatte, den Atlantik zu überqueren.

Hünefeld hatte viel Zeit zum Nachsinnen. Er dachte an Köhl und seine anmutige junge Frau, die sich jetzt um ihren Mann sorgte; „Peterle" hatte all die Aufregung bei den Flugvorbereitungen miterlebt. Sie hatte gebangt und gehofft. Sie hatte an Köhls Bett gesessen, als er, vom ätzenden Treibstoff betäubt und verbrannt, im Krankenhaus lag. Sie hatte ihn im Herbst von Dessau aus aufsteigen sehen, und sie mußte ihn trösten, als er unverrichteter Dinge, von der Gewalt des Sturmes bezwungen, zurückgekehrt war.

Und was setzte Hünefeld bei diesem wagemutigen Fluge ein? Ein Leben, das schon vom Tode gezeichnet war? Er hatte keine Frau und keine Tochter wie der Ire. Aber er hing an seinem Leben und war gewillt und entschlossen, noch recht viel zu schaffen, ehe Freund Hein ihn abberief.

Der Freiherr sah gedankenverloren auf die verschneite Landschaft hinunter. Als er seine Augen abwandte und für einige Sekunden nach vorne in den Pilotenraum blickte, hob Köhl die Hand und reichte ihm einen Zettel:

„Wir haben vielleicht noch für einige Stunden Treibstoff, sind im unbekannten Land und müssen unter Umständen notlanden!"

Sagten diese schicksalsschweren Worte etwas Neues? Wollten sie nur das Ende ankündigen? Wollten sie auf den Tod vorbereiten?

Vorläufig galt es, den letzten Liter auszufliegen. Der Motor wurde soweit wie möglich gedrosselt. Unbekanntes Land! War das nun wirklich Labrador, oder hatte es sie noch weiter nach Westen verschlagen?

Köhl berechnete, so gut es ging, die noch vorhandenen Treibstoffmengen. In den beiden Mittelgerüsttanks waren noch je zweihundert Liter. Fitzmaurice schaltete sie ab und pumpte zunächst die anderen Tanks bis auf den letzten Tropfen leer. Diese Reste reichten für achtzig Minuten. Die waren sicher. Aber wehe, wenn man die anderen vierhundert Liter falsch berechnet hatte.

Hermann Köhl steuerte wieder hinunter. Dicht über die Fichten jagte das Flugzeug hinweg, jeder Vorteil mußte jetzt ausgenutzt werden. In den Tälern wand sich die „Bremen" entlang. Jederzeit waren die Piloten darauf gefaßt, daß sie Vollgas geben mußten, wenn ein Hindernis auftauchte. Der Motor wehrte sich zuweilen gegen das magere Gasgemisch, aber es mußte sein, jeder eingesparte Liter Treibstoff bedeutete etwa drei Kilometer Flugstrecke.

Die Ungewißheit drückte. Fitzmaurice wollte sich ganz auf den Augenblick konzentrieren. Aber was nützte es, die Gedanken irrten ab. War das Schicksal der früher verschollenen Ozeanflieger in dieser harten Wildnis besiegelt worden? Hatten Nungesser und Coli oder die anderen mutigen Flugpioniere, vom Kompaß genarrt, hier ihr Ende gefunden?

Der Ire erinnerte sich seiner Jugend, er dachte an die Cooperschen Indianererzählungen und an Fallensteller, die im kanadischen Norden ganz auf sich allein gestellt sind. Ein eigenes, fast vergessenes Erlebnis tauchte auf. Als Junge hatte er sich einmal im Moor verirrt. Drei Tage lang lebte er von Vogeleiern, bis er schließlich mit seinen Freunden auf Torfbauern stieß, die ihnen den Weg nach Hause weisen konnten.

Was würde jetzt geschehen, wenn sie notlanden müßten? Vorausgesetzt natürlich, daß das überhaupt gelänge!

Zuerst müßte man sich ausruhen, am besten in der Maschine. Der Marsch in die Zivilisation würde unter Umständen Wochen dauern. Vielleicht war es möglich, nach den Sternen den ungefähren Standort zu ermitteln. Die Sonne müßte tagsüber den Weg weisen. Und wehe, wenn der Himmel sich bezöge und die Richtung nicht mehr feststellbar wäre. An den Flüssen würde man entlanggehen. Dort, wo sich die Schollen nicht übereinander geschoben hatten, könnte man auch direkt auf dem Eise marschieren.

Die Indianer tragen Schneereifen, um nicht einzusinken, auch die wären anzufertigen. Fitzmaurice dachte daran, daß mit der Bordaxt ein zweckmäßiger Schlitten gebaut werden müßte, um nicht die wenige Nahrung und die Überkleidung, die in den kalten Nächten unbedingt notwendig war, tragen zu müssen.

Die belegten Brötchen und die hartgekochten Eier würden allerdings nicht lange reichen. Ein wenig Treibstoff zum Feueranmachen wäre auch notwendig. Hünefeld hatte ein Feuerzeug; Streichhölzer fehlten, sie waren wegen der Brandgefahr in Irland geblieben. Und wenn das Feuerzeug versagte? Man könnte den Anlassermagneten ausbauen, der hatte einen Handgriff zum Drehen. Mit den Funken gelänge es bestimmt, etwas Benzin zu entflammen. Ohne Feuer, darüber war sich Fitzmaurice im klaren, würden sie elendiglich umkommen. Ja, Benzin, vielleicht auch Öl, mußte auf jeden Fall mitgenommen werden. Wenn Suchflugzeuge starteten, könnte man sie durch Rauchwolken auf sich aufmerksam machen. Suchflugzeuge? Durfte man damit rechnen? Hatten die drei denn vor dem Fluge geahnt, daß ihnen diese unendlichen Wälder, in denen noch der Winter regierte, zum Verhängnis werden könnten?

Nach New York hatten sie gewollt – – – und jetzt? Sie waren, sehr knapp gerechnet, mindestens anderthalbtausend Kilometer nördlich davon. Nun – er verwarf die trüben Gedanken –, man würde nach ihnen suchen, wenn sie nicht wieder auftauchten. Ganz sicher würde man suchen, tagelang, wochenlang, und auf ein Lebenszeichen von ihnen hoffen. Und wenn man sie nicht fand? Dann würde wahrscheinlich nach vielen Jahren ein Pelztierjäger auf die „Bremen" stoßen. Aber er könnte mit dem Flugzeugwrack kaum etwas anfangen. Wenn es hoch kam, läse er den Namen der alten Hansestadt und das Kennzeichen D 1167, vorausgesetzt, daß die Farbe nicht längst verwaschen oder abgeblättert war.

Fitzmaurice gab sich einen Ruck, nur nicht sentimental werden. Aber er dachte weiter, was man zu bedenken hätte, wenn sie sich auf die große Wanderung begeben müßten.

Falls sie an einen Fluß kämen, könnten sie Löcher ins Eis schlagen und zu fischen versuchen. Man müßte Bindfaden mitnehmen und einen gebogenen Nagel oder ähnliches als Haken benutzen. Rotes Papier könnte als Köder dienen.

Der Gedanke, daß Wölfe sie bedrohen würden, ließ ihm keine Ruhe. Er sah sich schon mit der Leuchtpistole und fünfzehn Patronen das Leben seiner Gefährten verteidigen: Sie waren von einem Wolfsrudel umzingelt. Der Ring wurde immer enger. Köhl hatte die Axt gefaßt. Wildes, heiseres Gebell. Der Leitwolf wollte heranspringen. Ein Knall, und zischend fuhr ihm die Leuchtkugel in die Flanke und verbreitete im nächsten Augenblick ein widerlich weißes Licht. Aufheulend stob das Rudel auseinander. Der Blutgeruch des verletzten Wolfes brachte die Bestien zur Raserei. Hungrige Mägen, seit Tagen ohne Nahrung, ließen alle Rücksicht vergessen. Die Wölfe fielen über das verletzte Tier her, das eben noch das stärkste, ihr Leitwolf gewesen war, und zerfleischten es. Für einige Minuten hatten die Flieger Ruhe. Aber sie kannten ihr Schicksal, sie ahnten, wie es enden würde, wenn nicht im letzten Augenblick die Rettung käme. Da – ein Schuß aus einer Waldläuferbüchse – – –.

Nein! Erschreckt fuhr Fitzmaurice hoch. Die Müdigkeit hatte seine Gedanken in die Irre geführt. Eine Fehlzündung riß ihn aus seinen Träumen und abwegigen Überlegungen. Hermann Köhl hatte den Motor übermäßig stark gedrosselt, jetzt gab er wieder Gas.

Wie würden sie schlafen, wenn sie mit der „Bremen" keine bewohnten Gebiete erreichten? Mußten sie nicht erfrieren? Ein Feuer wäre zu unterhalten, und einer hätte zu wachen. Vielleicht lernten sie auch, ein Iglu, eine Eskimo-Schneehütte, zu bauen, oder man könnte ein Zweiggeflecht mit Schnee bepacken und darunter ruhen. Die Märsche in der schweren Fliegerkleidung würden hart, unerhört hart werden. Fitzmaurice rechnete damit, daß es unter Umständen gar sechs Monate dauern könnte, bis sie auf die ersten Menschen stießen. Aber wenn sie wirklich so lange marschieren müßten, dann würde das Eis auf den Flüssen tauen. Dann wäre es möglich, auf einem Floß stromab zu treiben und die Küste zu erreichen. Was würde geschehen, wenn sich plötzlich ein Wasserfall durch sein Rauschen ankündigte, wenn sich die Strömung immer mehr verstärkte und sie ihr Floß durch die Strudel nicht mehr ans Ufer dirigieren könnten? Dann würde es in wenigen Sekunden aus sein. Das Floß zerschmettert, die erschöpften Männer im eiskalten Wasser versinkend: Das wäre das Ende!

– – – Oder würden sie auf dem Marsch zur Küste einer nach dem anderen entkräftet zusammenbrechen und erfrieren?

Wer würde der erste sein?

Waren sie zu dem Schicksal des Polarforschers Robert Scott verdammt? Als Junge hatte Fitzmaurice von dem Untergang der englischen Antarktis-Expedition gelesen. Erschütternde Bilder stiegen in ihm auf. Während des Rückmarsches vom Pol hatten fünf Männer um ihr Leben gekämpft. Dreieinhalb Monate waren sie durch die Einöde gestapft. Zuerst starb ein Forscher an Entkräftung. Ein zweiter, Rittmeister Lawrence Oates, litt durch seine Erfrierungen unter entsetzlichen Schmerzen, und er fühlte, daß er nicht mehr lange durchhalten würde. Während eines Schneesturms taumelte er aus dem Zelt hinaus und verließ seine Kameraden, damit sie schneller vorwärtskommen sollten, um vielleicht doch noch das nächste Depot und dann das Winterlager zu erreichen. Er hatte sein Leben hingegeben für seine Gefährten, die vergeblich versucht hatten, ihm diesen Opfergang auszureden. – – –

Fitzmaurice starrte vor sich hin. Das eintönige Dröhnen des Motors wirkte einschläfernd. Würde auch ihr Ende etwa so aussehen? Würde einer der drei die anderen auf dem Marsch in die Zivilisation behindern und deshalb freiwillig aus dem Leben scheiden wollen?

Wer würde als erster zusammenbrechen?

Noch flog die „Bremen". Aber wenn sie zur Notlandung gezwungen würden, begänne auch für sie ein hoffnungsloser Weg durch Schnee und Eis. Würden sie umkommen wie die letzten drei Männer der Scott-Expedition, denen das heldenmütige Opfer des Rittmeisters Oates nicht mehr hatte helfen können? –

Verhungert, entkräftet, vom Orkan am Weitermarsch gehindert, so hatten die Forscher ihr Ende gefunden. Tapferer Scott! –

Hermann Köhl stieß den Iren an. Der schreckte aus seinen trüben Gedanken auf und übernahm wieder das Steuer.

Einsam flog die „Bremen" nach Südosten. Köhl suchte erneut mit dem Fernglas. Irgendwo mußten doch Wege oder Hütten zu erkennen sein. Stieg dort hinten am Horizont nicht Rauch auf?

Ein arktisches Land, eine rauhe Wildnis, und sonst nichts! Es wurde unangenehm kalt. Wolken bedeckten den ganzen Himmel, die Sonne war nicht mehr zu erkennen. Die Piloten gingen wohl oder übel wieder auf Kompaßkurs. Berge und Täler schienen noch tiefer verschneit als vor Stunden. Dabei flogen sie angeblich immer weiter nach dem Süden. – Oder etwa nicht? Der warnende Hinweis auf der Seekarte ließ Zweifel aufkommen:

„Das Küstengebiet des nördlichen St.-Lorenz-Golfs ist reich an magnetischen Lokalstörungen."

Sie flogen mit einer Kompaß-Mißweisung von dreißig Grad. Hermann Köhl sah zu seinem Gefährten hinüber. Man könnte verzweifeln. Ging es wieder in die Irre? Stimmte die Mißweisung überhaupt? Wenn nur die Sonne wiederkommen wollte, dann könnte man sich nach ihr richten. Jetzt nur nicht hin- und herfliegen, der einmal eingeschlagene Kurs mußte eingehalten werden. In großer Höhe tobte sich ein Südsturm mit solcher Gewalt aus, daß auch noch die „Bremen", die dicht über den Wipfeln der Bäume dahinflog, von der elementaren Wucht einiges zu spüren bekam und abgetrieben wurde.

Fitzmaurice war durch das Steuern des Flugzeuges voll in Anspruch genommen. Die Gedanken, die ihn eben noch aufgewühlt hatten, waren vergessen. Piloten dürfen keine Pessimisten sein. Die Überlegungen an sich waren wohl berechtigt. Wenn sie notlanden müßten, durfte sie das nicht unvorbereitet treffen.

Stetig suchten die Männer den Horizont ab. Wieder einmal täuschte sich Fitzmaurice. Sein übermüdetes Gehirn gaukelte ihm Dinge vor, die gar nicht vorhanden waren. Ganz aufgeregt wurde er, als er eine große Stadt zu sehen vermeinte. Kirchen und hohe Gebäude konnte er ausmachen. Ja, er sah sogar fahrende Autos. Lag dort nicht ein Flughafen mit Hallen und Tankwagen? Mehrmotorige Maschinen standen davor. Der Windsack blähte sich. Noch eine Platzrunde – – –.

Aber das war ja alles Unsinn. Das Fernglas bewies das Gegenteil. Seit Stunden hatten sie nichts als Wälder, Berge und Schnee gesehen. Wenn es sich um Luftspiegelungen gehandelt hätte, dürfte man hoffen. Aber hier wirkte einfach die Macht des Unterbewußtseins, die den Wunsch als Tatsache erscheinen ließ.

Völlig ausgepumpt war die Besatzung. Solche trügerischen Bilder konnten den Flug mit einer Katastrophe enden lassen, genau so wie eine Fata Morgana den Wüstenwanderer dadurch irreleitet, daß sie ihm eine Oase und damit baldige Erlösung vom brennenden Durst vorgaukelt. Solche Trugbilder zehrten an der letzten Nervenkraft.

Hünefeld hatte trotz der grimmigen Kälte seinen Pelz ausgezogen und lag fröstelnd in dem engen Gang, um das Gewicht der nun fast leergeflogenen Tanks auszugleichen. Zwischen den Behältern war so wenig Raum, daß er den Pelz nicht anbehalten konnte. Pelzstiefel und Handschuhe hatte er in Baldonnel vergessen, seine Finger, durch den Frost blaurot geschwollen, konnte er kaum noch rühren. Sein Blick ging nur bis zu den Instrumenten, er vermochte nicht zu sehen, wie das Drama enden würde. Er mußte sich ganz auf seine Gefährten verlassen. Der Metallboden unter ihm rüttelte und schwang. Im Motorenlärm konnten ihn die beiden Piloten nur schwer über die Fortschritte des Fluges unterrichten. Freiherr von Hünefeld war einsamer denn je. Köhl, der vielleicht etwas von diesem ungeheuren seelischen Druck ahnte, nickte ihm aufmunternd zu. Um die Ruhe konnte man den Bayern beneiden. Und der Freiherr wußte, solange Hermann Köhl am Steuer saß, durfte man noch ein klein wenig hoffen.

Mitchellfield

Ganz Amerika wartete mit fiebernder Spannung auf die Ankunft der „Bremen". Das vorgesehene Ziel war New York, einer der vielen Flughäfen dieser Millionenstadt: Mitchellfield.

Schon kurz nach Sonnenaufgang zogen an diesem Freitag die ersten Menschen nach Mitchellfield, das draußen vor dem riesigen Häusermeer lag.

Seit dem Start in Irland hatte man noch nichts von dem deutschen Flugzeug gehört, aber jeder konnte sich ausrechnen, daß die „Bremen" im Laufe des 13. April landen mußte. Und um diesen Augenblick zu erleben, galt es, sich zu gedulden. Sicherlich gab es auch skeptische Meinungen, aber wer es von vornherein für aussichtslos hielt, daß die „Bremen" in Mitchellfield landen würde, der hatte sich den langen Anmarschweg erspart und war gar nicht erst herausgekommen.

Die Hoffnung der Wartenden schien sich zu erfüllen, als die erste Meldung am Vormittag durchkam:

„Kingsport, 13. April. Der Kapitän des kanadischen Dampfers ‚Arras' hat um 10.30 Uhr Ortszeit ein Flugzeug gesichtet, das jedoch so hoch flog, daß er keine Erkennungszeichen ausmachen konnte."

Natürlich vermutete man, daß es sich um das deutsche Flugzeug handelte. Mehrere Filmgesellschaften hatten ihre Wochenschauleute nach Mitchellfield hinausgesandt. Die Kameras, mit ihren hochbeinigen Stativen auf Wagendächer montiert, ragten weit über die immer mehr anwachsende Menschenmenge hinweg. Man würde gute Aufnahmen heimbringen können, denn strahlend schien die Sonne vom Himmel.

Sieben Flugzeuge standen bereit, um der „Bremen" entgegenzufliegen. Eine unbestätigte Nachricht, daß sie über Neuschottland gesichtet worden sei, verbreitete sich wie ein Lauffeuer unter den nach Tausenden zählenden Zuschauern. Einige Zeitungsreporter, die erst gegen Mittag den Platz erreichten, berichteten ihren Redaktionen über Draht, welche Schwierigkeiten sie gehabt hätten. Die Zufahrtsstraßen waren zeitweise verstopft. Wegen der vielen Fußgänger konnten die Autos oftmals nur im Schrittempo fahren. Das schöne Wetter und die ersten Meldungen hatten offenbar weitere Neugierige angelockt. Der Ordnungsdienst war auch inzwischen erheblich verstärkt worden. Unter anderem trafen fünfzig Polizisten auf Motorrädern ein. Auf den Dächern der umliegenden Häuser hockten Fotografen, die befürchteten, daß sie während der Landung unter Umständen von den drängenden Menschen in ihrer Arbeit behindert werden könnten. Blumenverkäufer und fliegende Händler machten ein Bombengeschäft.

Ein deutscher Pressekorrespondent faßte seine Eindrücke mit den Worten zusammen:

„Unabsehbar strömen um die Mittagsstunde neue Massen nach dem Flugfeld. Die Amerikaner scheinen unentwegt auf einen Erfolg wetten zu wollen."

Gegen 14 Uhr wurde aus New York berichtet, daß ein einmotoriges Flugzeug, begleitet von einem Flugzeuggeschwader, zur Zeit über New York gesichtet sei. Die Spannung unter den Zuschauern wuchs, eifrig suchte man immer wieder den Himmel ab. Gegen 14.30 Uhr näherte sich endlich ein Tiefdecker typisch deutscher Bauart. Nach Bildern, die die Presse in den letzten Tagen veröffentlicht hatte, konnte es sich nur um die „Bremen" handeln. Eine Bewegung ging durch die Menge, das Stimmengewirr schwoll an. Die Kameraleute schwenkten ihre Kameras in Richtung auf das Flugzeug und begannen eifrig zu kurbeln.

Um 14.38 Uhr setzte es auf der Landebahn auf und rollte aus.

Aber dann kam die Enttäuschung, wie sie größer kaum hätte sein können. Ohne Zweifel handelte es sich um ein Ganzmetallflugzeug aus dem Dessauer Werk, aber es war keine W 33, sondern ein Flugzeug vom Typ F 13, das von Fräulein Junkers gesteuert wurde. Die Verwechslung konnte geschehen, weil nur wenige Fachleute wußten, daß sich die Tochter des deutschen Konstrukteurs zu der Zeit in den Vereinigten Staaten aufhielt. Sie sollte den Aufbau der Junkers Corporation of America unterstützen. Bald stieg sie wieder auf und kreiste in Erwartung der Ozeanflieger mehrfach über dem Platz.

Noch bevor sich der Irrtum herausgestellt hatte, war ein Reporter zum Telefon gerannt und hatte seiner Presseagentur durchgegeben, daß die Landung des deutschen Flugzeuges unmittelbar bevorstände. Von New York aus wurde diese Meldung in Blitzesschnelle drahtlos ausgestrahlt. Ein deutscher Schiffsfunker nahm die Nachricht auf und sendete sie sofort wieder in den Äther hinaus. Im folgenden Wortlaut erreichte sie schließlich die Seefunkstation Norddeich Radio:

„London, 13. April. Die drahtlose Station in Valentia (Irland) meldet, Lloyd's zufolge habe man eine Botschaft des deutschen Dampfers ‚Dresden' aufgefangen, wonach das Flugzeug ‚Bremen' in New York-Mitchellfield glatt gelandet sei."

Gelandet!

New-York, 13. April

Erst verhältnismäßig spät wurde diese Meldung dementiert. Und da war auch in Europa die Enttäuschung groß.

Die Wartenden in Mitchellfield begannen wieder zu hoffen, als gegen 16 Uhr der Oberbürgermeister von New York, „Jimmy" Walker, auf dem Flugfeld eintraf. Begeisterter Beifall der 30 000 empfing diesen wegen seiner Liebenswürdigkeit und heiteren Schlagfertigkeit so beliebten Mann.

Halbstündlich wurde jetzt das Programm der Rundfunkstationen unterbrochen. Ein Sprecher kommentierte die Stimmung mit den Sätzen:

„Ganz Amerika hofft noch immer auf ein großes Wunder, das die ‚Bremen' doch noch am blauen Horizont auftauchen lassen wird. Allerdings ist man über das Schicksal der Flieger immer noch im dunkeln."

Doch das Wunder trat nicht ein. Die Sonne sank tiefer, und wenn nicht der Oberbürgermeister genau so geduldig gewartet hätte, wären viele schon nach Hause gegangen. Besonders die Sachverständigen sahen der weiteren Entwicklung skeptisch entgegen.

„Jimmy" Walker trat vor das Mikrophon und sprach zu den Rundfunkhörern:

„Die Anhänglichkeit und Treue der vielen tausend Männer und Frauen, die seit frühmorgens hier in Mitchellfield versammelt sind, um die ‚Bremen' mit ihren deutschen und irischen Fliegern zu erwarten, ist die schönste Kundgebung, die ich je gesehen . – – – Ich bin überzeugt, daß sie kommen werden!"

Um 17.30 Uhr, als die ersten Menschen abzuwandern begannen, wurden die Rundfunkdurchsagen immer nüchterner:

„In hiesigen Fliegerkreisen hegt man nur noch geringe Hoffnungen, daß die ‚Bremen' Mitchellfield erreicht. Es sind jetzt vierzig Stunden seit dem Start verstrichen!"

Mehr und mehr enttäuschte Zuschauer fluteten zurück in die Stadt. Nur die Unentwegten, die es einfach nicht wahrhaben wollten, daß Hermann Köhl,

152

Major James C. Fitzmaurice und Ehrenfried Günther Freiherr von Hünefeld das Schicksal der verschollenen Atlantikflieger teilen sollten, die blieben und warteten und hofften. Polizeikräfte wurden abgezogen, sie waren einfach nicht mehr nötig. Die Kameramänner begannen ihre Sachen zu packen, und das nicht nur wegen der immer schlechter werdenden Lichtverhältnisse. Pressewagen schlossen sich dem allgemeinen Strom an. Und wenn die Reporter viel taten, dann ließen sie allenfalls einen Redaktionsassistenten an der Stätte der Enttäuschung zurück. Die Rundfunksprecher bereiteten ebenfalls den Abbau vor. Das, was sie sagen wollten und konnten, war vom Studio aus viel einfacher und bequemer möglich. Ihre letzte Durchsage lautete:

„Eine genaue Nachprüfung aller Meldungen, die von einer Sichtung beziehungsweise Landung der ‚Bremen‘ wissen wollten, hat ergeben, daß *keine dieser Nachrichten bestätigt* werden konnte.“

Der Leuchtturm

Mittlerweile war es 17 Uhr irischer Zeit geworden. Fitzmaurice zog das Flugzeug hoch, um ein felsiges Plateau zu überwinden. Wieder begann es zu stürmen. Böen warfen sie hin und her. Blitzschnell reagierten die Piloten und steuerten dagegen. In Sekundenbruchteilen rissen Aufwinde die „Bremen“ zehn, zwanzig Meter in die Höhe, dann, wenige Augenblicke später, sackte sie wieder durch. Dieser Kampf mit dem Windgott kostete unverhältnismäßig viel des kostbaren Treibstoffes.

Jenseits der Hochfläche wurde das Wetter wieder ruhiger, dafür drohte aber Nebel. Wenn dies ein Spazierflug gewesen wäre, hätte man sich an dem Anblick freuen können. Das düstere Bild, die nach oben zerflatternden Wolken, vom Winde mitgerissene Nebelfetzen ließen die Macht der Natur in eigenartiger Weise sichtbar werden. Immer höher mußte die „Bremen“ fliegen. Es galt, einen Überblick zu gewinnen. Wo konnte der Nebel überquert werden?

Da, gar nicht weit, eine riesige gefrorene Fläche. Dort drüben am Horizont muß doch endlich Land sein, das vielleicht bewohnt ist. Hermann Köhl schüttelt den Kopf. Nein! Bei dem knappen Treibstoffvorrat nicht mehr. Er blickt durchs Fernglas. – – – Das ist keineswegs die gegenüberliegende Küste; der schwache, dunkle Streifen läßt eher offenes Wasser vermuten. So folgen sie dem Ufer nach Osten.

Wieder entfaltet Köhl die Seekarte. Ist das nun ein großer See oder der St.-Lorenz-Golf? Wo sind sie? Jetzt könnte es möglich sein, die Küstenlinie mit der Seekarte zu vergleichen. Entweder hier – oder hier? Es bleibt sich gleich. Die Hoffnung wird stärker. Irgendwo muß doch ein Zeichen menschlichen Lebens zu entdecken sein.

Und wieder tritt das Schicksal dazwischen. Urplötzlich erhebt sich ein Schneesturm. Flocken schlagen auf die Scheiben. Die „Bremen" bockt und stößt. Und erneut muß der Bayer nach den Instrumenten fliegen. Wenn der Schnee sich nur nicht in den Düsen der Wendekreisel festsetzt. Große Nervosität bemächtigt sich der Männer, die endlich glauben, die Küste gefunden zu haben – – oder ist sie gar schon wieder verloren? Werden sie im milchigen Nebel der vom Sturm gepeitschten Flocken abgetrieben?

Köhl starrt auf das Außenthermometer. Wieder droht Vereisung. Aber so schnell, wie der Schneesturm gekommen ist, zieht er auch ab. Die Männer blicken hinunter und suchen mit entzündeten Augen das Meeresufer. Ja, dort ist es. – Doch was ist das? Fitzmaurice fährt auf. Zweifelnd starrt er auf einen Punkt im Eis. Narren ihn seine Sinne schon wieder? Da liegt doch ein Dampfer? Ein Schiff im Eise eingefroren? Er reißt das Fernglas hoch. Natürlich! Da ist ja der Schornstein!

Vor Freude brüllt er, lacht, schlägt sich auf die Knie und greift nach der Schulter seines Gefährten. Mühsam stemmt sich Hünefeld aus seiner unbequemen Lage hoch, er will auch etwas sehen. Hermann Köhl nimmt das Glas. Es flimmert ihm vor den Augen. Immer noch wird das Flugzeug von der Gewalt des Sturmes hin- und hergeschüttelt. Ja, jetzt kann auch der Bayer den Dampfer ausmachen. Gleich müssen Einzelheiten zu erkennen sein.

Eine mutlose, verzweifelte Enttäuschung will sich seiner in den nächsten Sekunden bemächtigen. Ihm wird klar: Das ist *kein* Dampfer.

Aber stehen da nicht Häuser? – – – Und ein Leuchtturm? Sie fliegen durch einige Wolkenschwaden hindurch. Köhl drosselt den Motor. Die „Bremen" verliert Höhe. In großen Kreisen umrundet sie eine kleine Insel. Ist der Leuchtturm aber auch besetzt? Viel kann er der Schiffahrt jetzt ja nicht nützen, da der ganze Küstenbereich vereist ist. Welcher Kapitän wird sich schon in diese während der kalten Jahreszeit kaum befahrenen Gewässer wagen. Man müßte doch eigentlich auf der Insel das Motorengeräusch hören, vorausgesetzt, daß dort unten überhaupt Menschen leben.

Plötzlich tobt ein Rudel Hunde um das Haus. In dem hellen Schnee sind alle ihre Bewegungen deutlich zu beobachten. Erschreckend denkt der Ire an seinen Traum: Sollten das etwa Wölfe sein? Wölfe, die vom Festland über das Eis gezogen sind? Hungrige Bestien auf der Nahrungssuche? Sollte im

Luftbild von Greenly Island. Links oben der Leuchtturm

letzten Augenblick alles vergeblich sein? Immer noch brummt die „Bremen"
um den Leuchtturm.

Kann man in dieser Einsamkeit das Knattern des Motors überhören?
– – – Endlich! – – – Da, da, vier Menschen treten nacheinander aus der
Haustür. Erst halten sie die Hände schützend über die Augen, um besser
sehen zu können, und dann beginnen sie lebhaft heraufzuwinken. Die drei
Flieger blicken sich an: geschafft und endlich gerettet!

Nun begann die Suche nach dem Landeplatz. Die Insel selbst machte einen
wenig vertrauenerweckenden Eindruck. Bei den Erhebungen schien es sich
um flache, aber felsige Kuppen zu handeln – für ein Niedergehen viel zu
gefährlich. Und das Eis des offenen Meeres? – Aber da, auf der Insel! Ein
zugefrorener See? Der dürfte geeignet sein. Eine Rauchbombe flog über
Bord. Erstaunlicherweise wehte der Wind am Boden in umgekehrter
Richtung wie oben. Hermann Köhl packte das Steuer fest mit beiden
Händen, zog die „Bremen" in einem weiten Bogen herum und schwebte mit
gedrosseltem Motor sorgfältig ein. Immer noch wurden sie von Böen
geschüttelt. Voraus eine Mauer, der Motor heulte wieder auf – drüberweg.
Dann nochmals Gas – über einen Weg. Jetzt abfangen. Der Rumpf lag etwas
schräg, mit der Nase nach oben. Zur gleichen Zeit setzten die zwei Räder
und der Sporn auf, saubere Dreipunktlandung. Der sehr starke Gegenwind

hatte die Geschwindigkeit außerordentlich herabgedrückt. Das Flugzeug rollte nur eine kurze Strecke. Fast stand es schon, da brachen die Räder im Eise ein! Die Maschine neigte sich nach vorne. Ein heftiger Ruck! Alles wirbelte durcheinander. Hermann Köhl knallte gegen das Instrumentenbrett. Der Freiherr rutschte über den Boden, und Fitzmaurice schlug auch nach vorne. – Die Zündung war längst ausgeschaltet.

Eine ungewohnte Ruhe breitete sich aus. Die Männer sahen sich an. Aus einer Stirnwunde begann dem Bayern das Blut über das Gesicht zu laufen. Die beiden anderen waren unverletzt.

Als erster begann Fitzmaurice wieder zu sprechen. Seine beiden Gefährten verstanden anfangs die Worte nicht, so taub waren ihre Ohren nach dem anderthalbtägigen Gedröhn. Es schien, als ob der Motor in ihren Ohren weiterbrauste. – – Aber sie sahen glücklich, unendlich glücklich aus.

Doch schon dachten sie wieder ganz sachlich. Konnte hier der Treibstoff ergänzt werden? Wo war man eigentlich gelandet? Das mußte zuerst einmal festgestellt werden. Ausschlafen, ja, ausschlafen, und dann würden sie weiterfliegen, so schnell wie möglich, nach Süden, nach New York.

Als Köhl die verglaste obere Klappe des Pilotensitzes öffnete, heulte der Sturm hinein und wollte sie ihm aus der Hand reißen. Mühsam, mit steifen Gliedern und klammen Fingern, kletterte er hinaus. Am Rumpf mußte er sich festhalten und rutschte mehr, als daß er ging, die Tragfläche hinunter. Auf dem Eise packte ihn der Sturm mit voller Wucht. Er verlor das Gleichgewicht, stolperte und schlug hin. Als er sich hochrappelte, kamen die Hunde des Leuchtturmwärters über die Eisfläche dahergejagt. Sie bellten erregt, wagten sich aber an den breiten Mann in der unförmigen Pilotenkombination nicht heran. Hatten die wohl je ein Flugzeug gesehen? – Aus solcher Nähe bestimmt nicht. Und so kläfften sie wütend weiter.

Auch Fitzmaurice konnte sich beim Aussteigen nur mit knapper Not, an die „Bremen" geklammert, aufrecht halten. Hünefeld kam als letzter, noch völlig benommen versuchte er krampfhaft zu verhindern, daß der Sturm ihn umwarf. Vergebens – er klatschte der Länge nach ins eisige Wasser. Hermann Köhl war über die Komik dieses Anblicks so verdutzt, daß er nicht ernst bleiben konnte: Die Nervenanspannung der letzten Tage machte sich in einem lauten Lachen Luft.

Etwa 36½ Stunden waren seit dem Start vergangen, kaum hatten sie sich bewegen können, und jetzt schien es, als ob sie den Gebrauch ihrer Glieder neu erlernen müßten. Der Freiherr triefte wie ein begossener Pudel. Mit einem halb ärgerlichen, halb belustigten Grinsen rückte er sein unvermeidliches Monokel zurecht. Heilfroh war er, daß er wieder Boden unter den Füßen hatte.

Der Bayer stakste über das glatte Eis nach vorne zum Motor, der in der Kälte dampfte. Der Metallpropeller war verbogen, das Fahrwerk tief eingesackt. Auf einer lächerlich dünnen Eisschicht waren sie niedergegangen. Zwischen den aufgebrochenen Schollen erkannten sie unten im Wasser noch eine zweite, offenbar stärkere Schicht. So unangenehm der Sturm im Augenblick auch sein mochte, er hatte die Besatzung vor ernsten Verletzungen und das Flugzeug vor dem Totalschaden bewahrt, denn die Landegeschwindigkeit war vom Gegenwind so weit gebremst worden, daß die „Bremen" nur wenige Meter zum Ausrollen gebraucht hatte.

Menschen kamen über das Eis gelaufen. Fitzmaurice rief sie in englischer Sprache an:

„Wo sind wir hier? Wie heißt diese Insel?"

Die Flieger konnten ihre Enttäuschung nicht verbergen, als sie erfuhren, daß sie auf kanadischem Gebiet niedergegangen waren. Wer kannte schon den Namen dieser kleinen Insel: Green Island.

Aber sie hatten freundliche und hilfsbereite Menschen getroffen. Während Freiherr von Hünefeld zum Haus des Leuchtturmwärters geleitet wurde, damit seine Kleidung trocknen konnte, verband man Köhls Kopf. Die beiden Piloten wollten erst noch das Flugzeug sichern. Die Tragflächen schwangen leicht im Sturm. Es mußte verhütet werden, daß eine Bö die „Bremen" hochriß und auf die Seite warf. Daß die Propellerspitze verbogen war, schien nicht wesentlich, die konnte man vielleicht wieder richten. Dagegen würde das geknickte Fahrwerk kaum so ohne weiteres zu reparieren sein. Hermann Köhl war besorgt, er biß sich auf die Lippen. Sollten sie nicht weiterfliegen können?

Die umstehenden Inselbewohner fragten, woher das Flugzeug käme. Von Ottawa? – Grenzenloses Erstaunen zeichnete sich auf ihren Gesichtern ab, als sie erfuhren, daß die „Bremen" im fernen Europa gestartet war.

„Was? Über den Ozean?"

„Und hier gelandet? Ausgerechnet bei uns gelandet?"

Bewundernd tasteten sie mit ihren Händen über das gewellte Leichtmetallblech, lasen den Namen „Junkers" vorne an der Motorenverkleidung und das deutsche Kennzeichen „D 1167" an Rumpf und Tragflächen.

Durch die Notlandung ragte das Leitwerk ungewöhnlich schräg in die Höhe. Mit Handbewegungen machte Hermann Köhl den Leuten verständlich, daß das Flugzeug hinten heruntergezogen werden mußte – und zwar vorsichtig. Der scharfe Wind drückte auf das Höhensteuer. Fitzmaurice erkannte die Gefahr. Wenn sie nicht ganz sorgfältig zu Werke gingen, würde ihnen das Rumpfende herunterknallen, sobald sich die Räder aus dem Eise lösten. Dann würde die „Bremen" ohne Zweifel so stark beschädigt werden, daß ein

Weiterflug ausgeschlossen wäre. Drei Mann faßten vorne an die Flugzeugnase. Köhl schlug ein Tau um den hochstehenden Gleitsporn, und mit großen Schwierigkeiten gelang es, das Flugzeug in die normale Lage zu bringen – bei dem schneidenden Wind und bei dem Mangel an geeigneten Werkzeugen eine achtbare Leistung.

Hermann Köhl wollte aber die treue „Bremen" nicht so auf dem Eise liegen lassen. Trotz der freundlichen Einladung der Bewohner, sich erst einmal aufzuwärmen, arbeitete er verbissen weiter. Er mußte das beschädigte Flugzeug bergen!

Schnee trieb über die weiße Fläche. Die Hosenbeine der Männer flatterten im Wind. Die Hände waren klamm, aber unter ihrer Fliegerkombination wurde es den beiden Piloten warm. Balken und Seile schleppte man heran. Köhl hatte die Absicht, die Räder aus dem Wasser herauszubringen und das Flugzeug ans Ufer zu ziehen. Dort konnte man es dann auf festem Boden sicher verankern.

Geschickt packten die Männer von der Insel mit an. Für sie war diese Notlandung das erregendste Ereignis seit Jahren. Mehrere Planken wurden unter den Rumpf geschoben. Der Eisrand bröckelte ab. Mit Eisenstangen versuchten sie, den Rumpf anzulüften. Vor Anstrengung bekamen die Männer rote Köpfe. Zentimeter um Zentimeter hob sich das Fahrwerk aus dem Wasser. Mit letzter Kraft wuchteten sie das Flugzeug so hoch, daß das rechte Rad endlich auf dem Eise stand. Einen Augenblick lang verschnauften sie und schlugen sich die Arme um den Körper. Fitzmaurice nickte den stolz lächelnden Männern anerkennend zu. Es schien, als ob sich die Mühe gelohnt hätte.

Da, plötzlich ein lauter Schlag! – – – Was war los? Was war geschehen? Köhl bückte sich und starrte entsetzt und enttäuscht auf das zerborstene Fahrwerk: Es hatte nur noch Schrottwert. Zwei Stunden äußerster Kraftanstrengung in schneidender Kälte waren vergeblich gewesen. Resigniert zuckte der Bayer mit den Schultern. – Umsonst! – Der Traum, New York in kurzer Zeit doch noch zu erreichen, dürfte ausgeträumt sein. Dieser Schaden konnte weder mit Bordmitteln noch mit Hilfe der kleinen Schmiede im Leuchtturm behoben werden.

So gut es ging, wurde die „Bremen" noch etwas weiter geschoben. Köhl stieg bis zu den Knien in die eisige Flut und ließ das Kühlwasser ab, damit es nicht gefrieren und über Nacht den Motorblock auseinanderreißen konnte. Mit mehreren Säcken wurde dann der Motor umwickelt. Die Inselbewohner halfen auch noch, das Flugzeug mit starken Tauen zu sichern. Mit einem schweren Hammer wollte einer von ihnen Holzpflöcke in die Erde schlagen, aber der Boden war derart hart gefroren, daß der Versuch mißlang. So befestigten sie die Taue, die über Tragflächen und Rumpf gelegt waren, an Felsblöcken. Trotz der Kälte, trotz der durchnäßten Kleidung überprüften beide Piloten die Sicherung auf das Sorgfältigste, spannten hier ein Seil nach und knüpften dort einen Knoten fester. Fitzmaurice fragte die Leute, ob sie in der Nacht abwechselnd bei der Maschine wachen könnten. Wortreich versicherten sie, daß sie schon aufpassen wollten, damit dieser seltsame Vogel aus dem fernen Europa nicht vom Sturm entführt würde.

Der Leuchtturmwärter Le Templier führte dann seine Gäste in das Haus. Schwierig war die Verständigung, Köhl suchte sein Schulfranzösisch zusammen, um sich mit den Kanadiern zu unterhalten. Madame Le Templier hatte schon ein kräftiges, warmes Mahl vorbereitet. Zuerst allerdings mußten die Flieger ihre pelzgefütterten Stiefel ausziehen, die vor Wasser trieften. Eine ganze Zeit würde es wohl dauern, bis man sie wieder gebrauchen konnte. Die handgestrickten Wollstrümpfe, die Mokassins, Hosen, Pullover und Jacken, die ihnen von den Leuten gegeben wurden, ließen fast vermuten, daß die drei zu einem arktischen Maskenball gehen wollten. Über diesen lustigen Anblick freuten sich alle, aber schließlich war die Hauptsache, daß die seltsame Kleidung wärmte.

So hockten sie um den kleinen Eisenofen und stocherten nicht lange im Essen herum. Das Bremer Nationalgericht, Labskaus, schmeckte den hungrigen, durchfrorenen Fliegern prächtig. Neugierig schauten die sechs Kinder des Leuchtturmwärters zu und paßten auf, um etwas von der halb englisch, halb französisch geführten Unterhaltung mitzubekommen. Die Jungen hatten ihre Hände in den Hosentaschen und stießen sich an, wenn Köhl, mit vollen Backen kauend, ihnen lustig zublinzelte. Sie staunten über das Glas, das Hünefeld im Auge trug. So etwas hatten sie noch nicht erlebt.

Bei einem gerade aus Long Point eingetroffenen Boten erkundigte sich der Ire, ob der Telegramme mitnehmen könnte. Eifriges Nicken war die Antwort. Eine unmittelbare Nachrichtenverbindung vom Leuchtturm zur Außenwelt bestand nämlich nicht. So setzte Fitzmaurice schnell eine Meldung nach dem Flugplatz Baldonnel auf. Ein zweites Telegramm sollte nach New York gehen. Köhl wollte seiner Frau und der Freiherr dem Norddeutschen Lloyd Nachricht geben. Der Bote steckte den Zettel ein und versprach, sie sofort an die Telegrafenstation in Armour Point weiterzuleiten. Nachdem er seine Hunde eingespannt hatte, jagte er mit dem Schlitten über die zugefrorene Meeresstraße Belle Isle nach der zwei Meilen entfernten Poststelle.

Als die drei Flieger sich sattgegessen hatten, führte Madame Le Templier sie in die Schlafkammer. Übermüde legten sie sich in die Betten und fielen sofort in tiefen Schlaf, der sie nichts mehr von ihren schmerzenden Gliedern spüren ließ. So ging der 13. April zu Ende.

Die Nacht der rasselnden Telefone

Fast ununterbrochen läuteten seit Stunden die Fernsprecher im Funkhaus des Westdeutschen Rundfunks. Und immer war es dasselbe: Die Hörer wollten wissen, ob die „Bremen" denn noch nicht in Amerika gelandet sei.

„Nein, wir bedauern sehr. Sobald wir etwas über den Ozeanflug erfahren, werden wir unser Programm unterbrechen, um die neuesten Meldungen durchzugeben. Wir bitten Sie, von weiteren telefonischen Anfragen abzusehen. – – – Nein, wir können Ihnen nichts dazu sagen, wir wissen es nicht."

Ein leitender Angestellter, der seit geraumer Zeit auf ein angekündigtes, wichtiges Ferngespräch aus Berlin wartete, erlitt fast einen Tobsuchtsanfall, als nach dem soundsovielten Klingeln sich immer wieder nur ein ungeduldiger Hörer meldete. Die Fernsprechleitungen zum Kölner Funkhaus waren ständig blockiert.

Gegen 18 Uhr rief ein Bankkaufmann an, der aus sicherer Quelle über Amsterdam erfahren haben wollte, daß die „Bremen" schon in New York gelandet sei. Der Nachrichtenredakteur bemühte sich, von dem Wolff'schen Telegraphenbüro die Bestätigung dieser Meldung zu bekommen – vergeblich. Und pausenlos rasselten die Telefone; über 1700 Anrufe seit den frühen Morgenstunden des 13. April!

Gegen 9 Uhr abends funkte der Sender Norddeich Radio:

„Die ‚Bremen' auf dem Flugfeld von Mitchellfield gelandet!"

Das war alles, weiter nichts! Im Funkhaus wurde die laufende Sendung unterbrochen, um diese sensationelle Neuigkeit bekanntzugeben. Die Hoffnung, daß jetzt die Telefone stillständen, erwies sich als trügerisch. Sie rasselten weiter. Man wollte sich mit der lapidaren Meldung nicht zufriedengeben, wollte Einzelheiten wissen.

Den drei Nachrichtenleuten rauchten die Köpfe, zumal noch ein wenig später vom Pressedienst durchgegeben wurde:

„Amerikanische Nachrichten warnen davor, die bisher unbestätigten Meldungen zu überschätzen."

Auch das noch, mußte etwa die Durchsage von der glücklichen Landung zurückgenommen werden? – – – Das wäre nicht auszudenken! Doch die Telefone schrillten weiter. 2554 Anrufe bis 2 Uhr nachts! Konnte man es den Funkredakteuren verdenken, wenn in dieser späten Stunde die Auskünfte nicht mehr so freundlich klangen wie zu Anfang?

Nicht viel besser erging es dem Journalisten Axel Arnholm. Wegen der zu erwartenden Landemeldung hatte er die Anweisung erhalten, nach seinem

Tagesdienst auch noch beim Redigieren der Morgenausgabe mitzuhelfen. Das hieß, er mußte als Sachbearbeiter für Luftfahrtfragen den größten Teil seiner Nachtruhe opfern.

Um Mitternacht rauchte ihm der Kopf. In den vergangenen Stunden hatte er angestrengt arbeiten müssen. Seit der Meldung, die gegen 21 Uhr die glückliche Landung in Mitchellfield verkündete, hatte er keinen Augenblick Ruhe gehabt.

Die ganze erste Seite hatte man ihm reserviert. Die Schlagzeilen standen fest. Darunter sollte die entscheidende Meldung dreispaltig gebracht werden:

„Emden, 13. April 1928 (Wolff). Aus New York wird berichtet, daß ein Flugzeug, begleitet von einem Flugzeuggeschwader, zur Zeit (deutsche Zeit 20.30 Uhr) über New York gesichtet sei. Die Funkstation Norddeich berichtet in einem Funkspruch ,An Alle‘, daß die ,Bremen‘ in Mitchellfield eingetroffen sei.“

Jetzt suchte Arnholm noch zu erfahren, wie lange der Flug gedauert hatte, er rief das Wolff'sche Telegraphenbüro an. Aber man konnte ihm die genaue Landezeit nicht sagen. – Schade, wie schön hätte es geklungen, wenn man eine weitere Balkenüberschrift „In soundsoviel Stunden von Kontinent zu Kontinent“ hätte drucken können.

Ein Interview mit Frau Köhl, das allerdings schon im Laufe des Tages gegeben worden war, sollte auch noch gedruckt werden:

„Berlin, 13. April. Seit Donnerstag früh wartet die junge Frau Köhl auf Nachrichten über den Flug der ,Bremen‘. Von ihrem Mann war sie schon früher dahin instruiert worden, daß er den Kurs nördlich der Dampferroute einzuschlagen gedenke und daß infolgedessen Sichtmeldungen vom Ozean kaum zu erwarten seien, also auch kein Anlaß zu irgendwelcher Beunruhigung beim Ausbleiben von Nachrichten bestehe.

,Ich zweifle keinen Augenblick daran, daß meinem Mann der Flug gelingen wird. Ich kenne ihn, er ist ein Bayer, ein Dickkopf, und was er sich einmal vorgenommen hat, das führt er auch durch.‘“

Plötzlich ging die Tür auf, und der Chefredakteur eilte in den Raum:

„Na, Arnholm, wie ist die Lage? Haben Sie den Leitartikel fertig? Auch nicht zu sehr auf die nationale Tube gedrückt?“

Lachend reichte ihm Arnholm das Manuskript herüber:

„Natürlich nicht! Schließlich flog ja ein Ire mit. Aber lesen Sie selbst.“

„Ein Tag der brennendsten Spannung, der lebendigsten Hoffnung, der schwersten Besorgnis liegt hinter uns. Zwei Weltteile hat der 13. April 1928 in diesen Gefühlen geeint. Diesseits und jenseits des Weltmeeres schlugen die Herzen in gleicher Erwartung. Drei Menschen flogen im unermeßlichen

Raum, allein auf sich gestellt, Pioniere des Geistes, Bahnbrecher der Zukunft. – – – Kein Zweifel mehr, die ‚Bremen' hat den Ozean bezwungen. Das tollkühne Wagnis ist gelungen, der Flug auf Leben und Tod ist glücklich von der zähen Energie der deutschen Flieger durchgeführt worden. Durch die Teilnahme des irischen Majors Fitzmaurice aber wird dieser Flug zum Symbol der Völkerverständigung."

Der Chefredakteur nickte mit dem Kopf:

„Ausgezeichnet, ja. Darauf kommt es an. – Konnte man ja auch wohl nicht anders schreiben, was?"

Arnholm nickte vergnügt, er freute sich, daß er mit dem Chefredakteur einer Meinung war. Da klappte wieder die Tür. Ein Bote hielt den beiden ein beschriebenes Blatt hin.

„Aha, ja, das nehmen wir auch mit! Stellungnahme der Lufthansa. Lesen Sie mal, Arnholm. Das ist interessant, gerade weil die Lufthansa mit aller Deutlichkeit von dem Flug abgeraten hatte."

„Das ganze deutsche Volk jubelt der kühnen Besatzung und insbesondere dem tapferen, unerschrockenen Piloten Köhl zu. Dieser allgemeinen Freude schließt sich die Lufthansa um so herzlicher an, als gerade sie die großen fliegerischen Qualitäten Köhls am besten kennt – nunmehr ist aber auch die Gewißheit gegeben, daß seine tätige Kraft weiterhin der deutschen Luftfahrt und damit der Welthandelsluftfahrt erhalten bleibt. Die Wahrscheinlichkeit des Gelingens war so gering, daß die Lufthansa Köhl für die außerhalb des Verkehrs liegende Sportaufgabe nicht ziehen lassen wollte.

Sie wollte ihm das Schicksal der 29 Opfer des Ozeans von Nungesser bis Hinchcliffe ersparen."

Arnholm freute sich, daß er gerade diese Stellungnahme bringen konnte. Damit waren die Wogen der Erregung, die der offene Zwist zwischen der Fluggesellschaft und Hermann Köhl hervorgerufen hatte, besänftigt. Die Lufthansa zollte der Leistung ihres Piloten die verdiente Anerkennung.

Noch weitere Nachrichten flatterten dem Redakteur auf den Tisch. Unerbittlich lief die Uhr weiter. Material war jetzt schon reichlich vorhanden. In der Setzerei herrschte ein hektischer Betrieb. Das Klappern der Maschinen durchhallte den Raum.

Der Metteur hatte den Satz zur ersten Seite schon fast vollständig vor sich stehen. Er schob die in Blei gegossenen Zeilen zurecht, um die einzelnen Meldungen und Kommentare übersichtlich zu gestalten. Axel Arnholm war auch in die Setzerei gekommen. Er blickte auf die Uhr. – Noch zehn Minuten, dann wurde keine neue Meldung mehr angenommen, dann war Redaktionsschluß in der Setzerei. Dann hatte endlich die Hetzerei, die jedesmal kurz vor dem Andrucken ihren Höhepunkt erreichte, ein Ende.

Arnholm steckte sich mechanisch eine Zigarette an. Noch hatte er keine Zeit, sie mit Genuß zu rauchen; aber er qualmte, weil das angeblich beruhigt. Seine Augen hasteten auf der Suche nach Druckfehlern über die Fahnenabzüge. Dort war eine Zeile doppelt gesetzt, eine mußte also entfernt werden.

Neben ihm läutete der Apparat, abwesend nahm er den Hörer von der Gabel:

„Setzerei, Arnholm!"

Für einen Augenblick hörte er aufmerksam zu. Dann wurde der Zigarettenstummel unwirsch im Aschenbecher zerdrückt. Arnholm fuhr sich verzweifelt mit der Hand durch die Haare:

„Ja, ja, schicken Sie's 'runter, aber ein bißchen dalli, bitte!"

Der Hörer knallte auf die Gabel.

„Los, hör auf, Junge, neue Meldung! Die ‚Bremen' ist gar nicht in New York."

„Mensch, ich werde verrückt!"

„Wo ist der Chef?"

„Arnholm! Was ist denn los?"

„Ich sag es ja; nicht in New York! Auf irgendeiner dämlichen Insel ist die ‚Bremen' gelandet. Deine schicke Schlagzeile kannst du dir an den Hut stecken. Wenn die gedruckt worden wäre, hätten wir uns elegant blamiert."

Die Stimmung wurde kritisch. Das war seit Monaten nicht vorgekommen, daß man beim Redaktionsschluß nicht drucken konnte. Die Männer waren aufgescheucht. Einige Setzer, die schon fast nach Hause gehen wollten, nahmen mit langen Gesichtern wieder an ihren Maschinen Platz.

Der sonst so ruhige Chefredakteur kam in einem ungewohnten Tempo in den Saal gefegt:

„Das ist ja eine schöne Schweinerei. Wie hieß Ihre Schlagzeile?"

„Der deutsche Ozeanflug geglückt!"

„Bleibt stehen! Und – ‚In Mitchellfield gelandet' – das nehmen Sie weg. Geben Sie mal die neue Meldung her!"

„New York, 13. April. Aus Armour Point wird gemeldet, daß der dortige Radiotelegraphist der Commercial Cable Company einen Funkspruch erhalten habe, daß die ‚Bremen' auf Greenly Island in der Straße von Belle Isle (Neufundland) gelandet sei."

„Im Wortlaut bringen, was?"

„Natürlich, fett gedruckt – warten Sie mal, da müssen Sie aber – – –. Nein, lassen Sie die anderen Meldungen von Mitchellfield stehen. Aber den Leitartikel ändern! Zwei Sätze über das Hin und Her der Nachrichten."

„Ja, ist gut!"

163

Zum 25. Jahrestag des ersten Ost-West-Fluges erinnerte „Die Neue Zeitung", München, an dieses Ereignis

„Halt, und dann noch etwas über Greenly Island. Lexikon oder so – irgendwo muß was zu finden sein. Zeit: dreißig Minuten, sonst schaffen wir es nicht mehr für die Umgebung. Die Bezirksausgabe muß 'raus."

Fieberhaft machten sich die Redakteure an die Arbeit. In aller Eile warf Arnholm einige Sätze aufs Papier. Um am Ausdruck groß herumzufeilen, blieb keine Zeit. Sofort gingen die Zettel an die Setzer.

Inzwischen wurde auch die ganze erste Seite auseinandergerissen und neu geordnet. Nach zwanzig Minuten war das geschafft. Der Satz konnte wieder zusammengebaut werden. Nur eine kurze Beschreibung der einsamen Insel fehlte noch, mochte sie auf der dritten Seite, an dem Platz für die letzten Telegramme, untergebracht werden. Endlich ging ein Aufatmen durch den Raum. Redaktionsschluß. Jetzt konnte der Satz zum Matern gegeben werden. Ein paar Minuten dauerte das Ausgießen der Druckmäntel. Das Zurichten und Anschrauben der fertig gegossenen Halbzylinder nahm ebenfalls nur wenig Zeit in Anspruch. Und dann begann die Rotationsmaschine zu arbeiten.

In wenigen Stunden würden die Menschen am Frühstückstisch ihre Zeitung aufschlagen und lesen, daß die drei Flieger zwar nicht in New York, aber immerhin in der Neuen Welt gelandet waren.

Zwei Wochen auf Greenly Island

Zu derselben Zeit, als in Berlin die Menschen mit Straßenbahn und Untergrundbahn zur Arbeit fuhren, war es in Amerika noch Nacht. Was man in Irland und Deutschland am 14. April in den Morgenzeitungen mit großer Freude las, das wußten die meisten Amerikaner schon seit Freitag abend. Man hatte den Atlas gewälzt und die kleine Insel Greenly Island in der Meeresstraße zwischen Neufundland und Labrador gesucht, sie aber in den wenigsten Fällen wirklich gefunden.

Auch Hermann Köhl suchte zu dieser Zeit noch einmal die kleine Insel auf der Seekarte. Draußen war es dunkel, er saß an einem rohen Holztisch. Die kleine Petroleumlampe, die nicht nur Licht spenden, sondern auch den Raum etwas erwärmen sollte, flackerte leicht, wenn zuweilen Böen um das niedrige Holzhaus heulten. Neben ihm lagen seine beiden Gefährten und atmeten in ruhigen, gleichmäßigen Zügen.

Mit seinem Lineal maß Köhl die Entfernung von der Insel bis Quebec, der nächsten Großstadt. Rund fünfhundert Kilometer, stellte er fest. Sein Finger zeigte auf Green Island am St.-Lorenz-Golf.

Man mag das für einen Witz halten, aber es war tatsächlich so, daß Millionen von Menschen in aller Welt zur selben Stunde wußten, daß die „Bremen" weitab von jeder Zivilisation notgelandet war, nämlich dort, wo der Frühling erst im Juni einzieht, wo der Sommer bestenfalls einige wenige Tage dauert. Nur die drei Flieger rechneten damit, innerhalb von zweieinhalb Stunden nach der kanadischen Hafenstadt Quebec fliegen zu können. Sie hatten sich nämlich verhört. Als man ihnen den Namen der Insel nannte, hatten sie „Green Island" statt „Greenly Island" verstanden. Das Mißverständnis lag an den zwei Buchstaben „ly". Eintausendzweihundert Kilometer waren sie von Quebec entfernt – und nicht etwa fünfhundert, wie sie glaubten.

Hermann Köhl faltete die Karte zusammen. Im Halbschlaf hörte Hünefeld das Knistern des Papiers. Er drehte sich auf die andere Seite, doch nun blendete ihn das Petroleumlicht. Im Augenblick wußte er nicht, wo er sich befand. Während der nächsten Sekunden wurde er hellwach.

„Na, Köhl, schon auf? Können Sie nicht mehr schlafen?"

„Schlecht, Hünefeld. Wer weiß, was die nächsten Tage bringen. Vermutlich werden wir kaum Zeit haben. Und unsere Erfahrungen müssen doch festgehalten und aufgeschrieben werden."

„Aber ich bitte Sie, doch nicht jetzt!"

„Ach was, solange man das alles noch frisch in der Erinnerung hat, geht das am besten. Später könnte man Wichtiges vergessen."

„Na, meinetwegen. – Übrigens, kann ich noch mal die Karte sehen?"
Hermann Köhl reichte sie ihm hinüber. Sie war über und über mit Bleistift-
strichen bedeckt, die die Wetterlage zur Zeit des Startes kennzeichneten.
Mehrere der möglichen Flugkurse über den Atlantik waren eingetragen.
Ölflecke und Standortberechnungen vervollständigten das Bild.
Inzwischen wurde auch Fitzmaurice wach. Als erstes griff er nach seinem
Uniformrock, angelte sich die letzten beiden Zigaretten und bot Hünefeld
eine davon an. Belustigt sah Köhl sich das Anzünden und die ersten genuß-
vollen Züge an. Hünefeld bemerkte das und meinte launig:
„Ein Ozeanflug von 36 ½ Stunden mag anstrengend sein. 36 ½ Stunden
Rauchverbot während des Fluges aber sind eine Qual!"
Die sich anschließende kurze Lagebesprechung ergab, daß man schlimm-
stenfalls in zwei bis drei Tagen in New York sein konnte. Und wenn nicht mit
dem Flugzeug, dann mit der Eisenbahn. So legten sich die beiden befriedigt
wieder hin. Nur Köhl blieb wach und begann zu schreiben. In Ermangelung
von geeignetem Papier nahm er die Rückseite der Seekarte.
Er wollte die Erfahrungen schriftlich festhalten und sie der Luftfahrt-
wissenschaft und anderen Piloten zur Verfügung stellen. Beispielsweise hatte
sich die Vermutung bestätigt, daß man sich im Gebiet von Labrador und
Neufundland keinesfalls auf den Magnetkompaß verlassen durfte. Auch die
Navigationsfrage mußte viel ernster genommen werden, als vorher angenommen wurde. Hermann Köhl belegte diese Erfahrungen mit seinen
Erlebnissen. Für die Tagespresse wollte er nicht schreiben, das mochten
seine Gefährten tun.
Als die Sonne aufging, saß Hermann Köhl noch immer über seinen Aufzeich-
nungen. Zuweilen schweifte sein Blick durch das blumengeschmückte
Doppelfenster auf das gewaltige Eisfeld, das die Insel einschloß. Ganz in der
Ferne sah er einen dunkelblauen Streifen am Horizont. Aber er wußte noch
nicht, daß das Neufundland war.
Als die drei Flieger sich dann zum Frühstück fertigmachten, wuschen sie
sich besonders sorgfältig die verschleimten und entzündeten Augen aus.
Unglücklicherweise hatte Hermann Köhl während des Fluges seine Brille
verloren, so daß sich beide Piloten mit einer hatten behelfen müssen. Aber
bis auf die angegriffenen Augen fühlten sich die drei wohl.
Noch war das Frühstück nicht beendet, als es den Bayern schon wieder nach
draußen zog. Er wollte bei Tageslicht erst einmal sehen, wie es um seine
„Bremen" stand.
Schon nach wenigen Minuten kam er erregt wieder hereingestürmt:
„Wißt ihr eigentlich, wo wir sind? Wir sind nicht auf *Green* Island, sondern
auf *Greenly* Island."

Die Karte wurde zu Rate gezogen. Das Ergebnis war schlimmer, als man erwartet hatte. Von einer schnellen Beschaffung der notwendigen Ersatzteile konnte nicht mehr die Rede sein. Auch gab es in der Nähe keine Eisenbahnlinie. Eine Fahrt mit dem Kraftwagen käme einer winterlichen Expedition gleich. Im übrigen kannte man während der kalten Jahreszeit nur den Hundeschlitten als Beförderungsmittel. Die Menschen, die hier an der einsamen Küste lebten, hatten praktisch nur während weniger Monate Verbindung mit der übrigen Welt. Erst wenn die Meerenge von Belle Isle einigermaßen eisfrei war, konnten die Dampfer und Motorkutter herankommen, und das auch nur, wenn nicht gerade der in dieser Gegend so gefürchtete Nebel herrschte. Fürwahr: nette Aussichten!

Das erste Postschiff, so sagte der Leuchtturmwärter, sei erst am 10. Mai zu erwarten. Es mußte also gehandelt werden. Hermann Köhl wollte sich um das Flugzeug kümmern, er hoffte auf die kräftigen Fäuste der hilfsbereiten Inselbewohner.

James C. Fitzmaurice und Freiherr von Hünefeld dagegen sollten versuchen, mit der Außenwelt Verbindung aufzunehmen. Sie liehen sich einen Hundeschlitten und fuhren los. In jagender Fahrt zog die bellende Meute die beiden über das Eis. Sie mußten ihre ganze Geschicklichkeit aufbieten, um nicht mit diesem schmalen Gefährt umzuschlagen, wenn es über Schollenkanten oder durch Schneewächten ging. Leider gelang das nicht immer, und mehr als einmal stürzten die Männer auf das Eis. Aber dennoch machte es ihnen diebische Freude, statt eines starken Motors sechs hechelnde Hunde vor sich zu haben.

Als der zugefrorene Meeresarm auf die für die Flieger neuartige Weise überquert war, landeten sie in Long Point. Von dem Postmeister Mr. Cornier wurden sie herzlich empfangen. Die Dorfbewohner kamen herbeigeeilt, um die Europäer zu sehen und zu bestaunen. Und dann ging es an die Arbeit. In gewöhnlichen Zeiten hatte Mr. Cornier höchstens ein Dutzend Telegramme im Monat zu befördern. Jetzt aber hämmerte er die Taste unentwegt. Meldungen an die irische und die deutsche Regierung wurden abgesetzt. Ein Telegramm sollte den Bremer Senat davon unterrichten, daß die „Bremen" glücklich die Neue Welt erreicht habe. Natürlich wurde auch die kanadische Regierung verständigt, auf deren Hoheitsgebiet man so unvorhergesehen hatte landen müssen. Ein Hilferuf ging an Fräulein Junkers, die Tochter des Mannes, der die „Bremen" konstruiert hatte.

Gerade während dieser Tage hielt sie sich in New York auf. Vor allen Dingen benötigte man eine neue Luftschraube und Ersatz für das beschädigte Fahrwerk. Zwischen den einzelnen abgehenden Telegrammen trafen die ersten Glückwünsche aus mehreren Ländern ein. Der Postmeister hatte alle

Hände voll zu tun. Stolz überreichte er seinen beiden Gästen den herzlichen Gruß des Präsidenten der Vereinigten Staaten. Daran erkannten sie, daß die Telegramme, die sie gleich nach der Landung abgesandt hatten, offenbar gut angekommen waren.

Fitzmaurice erkundigte sich dann bei den Dorfbewohnern, ob irgendwelche geeigneten Werkzeuge vorhanden wären, um die „Bremen" zu reparieren oder sie wenigstens aus ihrer üblen Lage zu befreien. Es stellte sich heraus, daß zwei einfache Hebebäume mit Flaschenzügen zur Verfügung standen. Bereitwilligst versprachen einige Männer, diese Hebezeuge nach Greenly Island zu schaffen.

Hünefeld und sein irischer Gefährte besahen sich dann noch den kleinen Ort. Ein junger Einwohner führte sie voll Stolz in die Kirche, um ihnen die Schönheit dieses Gotteshauses zu zeigen. Obwohl die beiden Flieger zwei verschiedenen Konfessionen angehörten, obwohl sie nicht die gleiche Muttersprache redeten, fühlten sie in diesem Augenblick dasselbe: Hier war der Ort, um Gott für seine Hilfe zu danken. Im Glauben, daß der Allmächtige sie aus Todesnot und Gefahr geleitet hatte, sprachen der deutsche Freiherr und der irische Major in der kleinen kanadischen Kirche ein kurzes, aber inniges Gebet.

Als sie später in sausender Fahrt nach Greenly Island zurückgekehrt waren, begutachteten sie das tüchtige Stück Arbeit, das Hermann Köhl mit einer Reihe von freiwilligen Helfern in der Zwischenzeit geleistet hatte. Die „Bremen" lag mit den Tragflächenansätzen auf Petroleumfässern und Planken. So war das Fahrgestell entlastet. Beim Anheben des Flugzeuges hatte sich übrigens herausgestellt, daß der linke Reifen durch den Eisdruck unbrauchbar geworden war.

Wenn die Ersatzteile in den nächsten Tagen eintrafen, bestand die Hoffnung, daß man mit der „Bremen" bald nach New York fliegen konnte.

Am Sonntag, es war der 15. April, feierte Hermann Köhl seinen vierzigsten Geburtstag. Nachdem die Inselbewohner ihm herzlich gratuliert hatten, saßen die Flieger gemütlich beisammen und erzählten aus ihrem Leben. Alle drei waren sie im Kriege gewesen und hatten als Soldaten an der Front gestanden. Fitzmaurice hatte bei den Engländern gekämpft, Köhl und Hünefeld auf deutscher Seite. Am eigenen Leibe hatten sie das Elend des Völkerringens kennengelernt, und sie sprachen darüber, daß gerade ehemalige Frontsoldaten ein gut Teil dazu beitragen könnten, daß Menschen und Völker sich versöhnen.

So wie sie drei jetzt die Aufgabe, den völkerverbindenden Ozeanflug, gemeinsam vollendet hätten, müßten auch die Nationen gemeinsam arbeiten und zusammenhalten, um den Frieden zu bewahren.

Die „Bremen" ist angehoben und auf Fässer gesetzt, von Hünefeld rechts mit Schirmmütze

Die überaus gastliche Aufnahme auf dieser kleinen, unfruchtbaren Insel, die freudige Hilfsbereitschaft und die rührende Fürsorge bewiesen besser als lange Reden, daß fremde Menschen trotz unterschiedlicher Sprache schnell Freunde werden können.

Während des Frühstücks hatte sie eine Meldung erreicht, daß ein Flugzeug nach Greenly Island unterwegs sei, mit dem Eintreffen dürfte gegen 17 Uhr gerechnet werden. So blieb genug Zeit, noch einmal zu überlegen, was man alles benötigte und was man an Aufträgen dem Piloten mitgeben konnte. Hünefeld und Fitzmaurice schrieben ihre Erlebnisse auf. In großen Zügen wollten sie der Außenwelt berichten, wie der Flug verlaufen war. Denn noch wußte man nicht viel mehr als eben die Tatsache, daß die „Bremen" gelandet sei.

Gegen 17.30 Uhr hörten sie Motorengeräusch, der erste Bote der zivilisierten Welt näherte sich der Insel. Zwei volle Tage hatten die Ozeanflieger darauf warten müssen. Jetzt griffen sie nach ihren warmen Jacken und Mänteln und eilten hinaus. Die Maschine kreiste, eine Leuchtkugel sank langsam verglimmend zu Boden, und dann setzte das Flugzeug, das statt der Räder Schneekufen am Fahrwerk befestigt hatte, zur Landung an. Etwa anderthalb bis zwei Kilometer entfernt ging das Flugzeug auf dem festen Eis der Meerenge nieder.

Die „Bremen"-Besatzung und einige Einwohner jagten mit wendigen Hundeschlitten über die weite Fläche, um die neuen Gäste willkommen zu heißen. Drei Männer waren es: Dr. Louis Cuisinier, gebürtiger Franzose und jetzt technischer Direktor der kanadischen Luftfahrtgesellschaft, der amerikanische Pilot Duke Schiller und ein Monteur. Das war eine freudige Begrüßung von wildfremden Menschen, die sich nie vorher gesehen hatten. Köhls Augen wurden immer größer, als man einen Kasten Bier aus dem Flugzeug hob – wußte man hier etwa schon, daß Hermann Köhl aus Bayern stammte?

Lachend und redend kehrte man nach der Insel zurück. Bald dampfte in den Tassen der heiße Tee, und dann begann das große Palaver. Übrigens war es wieder einmal gar nicht so einfach, sich zu verständigen. Fitzmaurice hatte es noch am besten. Aber den beiden Deutschen machte es einige Mühe, bei der Unterhaltung Schritt zu halten.

Natürlich wollten die Ozeanflieger erst einmal wissen, wann sie aus dieser Einöde erlöst würden, wann ihre Ersatzteile einträfen. Und dann interessierte in zweiter Linie natürlich, wie man in Amerika, wie man in der Welt über ihren Flug dachte. Nun, über das beträchtliche Aufsehen, das die Landung der „Bremen" hervorgerufen hatte, konnte Duke Schiller in seiner humorvollen Art einiges berichten.

Die Presseagenturen und Zeitungen hatten sich um die ersten Nachrichten förmlich gerissen, und wenn das Benzin hier oben im Norden nicht so knapp wäre, dann hätten die drei Ozeanflieger schon mehr Reporter auf Greenly Island gehabt, als ihnen lieb gewesen wäre. Duke Schiller berichtete von den vielen Flugzeugen, die in Murray Bay ohne Sprit säßen und daher nicht weiterkönnten. Fotografen, Kameraleute und Journalisten waren mehr als genug dort. Man möge sich nur vorstellen, welche gereizte Stimmung, welch argwöhnisches Belauern dort herrschte, meinte Duke Schiller und schlug sich lachend auf die Oberschenkel; er hatte es ja geschafft.

Es war schon so, die Tat der „drei Luft-Musketiere" – so nannte man sie bereits – wurde restlos anerkannt. Dabei machte es kaum etwas aus, daß die „Bremen" nicht in New York niedergegangen war. Wesentlich blieb, daß sie Amerika überhaupt erreicht hatten.

Ja, und nun galt es zu klären, wie man die „Bremen" startfertig machen konnte. An Ort und Stelle besichtigten die Männer das havarierte Flugzeug. Dr. Cuisinier und der Monteur machten bedenkliche Gesichter. Das Ärgerliche an der ganzen Sache war, daß die W 33 ausgerechnet auf dem verhältnismäßig dünnen Eis des Weihers landen mußte, der der Inselbevölkerung als Wasserreservoir diente. Wenn die „Bremen"-Besatzung auf dem dicken Meereseis niedergegangen wäre, hätte es kaum Schwierigkeiten gegeben.

Das war den dreien so recht klar geworden, als Duke Schiller sein Flugzeug reibungslos aufsetzte. Aber es blieb müßig, sich über einen Fehler zu ärgern, der jedem unterlaufen konnte, der mit den Verhältnissen dieses einsamen Landstriches nicht vertraut war.

Jetzt galt es, so schnell wie möglich Abhilfe zu schaffen. Eine eingehende Besprechung war unbedingt notwendig. Nun erfuhr Hermann Köhl auch, daß seine Telegramme an Fräulein Junkers nur verstümmelt übermittelt worden waren. Die Nachrichtenverbindung klappte doch nicht so einwandfrei, wie sie erwartet hatten. Noch einmal wurde ihnen bewußt, wie weit sie von jeder Zivilisation entfernt gefangen saßen.

Duke Schiller erzählte ihnen, welche Umwege ihre ersten Telegramme gemacht hatten. Die kleine Funkstation Armour Point, der die Meldungen aus Long Point über Draht zugegangen waren, hatte mehrfach die Nachricht von der erfolgten Landung in den Äther geschickt. Aber in den Vereinigten Staaten hatte keine Station diese Rufe gehört. Schließlich waren die ersten Telegramme von der Funkstation Belle Isle, die noch nördlich von Greenly Island gelegen war, aufgenommen und weitergegeben worden. Und erst da war die langerwartete Botschaft von Inlandstationen und Amateurfunkern gehört worden. Das hatte mehrere Stunden gedauert. Durch die dann einsetzende Flut von Telegrammen waren die Männer an den Funkgeräten derart überlastet worden, daß man jetzt sichergehen wollte.

Köhl meinte deshalb, daß man der Besatzung des amerikanischen Flugzeuges schriftliche Unterlagen mitgeben sollte, aus denen genau hervorging, was man zur Instandsetzung der W 33 benötigte.

Dr. Cuisinier, der die Schwierigkeiten der Ersatzteilbeschaffung wohl am besten beurteilen konnte, meinte schließlich:

„Meine Herren, ich mache Ihnen einen Vorschlag. Es hat, soweit ich es überblicken kann, keinen Zweck, daß wir lange herumreden und alles aufschreiben. Es ist wohl das Richtigste, daß einer von Ihnen nach Murray Bay mitfliegt."

Freudiges Erstaunen auf seiten der „Bremen"-Besatzung.

„Ja, natürlich, ich bin gerne bereit, einem von Ihnen meinen Platz zur Verfügung zu stellen."

„Mr. Cuisinier, ich weiß gar nicht, ob wir Ihr freundliches Angebot annehmen dürfen?"

„Ach so, Sie meinen, daß ich wieder in mein Büro muß? Nun, ganz unrecht haben Sie nicht, ich habe wirklich genug zu tun. Aber ich denke, daß auch ohne mich der Betrieb weiterlaufen wird. Wissen Sie, ich stehe auf dem Standpunkt, daß kein Mensch unentbehrlich ist – – –. Und zuerst muß doch einmal Ihnen geholfen werden!"

„Das ist sehr freundlich, Mr. Cuisinier. Aber wir wissen ja nicht, wie lange Sie hier mit uns gefangen sitzen. Und wenn es das Pech will, müssen Sie vielleicht noch einige Tage länger hierbleiben, als Sie im Augenblick vermuten!"

„Oh, meine Herren, ich weiß. Aber das macht nichts. Es wird schon alles klargehen. Sehen Sie, von Murray Bay aus kann das Notwendigste schneller erledigt werden, als wenn Sie uns lange Anweisungen mitgeben."

„Haben Sie herzlichen Dank, Mr. Cuisinier, unter diesen Umständen werden wir natürlich von Ihrer Einladung Gebrauch machen. – – Aber wer fliegt nun?" – –

Köhl blickte seine beiden Gefährten an:

„Also ich möchte gerne bei der ‚Bremen' bleiben. – – Wollen Sie vielleicht, Hünefeld?"

Der Freiherr überlegte eine Weile und sah dann den Iren an, schüttelte den Kopf und meinte:

„Fitzmaurice, fliegen Sie! Sie kommen am besten mit der Sprache klar. Jetzt noch irgendwelche Mißverständnisse oder ein falsch aufgefaßter technischer Ausdruck – nein, das können wir uns nicht leisten!"

Köhl nickte bedächtig:

„Ganz recht, Fitzmaurice, berichten Sie, was uns hier fehlt. Sie können am besten unsere Lage schildern."

Damit war die Entscheidung gefallen, Fitzmaurice sollte also die Hilfsexpedition in die Wege leiten.

Für Duke Schiller war es längst zu spät geworden, um den Heimflug anzutreten. Die Abendsonne tauchte die weite Eisfläche in rötliches Licht und versank hinter den schweigenden Wäldern Labradors. Jeder suchte sich, so gut es ging, eine Lagerstatt, um neue Kräfte für den folgenden Tag zu sammeln.

Am Montagmorgen stiegen Duke Schiller und Fitzmaurice nach Murray Bay auf. Mr. Cuisinier und der Monteur machten sich an die Arbeit. Sie wollten das Wasser des Teiches ablassen, um die „Bremen" sicher aufbocken zu können. Das beschädigte Fahrwerk sollte entfernt werden, um beim Eintreffen des Ersatzes keine Zeit zu verlieren. Dr. Cuisinier kannte die Art der Menschen, die auf Greenly Island und in Long Point lebten, und so fiel es ihm nicht schwer, sie für die Hilfsarbeiten zu gewinnen.

In den nächsten Tagen gelang es einem Flugzeug der Paramount Filmgesellschaft, bis zu der einsamen Insel durchzukommen. Ein wenig später traf eine Maschine mit Wochenschauleuten und Pressefotografen ein. Von allen Seiten filmte man die „Bremen" und bannte Köhl, Hünefeld und ihre Helfer auf den Streifen.

Ruhige Tage für von Hünefeld und Köhl

Das Wetter wechselte sehr, mal schien die Sonne, mal tobte ein Schnee-sturm. Im großen und ganzen aber wurde es wärmer. Damit wuchs die Sorge, ob das Hilfsflugzeug mit den Ersatzteilen so rechtzeitig eintreffen würde, daß man noch über das Eis starten konnte. Die Fläche zeigte allmählich Risse, die den Start mit einem Räderfahrwerk gefährlich erscheinen ließen.

Endlich traf am 23. April ein von dem Ozeanpiloten Bernt Balchen gesteu-ertes dreimotoriges Ford-Flugzeug ein, das Commander Byrd zur Verfügung gestellt hatte. Mit seinen Schneekufen landete es glatt. Mit besonderer Freude begrüßten die beiden Deutschen ihren Gefährten Fitzmaurice und den Monteur Ernst Köppen von der Junkers Corporation of America.

Treffen bei der Ersatzteilbeschaffung in St. Agnes: Fitzmaurice, Floyd Bennet, Duke Schiller und Bernt Balchen

Der Ire erzählte von den Menschen, denen er in Murray Bay begegnet war. Mit Floyd Bennett hatte er gesprochen, das war der bekannte Pilot, der zusammen mit Commander Byrd im Jahre 1926 als erster den Nordpol überflogen hatte. Leider war Floyd Bennett dann erkrankt, so daß er bedauerlicherweise nicht nach Greenly Island kommen konnte. Weiter hatte er Fräulein Junkers getroffen. Das war ein glücklicher Umstand, weil man so in der Lage gewesen war, Original-Junkers-Ersatzteile herbeizuschaffen.

Was die Flieger aus Murray Bay mitgebracht hatten, ließ die Herzen höher schlagen: ein spiegelblanker Metallpropeller, neue Fahrwerksteile und zwei

Die „Bremen" wird zum Start auf glattes Eis gebracht

Räder mit besonders breiten Reifen, die den Eisstart erleichtern sollten. Fieberhafte Tätigkeit setzte ein. Die „Bremen" wurde instandgesetzt. Dann dauerte es drei Stunden, bis sie glücklich auf das dicke, aber schon teilweise rissige Meereseis gezogen war. Die einbrechende Nacht beendete die Arbeiten. Wenn alles Weitere gutging, sollte am nächsten Tage Richtung New York gestartet werden.

Am folgenden Morgen zogen die Männer das Flugzeug eine ganze Strecke über das Eis. Dreimal brach es mit den Rädern ein. Doch als man weit genug vom Ufer entfernt war, wurde das Eis fester. Schließlich hatte man eine glatte, schollenfreie Bahn erreicht, auf der man den Start wagen konnte. Aber vorher mußten noch der Motor gewärmt und das Kühlwasser eingegossen werden. Gründlich überprüften die Monteure den Motor, reinigten die stark verschmutzten Zündkerzen und überholten die ganze elektrische Anlage mit Verteiler und Zündmagneten. Nachdem der Treibstoff, den das Ford-Flugzeug herangebracht hatte, in die Tanks gefüllt war, wurde es Zeit, den Motor anzuwerfen. Die Uhr zeigte mittlerweile 8 Uhr. Mit vereinten Kräften rissen die Monteure die Luftschraube herum. Als Hermann Köhl dann die Zündung einschaltete, knallte es wohl ein paarmal, aber dabei blieb es auch.

Weitere Versuche bestätigten die Ahnungen, daß die fast zweiwöchige Liegezeit in Wind und Wetter dem Motor nicht gut bekommen war. Nur zwei der sechs Zylinder arbeiteten. Offenbar lag der Fehler an den Ventilen. Stundenlang versuchten die Monteure die Ventile freizubekommen, zeitweise sogar mit Hilfe einer Lötlampe. Aber als sie dann wieder den Motor durchdrehten und Köhl die Zündung einschaltete, blieb es bei den häßlich lauten Explosionen.

Gegen Abend verschlechterte sich das Wetter. Dunkle, walzenartige Wolkengebilde zogen vom Horizont herauf und kündeten einen Sturm an. Für lange Diskussionen blieb keine Zeit, und so rollte man die „Bremen" in den schützenden Hafen von Long Point. Beim Vertäuen und Festzurren der Maschine begann auch schon der Wind zu heulen, und im dichten Schneegestöber erreichten die Männer die Häuser des Dorfes. Von einer Rückkehr nach Greenly Island war nicht mehr die Rede.

Auch am nächsten Tage ließ das unbeständige Wetter einen Start nicht zu. Schneestürme wechselten mit Sonnenschein. Überdies verschlechterten sich die Eisverhältnisse derart, daß man an einem reibungslosen Start der „Bremen" zweifeln mußte, ganz abgesehen davon, daß der Motor noch nicht intakt war. Köhl, Hünefeld und Fitzmaurice entschlossen sich daher, so bald wie möglich mit dem dreimotorigen Ford-Flugzeug nach den Vereinigten Staaten zu fliegen.

In den späten Nachmittagsstunden, als die Piloten beider Flugzeuge im Hause des Postmeisters zusammensaßen, wurde eine erschütternde Meldung durchgegeben:

„Floyd Bennett ist gestorben."

Mit einem Schlage verstummte jedes Gespräch in der noch eben so fröhlichen Runde. Bernt Balchen wurde kreideweiß, Fitzmaurice konnte seine tiefe Erschütterung nicht verbergen. Vor wenigen Tagen noch hatte er diesem erfolgreichen amerikanischen Flieger Floyd Bennett die Hand gedrückt.

Als die Nachricht von der Landung der „Bremen" bekannt geworden war, hatte Floyd Bennett sofort versucht, nach Greenly Island durchzukommen – und das, als er von einer gerade überstandenen Krankheit kaum genesen war. Bei seiner Ankunft in Murray Bay hatte er mit einer Erkältung zu kämpfen. Zuerst nahm er das nicht tragisch, als aber eine Lungenentzündung hinzukam, wurde sein Zustand kritisch. In Fliegerkreisen erregte Bennetts Leiden ernste Besorgnis, Oberst Lindbergh brachte in einem elfstündigen Gewaltflug ein Serum nach Quebec. Doch die Hoffnungen trogen, das Leben des selbstlosen Piloten Floyd Bennett konnte nicht mehr gerettet werden.

Wer war Floyd Bennett? Ein ganzer Kerl! – Der beste Kamerad des berühmten Richard Evelyn Byrd.

1925 nahm er als Marinemechaniker und Pilot an einer Grönlandexpedition teil. Hier traf er zum ersten Male mit Byrd zusammen. Die beiden Männer verstanden und ergänzten sich so gut, daß Byrd beschloß, ihn auf seinen

Lindbergh (links) fliegt für den schwerkranken Floyd Bennet das Serum von New York nach Quebec

Erkundungsflügen mitzunehmen. Mehr als 2500 Meilen legten sie in ihrem Amphibienflugzeug über den Gebirgen Grönlands zurück. Sie lernten die Gefahren der Arktis kennen. Schneestürme bedrohten sie. Die Bedingungen, unter denen diese Polarregionen aus der Luft erforscht werden konnten, mußten erst durch eigene Erfahrungen gewonnen werden. Auf keinen Fall durften sie vom Kurse abkommen, denn die Landemöglichkeiten waren in der Zone des ewigen Eises nicht sehr zahlreich. Ein Niedergehen auf unbekanntem Gebiet war zumeist gleichbedeutend mit Bruch. Dort im Norden Grönlands, nur wenig mehr als tausend Kilometer vom Pol entfernt, wurden diese zwei Männer Kameraden. Sie wußten, daß sie sich aufeinander verlassen konnten.

Zwischen den Flügen berieten sie, was sie später unternehmen wollten. Denn das eine stand für sie fest, sie wollten nicht einfach nur fliegen, wie es Tausende taten. Hätten sie einige Jahrhunderte früher gelebt, so wären sie vielleicht mit Segelschiffen hinausgefahren, um fremde Länder zu entdecken. Im Zeitalter des Flugzeugs aber wollten sie neue Luftwege erkunden. Die Arktis hatte sie in ihren Bann gezogen. Und so beschlossen sie, dann, wenn sie ein stärkeres Flugzeug hätten, zum Nordpol zu starten. Bisher war es noch keinem Menschen gelungen, den nördlichsten Punkt der Erde zu überfliegen. Amundsen hatte es zwar im Jahre 1925 versucht, aber mit seinen zwei Dornier-Walen den Pol nicht erreicht.

Als Abflugbasis erschien ihnen Spitzbergen am geeignetsten. Erfahrungen in der weißen Hölle hatten sie gesammelt und waren überzeugt, daß der Plan zu verwirklichen sei. Als die beiden Flieger von Grönland nach den Vereinigten Staaten zurückkehrten und von ihren Zukunftsträumen erzählten, schüttelten erfahrene Polarforscher die Köpfe. Nun, Byrd und Bennett wußten, was sie wollten.

Eine Expedition wurde ausgerüstet, und mit einer starken Hilfsmannschaft erreichten sie Ende April 1926 Spitzbergen. Der dreimotorige Fokker-Eindecker, den man auf einem gecharterten Dampfer fachmännisch verstaut hatte, wurde in der Königsbucht auf mehrere miteinander vertäute Rettungsboote gesetzt. Die seltsame Fahrt vom Dampfer durch ein dichtes Eisschollenfeld zum Ufer gelang reibungslos. Fünfzig Männer arbeiteten täglich achtzehn Stunden, um die verschneite Startfläche zu glätten.

Das Flugzeug sollte erprobt werden, aber bereits der erste Startversuch endete in einer Schneewehe. Eine Kufe war zerbrochen und das Landegestell verbogen. Der zweite Probeflug gelang.

Am 8. Mai wurde das Flugzeug vollgetankt. Sorgfältig überprüfte Floyd Bennett noch einmal alle Instrumente. Monteure wärmten den Motor und das Öl an. Dann konnte es losgehen. Auf den Schneekufen raste die Fokker über die glitzernde Fläche. Aber vergeblich, sie war viel zu schwer beladen. Sie wollte sich einfach nicht in die Luft erheben, und bevor es gelang, sie wieder zum Stehen zu bringen, rutschte sie auch schon über die Platzgrenze hinaus und hätte sich im tiefen Schnee fast überschlagen.

Sollten die Leute, die Byrd und Bennett als Narren bezeichneten, tatsächlich recht behalten? Mußten diese Fehlschläge nicht als ungünstiges Vorzeichen für den Polflug gewertet werden? Mochten es die Zuschauer nur denken. Die zwei Amerikaner hielten nichts von den sogenannten Warnungen des Schicksals. Sie richteten sich nicht nach dem, was gemunkelt wurde. Die beiden hatten sich entschlossen zu fliegen. Wagemutig und doch mit eiskalter Überlegung erwogen sie ihre Chancen. So erleichterten sie das Flugzeug um jeden nicht notwendigen Ballast und ordneten die Verlängerung der Startbahn an.

Bald nach Mitternacht, als der Schnee am härtesten war, jagte das Flugzeug zum letzten Mal über die Abflugstrecke. Kurz vor einem gefährlichen Eisfeld gelang es Bennett, die Fokker durch kräftigen Steuerzug in die Luft zu reißen. Das Schwierigste, der Start, war geschafft. Sie stiegen auf siebenhundert Meter. Ein wundervoller Rundblick über die weißen, majestätischen Berge Spitzbergens entschädigte die beiden Flieger für alle Mühen. Sie sahen sich an. Der Ausgang dieses mutigen Unternehmens war völlig ungewiß.

Auf dem Eise spiegelte sich die Mitternachtssonne. Meist steuerte Floyd Bennett. Richard E. Byrd mußte besonders sorgfältig navigieren, denn ihr Leben hing davon ab, ob sie Spitzbergen wieder erreichen würden. Sonnenkompaß und Magnetkompaß waren die einzigen Hilfsmittel. Bei einer Notlandung bot ihnen das Packeis kaum eine Hoffnung, obwohl für zehn Wochen Verpflegung und der handgefertigte Schlitten, ein Geschenk Amundsens, im Flugzeug verstaut waren. Die Kälte wurde immer fühlbarer. Bennett ließ sich von Byrd am Steuer ablösen und füllte den Treibstoff aus Kanistern in die Tanks um.

Nach etwa sieben Flugstunden bemerkte Byrd ein Leck im Öltank des Steuerbordmotors. Jeden Augenblick konnte der Öldruck fallen, und dann würde der Motor stehenbleiben. Der Pol lockte, ein Umkehren kam nicht in Frage. Die Fokker würde auch noch mit zwei intakten Motoren flugfähig bleiben. Um 9.02 Uhr wurde der nördlichste Punkt der Erde erreicht. Sie umkreisten den Pol, Byrd machte mehrere Sonnenmessungen und einige Aufnahmen. Von hier, wo jede Himmelsrichtung Süden ist, galt es also, Spitzbergen wieder zu erreichen. Wehe, wenn sich der Himmel bezogen und die Sonne sich hinter Wolken versteckt hätte.

Richard E. Byrd und Floyd Bennett waren die ersten Menschen, die den Nordpol überflogen hatten. Der 9. Mai 1926 bleibt für immer ein denkwürdiger Tag in der Geschichte der Luftfahrt und der Polarforschung.

Etwa sieben Stunden später landete der Fokker-Eindecker mit drei laufenden Motoren wieder auf Spitzbergen. Am Abend saßen Byrd und Bennett mit Ellsworth und Amundsen zusammen, die eine Luftschiffexpedition in die Arktis vorbereiteten.

Die Forscher feierten den Sieg. Auf Amundsens Frage, was Byrd als nächstes zu tun gedenke, antwortete der amerikanische Marineoffizier halb übermütig, halb ernst:

„Wir wollen zum Südpol!"

Roald Amundsen stimmte zu; das Flugzeug sei das moderne Mittel, um die Antarktis zu erforschen. Und er erzählte von seinem beschwerlichen Fußmarsch zum südlichsten Punkt der Erde, den er am 14. Dezember 1911 als erster Mensch erreicht hatte. Amundsen riet den amerikanischen Fliegern, eine Expedition nur mit erfahrenen Hilfskräften zu unternehmen. Einen Teil seiner Polarausrüstung bot er Byrd an und empfahl ihm, die „Samson" als Expeditionsschiff zu benutzen. Aber die Hauptsache seien bewährte Männer, die er vor allem unter den Norwegern finden würde.

Für Byrd war es klar, daß er seinen Freund Bennett mitnehmen würde. Der eben vollendete Nordpolflug hatte bewiesen, daß er nicht auf ihn verzichten konnte. Bennett sollte für ihn einspringen, wenn ihm etwas zustieße. Byrd wollte seinen besten Kameraden zum stellvertretenden Expeditionsleiter ernennen, das stand schon im Mai 1926 fest.

Doch vorerst stellte er die Antarktispläne noch zurück. Sein alter Wunsch, als erster den Ozean zu überfliegen, war stärker. So besprach er mit Bennett, welcher Flugzeugtyp am geeignetsten wäre. Schließlich entschieden sie sich für eine dreimotorige Fokker, die allerdings größer sein sollte als das erfolgreiche Nordpolflugzeug.

Im April 1927 startete dieses für die Atlantiküberquerung gebaute Flugzeug zum ersten Probeflug. Beim Abheben merkten die Insassen, daß es stark kopflastig war. Der sonst so ruhige und besonnene Floyd Bennett biß sich auf die Lippen, ein Zeichen dafür, daß die Lage äußerst kritisch war. Der Konstrukteur Fokker, der am Steuer saß, versuchte nach einer Platzrunde niederzugehen, wagte es dann aber doch nicht und startete noch einmal durch. Die Zeit war knapp, man hatte nur wenig Treibstoff an Bord. Zu allem Unglück war auch schon der große, jetzt allerdings leere Benzintank eingebaut, so daß man nicht nach hinten kriechen konnte, um die Kopflastigkeit auszugleichen. Die Landung mißglückte, und das Flugzeug überschlug sich. Byrd kam mit einem gebrochenen Arm noch glimpflich davon. Bennett aber hing mit gebrochenem Bein kopfüber im Pilotensitz. Sein Gesicht war blutüberströmt, die Augen vom Öl verschmiert. Nur mit Mühe gelang es, ihn aus den Trümmern zu befreien. Tagelang schwebte er in Lebensgefahr, dann aber siegte seine unbeugsame Natur. Viele Wochen lang mußte sein Bein in Gips liegen. So flog Byrd ohne seinen Freund am 29. und 30. Juni 1927 über den Ozean.

Das alles erzählte Bernt Balchen den Männern der „Bremen".

Byrds bester Kamerad, Floyd Bennett, war nicht mehr. Ohne Rücksicht auf seine Gesundheit hatte er den zwei Deutschen und dem Iren helfen wollen. Aber Bennett wäre nicht Bennett gewesen, wenn er nicht versucht hätte, als erster der „Bremen"-Besatzung beizustehen.

Erschüttert von dieser unglückseligen Todesnachricht saßen die Flieger im Hause des Postmeisters. Sie konnten es einfach nicht fassen, daß das Schicksal so hart zugegriffen hatte.

Und mit ihnen trauerte die gesamte amerikanische Fliegerei um einen Mann, der sich bei unzähligen Gelegenheiten bewährt hatte.

Der große Auftrag

Am 26. April endlich nahmen die Ozeanflieger Abschied von ihrer „Bremen" und starteten mit dem Ford-Flugzeug nach Murray Bay. Die Küste entlang steuerte Bernt Balchen nach Südwesten.

Noch einmal wurde den dreien klar, in welch eine entlegene Gegend sie das Schicksal verschlagen hatte. Kaum eine Stelle, die für Räderflugzeuge zum

Landen geeignet gewesen wäre, konnten sie entdecken: schroffe Gebirge und eine unwirtliche Küste. Nur an den zugefrorenen Flußmündungen sichteten sie hier und da armselige Holzhäuser. In dieser Gegend galt es als üblich, daß Flugzeuge mindestens für eine Woche Notproviant mit sich führten.

Die Küste war noch immer vereist, und weiter draußen auf dem St.-Lorenz-Golf trieben ausgedehnte Eisschollenfelder. Bei der Seven-Islands-Bucht, wo sie in die breite Trichtermündung des St.-Lorenz-Stromes hineinflogen, wurde das Wasser eisfrei, aber das Ufer lag noch immer winterlich verschneit da. Zwischen den rauhen, viele hundert Meter emporragenden Bergen bemerkten sie fjordartige Täler.

Allmählich wurden die Ansiedlungen zahlreicher. Und endlich, nach einem mehr als achtstündigen Flug, hatten sie Murray Bay erreicht und gingen ganz in der Nähe, in Lake St. Agnes, nieder. Die Flieger bekamen etwas von der Begeisterung der Amerikaner zu spüren. Minuten später waren sie von zahlreichen Reportern, Piloten und vom Flugplatzpersonal umringt. Clarence Chamberlin drückte als einer der ersten dem Deutschen Hermann Köhl die Hand.

Am nächsten Morgen ging es weiter. Fräulein Junkers war zugestiegen. Hinten im Flugzeug lag ein todmüder Berichterstatter auf nicht benötigten Fliegerkombinationen – während die anderen in der Nacht schlafen konnten, hatte er pausenlos geschrieben und seine Berichte nach den Vereinigten Staaten gekabelt.

Das Ford-Flugzeug überflog Quebec und fast eine Stunde später Montreal. Dann bogen sie nach Süden und befanden sich bald über dem Gebiet der USA.

Die Richtung nach New York war nicht mehr zu verfehlen, erstens liefen die Eisenbahnlinien, die das wellige, immer dichter besiedelte Land durchzogen, auf die Millionenstadt zu, und zweitens wies der Hudson den Kurs.

Endlich tauchten in der Ferne die Wolkenkratzer auf. Fast genau so lange wie am Vortag waren sie in der Luft gewesen. Am 26. und 27. April hatten sie insgesamt rund zweitausend Kilometer zurückgelegt.

Um dem Begrüßungstrubel zu entgehen, landeten sie in Curtissfield. Dennoch hatten sich viele Zuschauer eingefunden, die die Flieger begeistert feierten.

Mit einer starken Polizeibegleitung fuhren sie nach dem Pennsylvania-Bahnhof. Eine tausendköpfige Menschenmenge jubelte ihnen zu. Da die Bevölkerung die Absperrung durchbrochen hatte, kamen die Flieger in arge Bedrängnis, aus der sie erst durch das energische Vorgehen der Polizei wieder befreit werden konnten.

Die Begeisterung hielt selbst dann noch an, als sich die drei im Stationsbüro zurückgezogen hatten.

Köhl, Hünefeld und Fitzmaurice waren mehr als erstaunt über diesen stürmischen Empfang, das hatten sie nicht erwartet, zumal sie sich ja vorerst nur auf der Durchfahrt befanden. Vorsichtshalber benutzten sie eine Seitentür, um an den Zug zu gelangen, der sie nach Washington bringen sollte.

Während der Fahrt wurden die drei von Journalisten gebeten, Auskünfte über den Verlauf des Ozeanfluges zu geben und über die zwei Wochen auf Greenly Island zu berichten.

Freiherr von Hünefeld übergab den Pressevertretern eine Erklärung:

„Nachdem Floyd Bennett, der ritterliche amerikanische Flieger, bei dem Versuch, uns zu helfen, auf so tragische Weise ums Leben gekommen ist, betrachten wir es als Selbstverständlichkeit, daß wir keine Interviews irgendwelcher Art geben, bis wir Gelegenheit gehabt haben, das Andenken des Mannes, der uns ein so treuer Kamerad war, zu ehren. Infolge der großen Entfernung und der unglücklichen Wetterverhältnisse entlang der Flugstrecke war es unmöglich, direkt von Murray Bay nach Washington zu seinem Begräbnis zu fliegen, doch wünschen wir, zunächst an seinem Grabe ein stilles Gebet zu verrichten.

Dieser Tag gehört Bennett allein – – dem Gedächtnis des Mannes, der ein glorreiches Beispiel praktischen Christentums gab, indem er sein Leben für andere einsetzte.

Wir hoffen, daß unser Schweigen geachtet und verstanden wird."

Sofort nach ihrer Ankunft in Washington zogen sich die drei Flieger zurück. Alle Begrüßungsfeierlichkeiten wollten sie vermeiden. Sie richteten sich auch nicht nach privaten Ratschlägen, die dringend empfahlen, in Washington zuerst den Präsidenten der Vereinigten Staaten aufzusuchen. Köhl, Hünefeld und Fitzmaurice ließen sich in keiner Weise davon abbringen, daß dieser Tag allein dem Gedächtnis des tapferen Fliegers Floyd Bennett gewidmet sein sollte.

Am nächsten Morgen ehrten sie ihren toten Kameraden. Auf das frische Grab legten sie die Flaggen nieder, die sie in der „Bremen" mitgeführt hatten, die irische, die der Vereinigten Staaten und die deutsche Handelsflagge. Ergriffen standen die drei und mit ihnen Fräulein Junkers an Bennetts letzter Ruhestätte.

Dieser Ozeanflug, der so glücklich verlaufen war, hatte doch noch ein Opfer gefordert. Nicht technische Mängel, weder Naturgewalten noch menschliches Versagen waren die Ursache, sondern das Helfenwollen. Die uneigennützige Bereitschaft, fremden Fliegern beizustehen, hatte ein Leben ausgelöscht. Für Floyd Bennett hatte es keine Rolle gespielt, ob die, denen

182

er helfen wollte, nun Amerikaner oder aber ein Ire und zwei Deutsche waren. Köhl, Hünefeld und Fitzmaurice gelobten am Grabe des amerikanischen Fliegers, sich seine Gesinnung zum Vorbild zu nehmen, heute, morgen und für alle Zeiten. Diese Gesinnung des guten Willens sollte sie in ihrem Denken, Wollen und Handeln leiten.

Die wenigen Menschen, die den dreien auf dem kurzen Rückweg begegneten, erkannten die Ozeanflieger zwar nach den Zeitungsbildern, aber sie jubelten ihnen nicht zu, da sich trotz aller Beherrschung auf den Gesichtern der „drei Luft-Musketiere" eine tiefe, echte Trauer abzeichnete.

Bald darauf fuhren Köhl, Fitzmaurice und Hünefeld nach New York zurück. Als der Zug abends auf dem Bahnhof einlief, herrschte ein beängstigendes Gedränge. Nicht im entferntesten hatte die Polizei damit gerechnet, daß die Begeisterung derart groß sein würde. Als die drei sich am Abteilfenster zeigten, durchtosten nicht enden wollendes Rufen und Händeklatschen die Halle. Tücher wurden geschwenkt. Polizisten und Eisenbahnbeamte versuchten, wenigstens so viel Raum zu schaffen, daß die Ozeanflieger aussteigen konnten. Oberbürgermeister Walker sah sich gezwungen, seine Empfangsrede auf einige wenige, dafür aber um so prägnantere Sätze zu kürzen. Chamberlin und Balchen wurden abgedrängt. Bildreporter hielten ihre Kameras in die Höhe und blitzten auf Verdacht in die ungefähre Richtung. Seit langem waren ihnen nicht so viele Bilder mißlungen, wie sich später herausstellte.

Solch einen Freudentaumel hatte es seit der Einholung Lindberghs vor Jahresfrist nicht gegeben. An den Stahlpfeilern hingen Menschentrauben. Außen an den Treppengeländern war man hinaufgeklettert, um bessere Übersicht zu erhalten.

Wer erwartet hatte, daß das Gedränge auf den Straßen nachlassen würde, wer darauf hoffte, daß der Regen die Wartenden vertreiben würde, kannte die New Yorker nicht. Als die Flieger glücklich im Wagen saßen und abfuhren, waren die größten Schwierigkeiten überwunden. Wo sie auftauchten, schwoll das Rufen an, Autos hupten, und viele Hände winkten. Mehrfach wurden sie im Vorwärtskommen durch Menschenmassen behindert, die die Absperrungen durchbrochen hatten.

In der Halle des Ritz-Carlton-Hotels standen Reporter, Fotografen und Kameraleute dicht an dicht. Auch hier wiederholte sich die herzliche Begrüßung. Daß der Zeitplan durch die unerwartete Freude der Tausende im Bahnhof und auf der Straße über den Haufen geworfen worden war, bemerkten in all dem Trubel eigentlich nur die auf Pünktlichkeit gefuchsten Rundfunkleute.

Aber jetzt kam ihre Stunde.

Die drei Flieger während der Fahrt auf dem Regierungsdampfer „Macon"
durch den Hafen von New York

Als erster trat Oberbürgermeister Walker an die Mikrophone. In einer humorvollen, herzlichen Ansprache hieß er die drei Flieger willkommen. Anschließend dankte Freiherr von Hünefeld in englischer Sprache für die Hilfsbereitschaft und die großzügige Aufnahme. Hermann Köhl wandte sich in deutscher Sprache an die Versammlung:

„Ich freue mich von Herzen, daß es uns gelungen ist, über den Ozean zu kommen. Ich hätte nie geahnt, daß wir von der amerikanischen Bevölkerung mit solchem Jubel empfangen würden. Ich danke dafür auch im Namen des deutschen Volkes und hoffe, daß es weitere glückliche Flüge über den Ozean geben wird und daß es uns bald vergönnt sein wird, über den Ozean innerhalb eines regelmäßigen Flugverkehrs zueinander zu gelangen."

James C. Fitzmaurice erzählte vom Flug und bedankte sich ebenfalls tiefbewegt für den überraschenden Empfang. Chamberlin und Byrd sprachen zum Abschluß.

Am 30. April sollten die großen Feierlichkeiten und die sogenannte Konfettiparade stattfinden. Ganz New York war zu Ehren der beiden Deutschen und des Iren mit Flaggen geschmückt.

Im Triumphzug und Konfettiregen durch die 5th Avenue

Die Ozeanflieger gingen an Bord des Regierungsdampfers „Macon". Während der Fahrt durch den Hafen wurden sie von dem Geheul der Schiffssirenen begrüßt. Von vielen kleineren Dampfern und Motorbooten, die zum größten Teil über die Toppen geflaggt hatten, wurde das Wasser aufgewühlt. Die Hafenfähren lagen meist schräg, weil sich die Massen winkender und jubelnder Menschen nach einer Seite drängten, um die Flieger zu sehen. Feuerlöschboote gischteten ihre mächtigen Wasserstrahlen gen Himmel, ein phantastisches Bild. Der Hapag-Schnelldampfer „Deutschland" lief gerade in den Hafen ein. Vor dem Schornstein quoll eine kleine weiße Wolke auf, und dumpf orgelte die Stentorstimme des Ozeandampfers. An der Reling standen die Passagiere Kopf an Kopf und winkten und riefen.

Die „Macon" umrundete die Freiheitsstatue und nahm Kurs auf Manhattan, auf das Wolkenkratzerviertel. An der südlichsten Spitze der Halbinsel, an der Pier von Battery, machten sie fest und gingen unter Sirenengeheul und dem Jubel der vieltausendköpfigen Zuschauermenge an Land.

Nach den Ansprachen von Chamberlin und Walker wurden die Ozeanflieger von Polizeioffizieren zu den Autos geleitet. Der riesige Festzug, an dem allein zehntausend Soldaten teilnahmen, setzte sich unter den Klängen der Musikkapellen in Bewegung. Es ging den Broadway hinauf. Weitere zehntausend Mann sorgten für die Absperrung. An den Straßenrändern drängten sich die Menschen. Jedes Fenster war von Zuschauern besetzt. Die tosende Begeisterung galt den dreien, die auf dem hinten zusammengeklappten Verdeck eines offenen Wagens nebeneinander saßen.

Papierfetzen flatterten von den oberen Stockwerken der Wolkenkratzer herunter. Papierstreifen von Telegrafieapparaten schlängelten sich grotesk durch die Luft. Die Straßenschlucht des Broadway schien von einem Schneegestöber heimgesucht zu werden, so dicht wirbelte es herunter. Von den hellen Fetzen und den Luftschlangen war das Pflaster stellenweise derart bedeckt, daß man den Asphalt kaum noch sehen konnte. Über allem gellte ein ohrenbetäubender Lärm. Sirenengeheul und Schreien mischte sich mit dem Klang der Musikkapellen. New York bereitete den Ozeanfliegern einen überwältigenden Empfang. Man schätzte die Menschenmenge auf etwa zweieinhalb Millionen.

An der City Hall hielt der Festzug an. Tribünen waren aufgebaut. Noch einmal wurden Ansprachen gehalten. Frau Köhl und Frau Fitzmaurice, die mit der „Dresden" aus Europa in New York eingetroffen waren, konnten unter den Freudenrufen der Zuschauer endlich ihre Männer begrüßen. Weiter bewegte sich der Zug durch die 5th Avenue. Am „Ewigen Licht", dem Gefallenen-Ehrenmal, legten die Ozeanflieger Kränze nieder. Am Centralpark nahmen sie die große Parade ab.

Der Oberbürgermeister von New York, „Jimmy" Walker, und die „drei Luft-Musketiere"

Die Millionenstadt hatte den dreien einen Empfang bereitet, wie man sich ihn großartiger kaum vorstellen konnte. Laternenpfähle waren mit Willkommensschildern und den Flaggen der Nationen geschmückt, mit dem Sternenbanner, der grün-weiß-gelben Flagge Irlands und dem Schwarz-Rot-Gold – – zum ersten Male nach dem Kriege wurden diese deutschen Farben in Amerika allgemein bekannt. 1500 Tonnen Papier kehrte die Straßenreinigung nach den Feierlichkeiten zusammen. Wenn dieser große Papierverbrauch ein Gradmesser der Beliebtheit war, dann standen die „drei Luft-Musketiere" gleich hinter Lindbergh, der im Jahre vorher 1800 Tonnen erreicht hatte.

Die nächsten Tage brachten Feierlichkeiten, Bankette und Empfänge in beängstigender Folge. Wieder waren die drei Flieger in Washington. Dort trafen sie auf dem Flugplatz mit Lindbergh zusammen. Sie wurden dem Präsidenten der Vereinigten Staaten vorgestellt. Er überreichte ihnen die höchste Auszeichnung, die Amerika an Flieger zu vergeben hat. Man hatte, um diese Verleihung an Ausländer zu ermöglichen, eigens das Ordensgesetz ändern müssen.

Amerikaner deutscher Abstammung bereiteten eine große Begrüßungsfeier in der New Yorker Metropolitan-Oper vor. In wenigen Stunden waren die dreieinhalbtausend Plätze vergriffen. Als die Männer der „Bremen" den Saal betraten, brandete ihnen ein begeisterter Beifall entgegen. Auf der Bühne standen die drei nebeneinander. Köhl und Hünefeld hatten wie üblich ihren irischen Gefährten Fitzmaurice, der inzwischen zum Oberst befördert worden war, in die Mitte genommen.

Nach den einleitenden Worten des Versammlungsleiters sprach zuerst Hermann Köhl und dann James C. Fitzmaurice.

Dann eilt Freiherr von Hünefeld ans Rednerpult. Man sieht ihm seine Erregung an. Die Menge ahnt vielleicht schon in diesem Augenblick, daß es für den Deutschen Wichtigeres gibt, als sich nur feiern zu lassen. Die sportliche Tat des Ost-West-Fluges ist unbestritten. Hünefeld hat sich vorgenommen zu sagen, daß es ihm um mehr geht, als einen Rekord aufzustellen.

„Meine Freunde – – –", das sind seine ersten Worte, voll Begeisterung hinausgerufen in den riesigen Saal. Aber er kommt nicht weiter. Ein stürmischer Beifall antwortet ihm. Er winkt mit den Händen, um weitersprechen zu können. Das ist aber im Augenblick unmöglich. Als endlich wieder Ruhe eintritt, beginnt er davon zu erzählen, daß die Fliegerei nicht einfach ein technischer Sport ist, sondern daß die Fliegerei sehr wohl eine Aufgabe zu erfüllen hat.

Er berichtet, unter welchen Schwierigkeiten dieser Ozeanflug zustande kam und geht darauf ein, wie er seinen Gefährten Hermann Köhl kennenlernte, wie sie in aller Heimlichkeit von Berlin starteten und zum ersten Male mit dem Iren Fitzmaurice zusammentrafen.

„Wir gingen nach Irland, um einen Kameraden zu suchen, und fanden einen Freund!"

Wieder rauscht der Beifall der Zuhörer auf. Besser als die Tatsache, daß Angehörige zweier Nationen dieses Wagnis unternahmen, können keine Worte beweisen, daß es den drei Männern der „Bremen" um die Völkerverständigung und die Völkerfreundschaft ernst ist.

Gebannt verfolgen auch Hünefelds beiden Gefährten diese von einem ungeheuren Schwung getragene Rede. Sie allein wissen um das tatenlose Duldenmüssen des Mannes, der während der Ozeanüberquerung eigentlich nur als Passagier mitflog. Sie wissen aber auch, daß er mit seiner unbeugsamen Energie den Flug überhaupt erst ermöglichte. Doch jetzt erkennen sie, daß darüber hinaus hier in Amerika eine entscheidende Aufgabe seiner wartet. Ihnen wird klar, daß Hünefelds Teilnahme an dem Fluge nicht einfach Selbstverständlichkeit, sondern Notwendigkeit war.

Ihm ist es gegeben, durch seine Rednergabe und durch sein mitreißendes Temperament die Gedanken der „Bremen"-Besatzung am besten auszudrücken, sie so zu schildern, daß das Zuhören zum eindringlichen Erlebnis wird.

Atemlos lauschen die Menschen, als er über die großzügige Hilfsbereitschaft berichtet, die der „Bremen"-Besatzung zuteil wurde. Angefangen bei dem kanadischen Leuchtturmwärter und den Männern von Long Point, dann der Franzose Dr. Cuisinier und nicht zuletzt die amerikanischen Flieger; allen dankt er. Ergriffen würdigt Hünefeld den selbstlosen Einsatz des Piloten Floyd Bennett.

Und nun folgen Worte, die von den Zeitungen am nächsten Tage als „Hünefelds Botschaft der Völkerversöhnung" bezeichnet werden sollten:

„Glauben Sie mir, es ist unsere felsenfeste und heilige Überzeugung, daß in der Luftfahrt, daß in der Kameradschaft und im Geiste des Sports ein neuer Bund entstanden ist, der Völker verbindet, der neue Freundschaften schließt, der alte Freundschaften erhält.

Der Geist des Sports, der Geist der Kameradschaft überbrückt die Gegensätze, die noch gestern waren, die heute nicht mehr sind, weil das Lebendige wirklich werden mußte.

Es ist der sportliche Geist, der die Welt beherrscht, der Geist der Humanität, der Geist des Völkerfriedens und der Völkerversöhnung."

Als Hünefeld seine Rede beendet hat, sinkt er blaß und erschöpft auf den Sitz; zu groß war die Anstrengung. Er hat sich völlig verausgabt, sein Magenleiden macht sich wieder bemerkbar. Von Schmerzen gepeinigt, lächelt er. Aber bald erholt er sich wieder.

Es gilt eine Mission zu erfüllen! Noch vor zehn Jahren hat Amerika mit Deutschland im Krieg gelegen. Noch ist nicht alle Bitterkeit zwischen den beiden Völkern beseitigt. Diplomaten haben bisher vergeblich versucht, die normalen Beziehungen wiederherzustellen. Hünefeld hofft, daß er eine Bresche in die noch teilweise bestehende Front der Abneigung schlagen kann. Es muß einen Sinn haben, daß er mitgeflogen ist!

In den folgenden Wochen reisen die drei von Stadt zu Stadt. Philadelphia, Cleveland, Chicago, Milwaukee, St. Louis, Indianapolis, Detroit, Boston, Albany, Montreal und Quebec. Überall werden die drei Ozeanflieger als „Botschafter des guten Willens" jubelnd empfangen. Wie stets spricht Hermann Köhl in gebrochenem Englisch zuerst, dann James C. Fitzmaurice und zum Schluß Freiherr von Hünefeld. Was macht es, daß auch Hünefelds Englisch mangelhaft ist, hier geht es nicht um Worte, sondern um eine ehrliche Verständigung. Und man begreift ihn und das, was er zu sagen hat, denn seine Sprache ist nicht die der berechnenden Intelligenz, sondern die des Herzens.

„Nur wer *seine* Heimat innig und aus ganzem Herzen liebt, *nur der* hat die rechte Achtung, nur der kann Liebe empfinden auch für eine *andere* große Nation."

Er buhlt nicht um die Freundschaft der Amerikaner, sondern er hält ihnen offen und ehrlich als Deutscher die Hand hin, und man versteht ihn. Dieser Jubel, mit dem die drei Flieger überall aufgenommen werden, ist kein rasch verbrennendes Strohfeuer, sondern der Beginn einer Achtung und gegenseitiger Anerkennung der Völker.

Was Diplomaten und Staatsmänner in jahrelanger Arbeit nicht erreicht haben, das gelingt Hünefeld und seinen Gefährten in wenigen Wochen.

Das war der große Auftrag, den es zu erfüllen galt.

In der Nacht vom 8. zum 9. Juni legte der Lloyd-Schnelldampfer „Columbus" von der New Yorker Pier ab. Noch einmal jubelten die Menschen den dreien zu. Die amerikanische und die irische Nationalhymne werden gespielt. In helles Scheinwerferlicht getaucht, standen Freiherr von Hünefeld, James C. Fitzmaurice und Hermann Köhl an der Brückennock. Zum ersten Male nach dem Weltkrieg erklang bei der Abfahrt eines Schiffes aus Amerika wieder das Deutschlandlied. Dreimal dröhnte der tiefe Baß der Dampfersirene über den Hafen. Das Schraubenwasser des Ozeanriesen quirlte auf. Immer breiter wurde der Abstand vom Ufer zum hell erleuchteten Schiff. Die Bordkapelle der „Columbus" intonierte „Muß i denn, muß i denn zum Städtele 'naus, – – –".

An der Freiheitsstatue vorbei geht die Fahrt. Im Westen leuchten und flimmern die Lichter der größten Stadt der Welt.

Und Europa wartet darauf, die Ozeanflieger würdig zu empfangen, die drei, die als erste im Nonstopflug den Atlantik in der Richtung von Ost nach West bezwangen!

Jubel in Bremen

Was ist geblieben . . .

. . . nach all den Jahren? Nur eine vage Erinnerung an den Ozeanflug? Nur
die Namen der drei Pioniere des Luftverkehrs?

Nun, im Rathaus von Pfaffenhofen a. d. Roth sind im Hermann-Köhl-
Museum wertvolle Exponate aus dem Nachlaß des Flugkapitäns zu besichti-
gen. In Bremen wird vom Grüttert-Uhren-Museum, Sögestraße 70, das
Junkers W 33 „Bremen"-Archiv betreut.

Außerdem erinnert in der Hansestadt ein Holzrelief in der Böttcherstraße an
das wagemutige Unternehmen. Besucher des Neuen Rathauses können
schon draußen links neben dem Eingang auf der Hünefeld-Gedenktafel die
von R. A. Schröder entworfene Würdigung lesen. In der Halle hinter dem
Eingang vermittelt das große Gemälde von Alex Kircher einen Eindruck von
der „Bremen", wie sie über die Atlantikwogen in das Sturmtief hineinfliegt.
Das Ölbild diente als Vorlage für den Einband dieses Buches. Am Flughafen
sind drei Straßen nach Hermann Köhl, Hünefeld und Fitzmaurice benannt.
Im Staatsarchiv Bremen sind zeitgenössische Bücher, Berichte,
Zeitungsmeldungen und Fotos gesammelt. Nach diesen historischen Quellen
ist die in Handlung „übersetzte" Dokumentation *Atlantikflug D 1167* erar-
beitet.

Was ist eigentlich aus der W 33 „Bremen" geworden? Noch steht sie im
Henry-Ford-Museum nahe Detroit. Doch das könnte sich ändern, wenn es
einer Gruppe von Luftfahrtbegeisterten gelänge, das Flugzeug nach
Deutschland zurückzuholen. Vielleicht steht dann die „Bremen" am
70. Jahrestag des Ozeanfluges auf dem Marktplatz der alten Hansestadt.

Die Junkers W 33 „Bremen" im Henry-Ford-Museum nahe Detroit

Bildnachweis

Besonderer Dank gebührt dem Archiv Flughafen Bremen GmbH, das die meisten historischen Fotos und Skizzen zur Verfügung stellte.
Die Fotos von Lindbergh und Chamberlin stammen aus den Luft- und Raumfahrtdokumentationen des Deutschen Museums in München.
Archiv Blendermann: Seiten 31, 139, 164, 177, 185

Literaturverzeichnis

Baum, Edgar: Wir wagten den Flug, Berlin 1941

Ernst, Dr. Bernhard: Rund um das Mikrophon, Lengerich o. J.

Fischer von Poturzyn: Junkers und die Weltluftfahrt, München 1933

Forster, C.: Rear Admiral Byrd and the polar expeditions, New York 1930

Hajek, C.: Der denkwürdige Flug der „Bremen", Hannover 1928

Kimenkowski, Ewald: Wir von der „Bremen", Berlin 1928

Köhl, Hermann: Unser Ozeanflug, Berlin o. J.

—: Deutsche Stimmen zum ersten Nordatlantikflug, Wittenau 1929

—: Bremsklötze weg!, Berlin 1932.

Lindbergh, Charles A.: Wir zwei. Im Flugzeug über den Atlantik, Leipzig 1929

Pollog/Tilgenkamp: Über Pole, Kontinente und Meere, Wiesbaden 1949

Walter, Friedrich: Hünefeld, ein Leben der Tat, Potsdam 1930

***: Der 19. Juni 1928 in Bremen, Bremen 1928

Dazu: Zeitgenössische Tageszeitungen, insbesondere aus Bremen, Berlin, Frankfurt und New York

Biographische Angaben

Cornelius H. Edzard

wurde am 2. Mai 1898 in Bremen geboren. Sein Kriegseinsatz als Jagdflieger war nur kurz. Ab 1924 flog er Passagiere zu den Nordseeinseln, gleichzeitig arbeitete er als Einflieger und Fluglehrer bei Focke-Wulf. Von 1933 bis 1935 war er Direktor des Bremer Flughafens. Auch nach 1945 setzte er sich für die Belange der Luftfahrt ein. Edzard starb am 8. Januar 1962 in Bremen.

James C. Fitzmaurice

wurde am 6. Januar 1898 in der irischen Hauptstadt Dublin geboren. Nach Kriegseinsatz als Infanterist wurde er zum Piloten ausgebildet. Im Frieden bewährte er sich auf Postflügen nach Deutschland. Im irischen Bürgerkrieg flog er für die Freiheitsarmee. Bereits 1926 war er der Befehlshaber des irischen Luftfahrtkorps. Fitzmaurice starb am 26. September 1965 in Dublin.

Ehrenfried Günther Freiherr von Hünefeld

wurde am 1. Mai 1892 in Königsberg geboren. Nach schwerer Verwundung im Ersten Weltkrieg ging er in den diplomatischen Dienst. 1923 übernahm er beim Norddeutschen Lloyd das Amt des Werbechefs. Im Herbst 1928 flog er noch mit einem schwedischen Piloten und der „Europa" bis nach Tokio. Am 5. Februar 1929 starb von Hünefeld in Berlin und wurde auf dem Steglitzer Friedhof beigesetzt.

Hermann Köhl

wurde am 15. April 1888 in Neu-Ulm geboren. Im Ersten Weltkrieg war er Kommandant eines Bombengeschwaders. 1926 leitete er den gesamten Nachtflugbetrieb der Lufthansa. Nach dem Ozeanflug widmete er sich verschiedenen fliegerischen Aufgaben. Am 7. Oktober 1938 verstarb Köhl und wurde in Pfaffenhofen an der Roth beigesetzt.

Fritz Loose

wurde am 25. Januar 1897 in Wiesa (Böhmen) geboren. Im Ersten Weltkrieg war er als Seeflieger eingesetzt. 1922 arbeitete er als Verkehrspilot im Junkers-Luftverkehr, dann wurde er Werkspilot und später Einflieger und Flugbetriebsleiter. Vielfältige Aufgaben führten ihn auch ins Ausland. Als Luftfahrtsachverständiger ging er 1968 in den Ruhestand.

Hans Risticz

wurde am 11. Januar 1895 in Budapest geboren. Als Kampfflieger erlebte er den Ersten Weltkrieg. Dann flog er als Verkehrspilot auf der Strecke Wien–Budapest. 1927 kam er als Einflieger nach Dessau. Für Junkers arbeitete er auch in Persien, China, Japan und in verschiedenen südamerikanischen Staaten. Am 7. Mai 1973 ist Risticz in Duisburg gestorben.